KB218966

Aviation Cabin Security

항공객실보안

항공보안 최후의 방어선! '객실승무원'

진성현 저

(주)백산출판사

머리말

남승무원으로 첫 비행에 나서는 날, 내 손에는 소형 권총이 담긴 무기함이 들려 있었다. 기내서비스를 목적으로 항공기에 탑승하는 객실승무원에게 기내보안이라는 또 다른 임무가 부여되었다. 기내보안 임무의 첫 번째 역할은 비행기에 타자마자 소형 권총으로 무장하는 것이다. 마치 누아르 영화에 나올 법한 형사처럼 서빙 재킷 안으로 어깨와 가슴으로 연결된 권총집을 걸치고 권총을 휴대하였다. 언제든지 권총을 신속하게 뽑을 준비태세가 되어 있었다. 범죄현장도 아닌 순수한 사람들이 탑승한 항공기내에서 말이다. 승객에게 밝은 표정으로 미소 지으며 서비스하는 나의 몸에 권총이 숨겨져 있었다.

오늘날에는 승무원이 기내에서 권총을 휴대하는 일은 없어졌다. 권총을 휴대했어야만 했던 시절이 있었지만 아직까지 변하지 않은 한 가지 중요한 사실은 객실승무원은 여전히 기내보안 임무를 수행하고 있다는 것이다. 항공사의 객실승무원에게 부여된 기내보안 임무와 역할은 앞으로도 변함없이 계속될 것이다. 어쩌면 항공사가 존재하는 한, 항공보안과 객실승무원은 따로 떼놓고 이야기할 수 없는 불가분의 관계일 수밖에 없다.

코로나19를 겪은 인류에게 새롭게 대두되는 사회적 규범의 화두는 신뢰이다. 항공사는 승무원과의 내부 신뢰를 바탕으로 고객과의 신뢰 구축에 그 어느 때보다 더욱 공격적으로 나서야 한다. 코로나19를 경험한 고객들은 항공사 선택 시 안전한 비행을 우선으로 중요시하는 경향이 더 심해졌다. 안전한 비행이란 출발지에서 목적지까지 승객이 생명과 재산을 보호받아 편안함을 느끼며 신뢰를 갖는 것이다. 한마디로 다쳐서도 안 되고, 아파서도 안 되고, 잃어버리는 물건도 없어야 한다. 항공기 여정 내내 마음이 편해야 한다.

안전 비행이라는 신뢰를 구축하기 위해 반드시 해야 할 중요한 여러 분야 중에는 항공보안이 있다. 항공보안은 표면 위로 드러나지 않는다. 그럼에도 항공기와 승객의 안전에 막대한 영향을 주는 중요한 요소이다. 항공보안은 마치 화산이 언제 터질지 모르는 휴화산과 같다. 세계적인 국제항공기구와 항공사들은 항공보안 대책의 개발과 연구에 집중하고 있다. 공항을 이용해 보면 가장 눈에 띄게 번거로우면서 반드시 거쳐야 하는 곳이 있다. 공항보안 검색대이다. 공항보안 검색은 항공여행에서 빼놓을 수 없는 최고의 안전장치이며 시스템이다. 공항보안 검색 없는 항공여행이란 없다. 항공보안은 검색에서 끝나지 않는다. 항공기 탑승 직전까지 여권 검사를 하고, 필요시에는 비행기 앞에서 다시 짐 검색을 한다. 또 여기서 멈추지 않는다. 항공기에 탑승할 때는 승무원에게 탑승권을 제시해야 한다. 이 모든 과정을 항공보안의 다층형 방어전선이라 한다.

항공보안의 역사에는 인류의 아픔과 슬픔이 담겨 있다. 60년대 말부터 항공기와 승객을 대상으로 한 항공기 납치 및 폭발이 연속해서 일어났다. 미국, 유럽, 아시아, 중동 어느 지역을 막론하고 항공보안 사고가 끊이질 않았다. 우리나라도 예외가 아니었다. 납치된 우리나라 항공기는 아직도 북한에 남겨져 있다. 승무원은 돌아오지 못하고 있다. 그중에서도 2001년 9월 11일은 항공보안에 큰 구멍이 뚫린 날로 경악과 비통이 전 세계를 뒤흔들었다. 미국 뉴욕의 쌍둥이 세계무역센터 건물이 납치된 항공기의 충돌로 무너져 내리면서 수천 명의 목숨을 앗아갔다. 전대미문의 항공테러 사건이다. 블록버스터 영화의 CG효과로나 볼 수 있었던 항공기 테러 발생 장면을 세상 사람들은 TV로 생생하게 목격했다. 현실 세계의 사람들은 상상 속에서나 벌어지는 테러리스트들의 범행 수법을 따라잡지 못했다. 제2, 제3의 9.11 사건을 떠올리며 이제 달라질 수밖에 없다. 더이상은 안 된다. 항공보안 검색이 강화되고, 새로운 보안정책이 속속 만들어졌다. 사람들은 기꺼이 불편을 감내해야 했다.

항공사 최일선의 보안 책임자는 객실승무원이다. 객실승무원이 보안에 취약하면 항공기 안전과 승객을 보호할 수 없다. 항공사는 객실승무원의 임무를 소중하게 여겨야 한다. 서비스에만 치중하는 임무가 아니라 기내보안에 역량을 가지도록 교육과 훈련에 철저를 기해야 한다. 나아가 채용단계부터 안전과 보안의 기초적인 지식과 마인드를 검증할 필요가 있다. 객실승무원으로서 항공사에서 30년을 지내오며 겪게 된 객실보안 지식과 경험들 그리고 수많은 현장의 사건 사례들을 하나의 책으로 묶었다. 객실승무원에 관심 있는 사람들과 함께 항공보안 이야기를 나누며 듣고 싶다. 이 책이 그런 이야기 터가 되었으면 하는 소망을 담았다. 이 책에는 마음의 힘이 되어주신 황호원 교수님, 황경철 부원장님, 이혁준 수석사무장님, 정현장 전 대한항공보안승무원 그리고 한국항공보안학회의 여러 회원님들의 격려와 지원이 어우러졌다. 오늘도 내일도 언제나처럼 우리나라 항공 기내보안의 책임과 임무를 묵묵히 수행하는 객실승무원 모두에게 이 책으로 응원을 보내고자 한다.

2023년 1월
대관령 끝자락 연구실에서
진성현

차례

Chapter 7 승객 프로파일링 203

Chapter 8 공항보안 223

Chapter 9 사이버보안 245

CHAPTER

1

항공보안

항공보안

1 보안 개념

21세기에 들어서면서 인터넷과 소셜미디어(SNS)의 발달로 보안에 대한 인식이 날로 증대되고 있다. 국가는 군사와 경제를 동일시하는 경제안보가 치열한 이슈로 부각되고 있다. 개인은 컴퓨터 및 스마트폰의 보안 백신 프로그램을 중요시하고 있다. 악성코드를 담은 이메일을 발송해 컴퓨터 시스템을 해킹하는 방식이 오랫동안 광범위하게 이뤄지고 있기 때문이다. 실제 해킹 이메일로 인해 주요 정보가 유출되거나 시스템이 해킹되는 사례가 빈번하다. 개인정보의 보안에 대한 인식이 높아지는 추세이다. 그만큼 보안은 현대사회에 지속적인 해결 과제로 인식되어야 하는 중요 사안이다.

보안(security)은 1530년대 '걱정이나 두려움으로부터 자유롭다.'라는 고전적인 의미로 라틴어 세쿠루스(securus)에서 비롯되었다. 보안의 의미가 진화되어 '확보하는 것, 안전하게 하는 것'이라는 해석은 1580년대부터 시작되었다. '의무이행의 보증으로서 약속한 것'이라는 구체적인 법적 의미는 15세기 중반부터이다. 근대사회로 들어서던 1940년대부터 보안은 국가, 사람 등의 안전이라는 의미로 받아들여지기 시작했다. 보안은 위험이나 위협이 없는 자유로운 상태이다. 우리나라 국어사전에서 보안의 뜻은 "안전을 유지 또는 사회 안녕과 질서를 지키는 것"으로 풀이하고 있다. 사전적 정의에서 보안은 안전을 유지하는 장치 또는 시스템이라 볼 수 있다. 우리는 여기서 보안과 안전을 하나의 동일체로 보는 시각을 가질 필요가 있다. 일례로 미국의 보안을 책임지는 기관인 TSA는 영문명이 Transportation Security Administration이다. 우리말로는 교통보안청으로 해석된다. 영문명에 보안의 뜻인 Security가 있지만 우리는 이것을 안전(Safety)으로 해석하고 있다. (일부에서는 영문 뜻 그대로 교통보안청으로 해석하는 곳도 있음) 학계에서는 보안의 정의를 하나의 문장으로 단정할 수 없다고 한다. 보안은 사회 곳곳에서 광범위하게 적용되고 의미에 따라 다양하게 풀어서 표현하고 있다.

보안은 안보라고도 읽힌다. 보안과 안보는 같은 뜻이나 쓰임에 따라 의미가 다르게 받아들여진다. 예를 들면 국가, 경제 등 거시적인 사회적 용어로 쓰일 때는 안보로 쓰이고, 항공 및 군대, 정보 등 특정 분야에 한해서는 보안으로 쓰인다. 보안과 안보가 쓰이는 사례를 들어보면 다음과 같다.

- 정치적 안보(Political security) : 정부 및 정치 체제의 주권과 사회의 안전을 불법적인 내부 위협과 외부의 위협 또는 압력으로부터 보호하는 것을 말한다. 일례로 미국 국토안보부의 영문명은 Department of Homeland Security이다. 이 부처의 우리말은 보안보다는 안보라고 번역하여 읽는다. 이는 안보가 거시적이고 담대한 사회적 이슈를 담고 있다는 것이다. 국토안보부는 국가와 국민을 대상으로 하는 인명과 재산을 보호하는 차원에서의 보안을 책임지는 정부부처이다.
- 경제안보(Economic security) : 정부와 국민들이 외부의 위협과 강요로부터 경제적 자유와 국가의 부를 보호하는 능력을 수반한다. 일례로 중국은 상대국에 정치·외교적 압박을 가하기 위해 자원과 인적 교류를 제한하여 상대국의 경제를 어려움에 빠트리는 수법을 자주 쓰고 있다.
- 에너지 및 천연자원 안보(Energy and natural resources security) : 국가 또는 국민이 석유, 가스, 물, 광물과 같은 에너지 자원에 접근할 수 있는 정도로 정의된다.
- 사이버보안(Cyber security) : 정부와 국민의 컴퓨터·데이터 처리 인프라와 운영체제를 외부나 외부의 유해한 간섭으로부터 보호하는 것을 말한다.
- 휴먼 시큐리티(Human security) : 일상생활의 해로운 방해를 포함하여 기아, 전염병, 억압으로부터 사람들의 안전을 포함하는 것으로 안보를 정의한다.
- 환경안보(Environmental security) : 물 부족, 미세먼지, 방사선 누출, 또는 심각한 기후변화와 같은 환경문제로 인한 국가 간, 사회공동체 간의 갈등과 대립을 의미하는 개념이다. 최근에는 환경과 기후가 환경안보의 중요 쟁점으로 나타나고 있다.

항공보안 개념

항공보안에 관한 문제는 한 개별국가의 문제가 아닌 여러 국가가 연대해서 대처해야 하는 세계 공동 관심사 중 하나이다. 항공기는 여러 국적의 승객이 다양한 목적으로 이용하고 있다. 현대 항공운송산업은 항공보안으로부터 자유롭지 못한 환경에 처해 있다. 항공보안의 목적은 항공기, 승객, 승무원의 피해를 방지하고 국가안보 및 대테러 정책을 지원하는 것이다. 모든 항공사는 승객, 자산 및 수익을 보호할 주요 책임이 있는 것으로 인식된다. 국가는 항공사가 운영하는 국가의 프로그램과 호환되는 보완 프로그램을 개발하고 구현하도록 보장해야 한다. 그러나 보안은 최고 경영진이나 보안 실무자만의 책임이 아니라는 점을 기억하는 것이 중요하다. 보안은 모든 사람을 포함하며 긍정적인 보안 문화는 안전한 환경을 홍보하고 유지하는 데 필수적이다. 올바른 보안조치의 긍정적인 강화는 보안이 우선이라고 생각하는 경영진의 뜻을 조직 전체에 메시지로 전달하는 것이다. 궁극적인 목표는 전 세계적으로 공동으로 단일화되고 일치된 보안조치를 시행함으로써 세계 안보를 강화하는 것인데, 이는 관계자 모두의 확고한 약속 없이는 달성될 수 없는 목표이다. 과거에 승객이 타국으로 여행할 때에는 세관검사(Custom), 여권검사(Immigration) 그리고 검역(Quarantine)의 과정을 마치면 합법적으로 출입국을 하였으나, 최근에는 이 세 가지 검사과정 외에 보안검색(Security)이 추가되었다. 오늘날 승객들이 항공여행에 있어 가장 큰 어려움과 불편함을 겪고 있는 것이 보안검색임은 의심의 여지가 없다.

항공 여행객이 반드시 받아야 할 보안검색으로는 공항보안검색과 항공기보안검색으로 분류할 수 있다. 이러한 보안검색은 그 방식과 내용에 있어 나라마다 다르고 심지어 항공사 간에도 검색의 수준과 정도에 차이가 있어 여행객들의 불편과 혼란을 가중시키고 있다. 그러다 보니 보안검색을 받는 항공기 승객의 불편은 물론이고 검색을 하는 보안요원의 신분상의 어려움이 혼재되어 있는 것이 현실이다. 보안요원에 대한 제도적이고 법적인 신분상의 지원이 없을 경우 자칫 보안검색이 형식적으로 흐를 수 있는 문제가 발생할 수 있음에 유의해야 한다. 특히 항공기를 살상 무기 수단으로 이용한 미국의 9.11 테러는 항공보안에 대한 인식 자체를 완전히 뒤바꿔놓는 계기가 되었다.

항공보안은 항공기 발달로 지구촌 시대가 시작된 이래 끊임없이 제기되고 있는 국제사회의 최대 관심사이다. 민간 항공기가 테러 등의 불법행위로부터 보호받기에는 취약한 구조를 갖고 있다. 민간항공에 대한 보안 강화가 관광산업 등 국가경제에 미치는 영향력은 물론 국가 경쟁력을 지속적으로 유지하는 중요한 요인이라는 것에 대한 사회적 공감대 형성이 중요하다. 항공보안은 항공범죄 및 기내불법방행행위로부터 항공기 및 공항과 같은 항공 시설물을 보호하고 나아가 항공기와 공항을 이용하는 사람들의 생명과 자산을 보호하는 것이다. 항공보안은 불법적인 방해행위로부터 민간 항공을 보호하기 위한 조치와 인적 · 물적 자원의 조합으로 정의될 수 있다. 항공기와 승객을 둘러싼 보안은 크게 공항보안 및 항공기보안으로 분류될 수 있다. 최근에도 세계 각국에서 발생되는 항공테러를 보면 공항과 항공기를 테러 목표로 삼고 있다. 9.11 이후 항공보안에 대한 인식이 높아지고 보안 시스템이 발전되어 왔음에도 불구하고, 항공기와 공항에 대한 테러는 끊이지 않고 있다. 역설적이게도 항공은 폭력적인 목적을 달성하고자 하는 개인이나 단체에게 엄청난 기회와 환경을 제공하고 있다.

따라서 항공보안은 지금보다 더 치밀하고 발전된 보안대책과 보안기술 등을 국가와 항공사가 연대해서 운영해야 한다. 이러한 보안대책과 기술에 앞서 우선적으로 중요시해야 할 것은 완벽한 법적 제도 및 환경의 조성이다. 왜냐하면, 항공보안은 교통수단 중에서 국민의 생활권과 국가경제에 가장 큰 비중을 차지하고 있으며 이는 결국 국토 안보의 일부이기 때문이다. 9.11 테러 사건 직후, 항공보안은 미국 국가안보의 가장 심각한 문제가 되었다. 막대한 인명손실과 국가안위에까지 영향을 미치게 되자 항공보안은 국가의 정책 의제에서 가장 중요한 요인으로 떠올랐다. 테러의 예측 불가능한 성격을 고려하지 않더라도, 항공운송시스템의 규모와 항공사와 공항 간의 차이는 항공보안의 제공이 복잡하고 어려운 과제임을 시사한다.

우리나라도 이미 항공테러를 경험한 국가이다. 항공보안 관련 법령에는 항공보안을 완벽하게 예방하고 퇴치할 수 있는 정신과 의지가 담겨 있어야 한다. 이미 국제사회는 국제민간항공기구(ICAO : International Civil Aviation Organization)를 중심으로 1963년 항공기내에서 범한 범죄로부터 승객의 안전을 도모하는 최초의 국제협약인 동경협약을 맺어왔으나, 9.11 이후 항공기 자살폭탄 테러라는 극단적 수단의 새로운 형태의 테러가 등장한 이후 피해 당사국인 미국이 중심이 되어 테러에 대한 적극적이고 공세적인 항공보안 대책을 법제화하여 미국을 드나드는 국가들의 국제선을 대상으로 자국의 법에 따르지 않으면 안 되도록 강제하고 있다. 급격히 변화되고 있는 항공보안이 현대 항공사에 미치는 영향은 지대하다고 하지 않을 수 없다.

항공보안(security)과 항공안전(safety)을 어떻게 구분할 수 있을까? 일반적으로 국제민간항공사회에서 안전과 보안은 다음과 같이 인식하고 있다. 의도하지 않은 실수나 오류에 의한 사고와 관련해서는 안전이라는 말을 사용하고, 의도적인 범죄에 의한 사고와 관련해서는 보안이라는 말을 사용한다. 즉, 다시 풀어서 설명하면, 항공보안문제는 생명 및 재산을 파괴함으로써 자신이나 집단의 이익을 증진시키려는 악의적인 의도를 가진 가해자 혹은 범죄자가 일으킨다. 항공안전문제는 인간의 실수와 기계적 고장으로 인한 사고 때문에 발생한다. 항공안전은 항공기가 파손되거나 손실을 초래할 수 있는 요소로부터 자유롭게 하기 위해 취해지는 노력을 의미한다. 이러함에도 불구하고 안전과 보안은 상호관계적인 원인과 결과가 맞닿아 있어 현실적으로는 그 구분을 명확하게 나누어 말할 수 없는 측면이 있다. 운항 중인 항공기는 외부의 공권력 원조를 기대할 수 없는 고립된 환경적 특수성으로 인해, 내부의 보안위협에 관하여 자력으로 이를 극복해야 한다. 보안의 위협 및 실패는 곧 안전운항과 직결되며, 보안실패의 결과는 경제적 손실을 넘어서 다수의 사망자를 발생시키는 대형 참사로 이어질 수 있다.

□ 보안과 안전의 연결성 사고 사례

- 1977년 3월 27일 스페인령 카나리아 제도 테네리페 섬에 있는 로스로데오 공항의 활주로에서 KLM항공의 B747 비행기와 팬 아메리칸 항공의 B747 비행기가 충돌하였다. 이 충돌사고로 두 비행기에 타고 있던 승객 583명이 사망하였다. 이 사고는 항공역사상 최악의 인명 사고가 되었다. 안타까운 점은 두 항공사의 비행기는 원래 비행노선이 아닌 비정상 상황에서 테네리페 섬으로 회항하여 발생된 예기치 않은 사고였다는 것이다. 이 두 비행기는 원래 목적지인 카나리아 제도의 라스팔마스 공항에 착륙 예정이었다. 라스팔마스 공항에 착륙하지 못하고 테네리페 섬으로 회항한 이유는 라스팔마스 공항에 폭발물 테러 사건이 발생했기 때문이었다. 라스팔마스 공항 터미널에

카나리아 제도 독립을 주장하는 분리주의 단체가 폭발물을 터트리는 테러 사고가 일어났다. 곧이어 공항에 또 다른 폭발물이 있다는 경고 전화가 왔다. 두 번째 폭탄이 있다는 것이다. 그러자 공항 당국은 공항을 일시적으로 폐쇄했고, 착륙하려던 모든 항공기를 테네리페 섬으로 우회시켰다. 원래 착륙지인 라스팔마스 공항에 폭발 테러 사고가 없었다면 테네리페 항공기 충돌사고도 없었을 것이다.

- 독일 저먼윙스 9525편이 2015년 3월 24일 스페인 바르셀로나 국제공항을 출발하여 독일 뒤셀도르프 국제공항으로 가던 중 부기장이 프랑스 남부 알프스 산맥에 비행기를 고의로 추락시켰다. 승객과 승무원 150명 전원이 사망한 사고다. 원인은 우울증과 시력 등 정신적 문제를 안고 있던 부기장 안드레아스 루비츠의 고의 추락이었다. 루비츠는 기장에게 화장실을 다녀오라고 권한 뒤 기장이 잠시 조종실 밖으로 나가자 조종실 문을 잠가버렸다. 그리고 자동비행장치 버튼을 조작하여 사고기를 고의로 알프스 계곡을 향해 추락시켰다. 이 사고와 같이 의도를 갖고 고의적으로 사고를 일으켰으니 보안 사고라 볼 수 있지만, 이후의 사고 대책 결과는 보안이 아니라 안전에 중점을 둔 대응책이 수립되었다.

3 항공보안의 정의

항공보안은 항공운송활동이 하이재킹, 사보타주, 기타 불법방해행위 등의 항공범죄에 의해서 피해나 장애를 받지 않도록 하는 모든 대책을 의미한다. ICAO는 국제민간항공조약 부속서17에서 항공보안의 정의를 "불법방해행위 등 범죄로부터 국제민간항공을 보호하기 위한 인적·물적 자원의 모든 것"으로 규정하고 있다. 항공보안은 민간항공에 대한 불법방해행위에 대해 승객, 승무원, 지상직원 및 일반 대중의 안전을 확보하는 것을 최우선의 목표로 하고 있다.

〈표 1-1〉 ICAO 기준 항공범죄의 유형

유 형	행 위 내 용
항공기 점거 Act of Unlawful Seizure of Aircraft	민간 항공기에 대한 불법적인 통제권 강탈 행위
점거기도 Attempted Seizure	의도적으로 통제권을 강탈하기 위한 시도
항공기 파괴 Act of Sabotage of Aircraft	폭발물 등을 이용하며 의도적으로 자행되는 파괴행위
비행 중 공격 In-flight Attack	항공기 외부로부터 운항 중인 항공기에 대한 공격행위
공항과 항행시설 공격 Facility Attack	외부로부터의 항공시설 공격행위
안전방해 Attack Against Safety	항공안전을 방해하는 의도적 행위

4 항공범죄의 특성

항공기는 지구촌 시대를 열게 하는 데 결정적인 역할을 하고 있다. 한 해에만 전 세계 수십억 명의 사람이 지구상의 모든 국가를 오고가는데 항공기만 한 교통수단은 없다. 항공기술의 눈부신 발달에 기인하여 항공산업이 세계 경제성장에 미치는 파급효과가 매우 큰데 반해, 빈발하는 항공기 범죄에 대한 우려도 깊어가고 있다. 특히 정치적, 종교적 배경으로 무장된 급진주의자들에 의한 항공기 테러행위는 불특정 다수의 무수한 사람의 목숨을 앗아가는 가장 극악한 범죄로 여전히 존재하고 있다.

항공범죄는 항공기와 항공기내 승객을 대상으로 위해를 가하는 행위로써 하이재킹, 테러행위, 기내난동 등 항공역사와 함께 날로 다양한 형태로 발생하고 있다. 항공을 둘러싼 범죄는 한 국가의 문제로만 머물지 않고 범세계적인 문제로 다루어지는 특성을 갖고 있다. 항공역사를 되돌아보면 항공범죄를 타개하기 위한 국제적 협력과 국가 간 공동 대응 노력이 활발하게 진행되어 왔음을 알 수 있다. 1960년대부터 국제적 협력이 가시화되기 시작했는데 동경협약이 대표적이다. 항공기에서 발생하는 특정한 범죄를 규율하기 위해 제정되었다. 다음으로 헤이그협약이 맺어지면서 비행 중인 항공기 납치 문제를 다루었다. 민간항공 안전에 대한 불법행위 억제를 위해 몬트리올 협약이 1971년에 제정되었다. 이로부터 지속적으로 다양한 형태의 항공범죄가 발생할 때마다 이를 제지하기 위한 규율을 제정한 협약들이 출현했다.

항공범죄 행위의 특성은 첫째, 국적에 관계없이 불특정 승객들을 대상으로 하고 있다. 둘째, 운항 중에 있는 항공기내에서 벌어지는 범죄행위는 일순간에 수백 명의 생명을 한꺼번에 앗아갈 수 있다. 셋째, 항공기를 무기화하는 불법행위 수단으로 활용하여 항공기 외부의 사람들에게도 공격을 가할 수 있다. 넷째, 항공기내에서 발생하는 테러 및 범죄행위에 즉시 개입하여 제압할 수 있는 국가공권력의 접근이 용이하지 않다. 다섯째, 항공범죄는 한 국가의 문제가 아닌 여러 국가가 공동으로 대처해야 하는 국제적 이슈이다.

따라서 국가 간의 테러범에 대한 정보 교류 등 공조체제의 구축이 매우 중요하다. 항공범죄에 관하여 ICAO를 비롯한 전 세계 국제사회는 무고한 인명의 피해를 방지하고 자국의 안정된 산업 활동을 보호하기 위해서 항공범죄에 대한 철저한 대비책을 수립하여 시행하고 있다. 항공테러 및 범죄를 방치할 경우 세계적 공포감의 확산으로 정치, 사회적으로 커다란 문제가 발생함은 물론 경제적으로도 심각한 타격을 받을 수 있기에 전 세계 국가 및 항공관련 업계에서는 이를 방지하기 위한 노력을 아끼지 않고 있다.

항공스토리

"최초의 항공기 폭발사고"

1933년 10월 10일 인디애나주 체스터턴 상공에서 민간 항공 폭발 사건이 최초로 발생됐다. 오클랜드로 향하는 유나이티드항공 비행기는 오후 4시 30분에 뉴어크를 출발하여 조종사를 바꾸기 위해 클리블랜드에 멈췄다. 승객 4명과 승무원 3명을 태운 보잉 247기는 클리블랜드를 출발해 시카고로 향했다. 기장은 모든 것이 정상이며 고도 1,500피트에서 비행 중이라고 무전을 보냈다. 오후 9시가 조금 지났을 때, 마을의 몇몇 주민이 하늘에서 폭발음을 듣고 항공기가 추락되는 것을 목격했다. 탑승자 전원이 사망했다. 잔해물의 특성과 수많은 목격자 증언을 통해 추락 원인은 폭발물에 집중됐다. 결국 미 상무부 항공국은 항공기가 화물칸에 설치된 시한폭탄 장치에 부착된 니트로글리세린 용기에 의해 폭파되었다고 결론 내렸다.

UN 안전보장이사회는 2016년에 "테러행위로 인한 국제평화 및 안보에 대한 위협 - 항공보안" 결의안 2309를 만장일치로 채택하였다. 이 결의안은 세계 민간항공보안부문을 광범위하게 다루는 첫 번째 안전보장이사회 결의안으로 평가받고 있다. 이 결의안은 테러행위에 대한 효과적인 대응책의 구현, 기술적 지식의 공유, 지원의 제공 및 역량강화를 포함한 항공보안의 다양하고 핵심적인 측면의 중요성을 강조하고 있다. 엄청난 인명손실과 경제적 피해를 야기하려고 테러단체들이 민간 항공시설을 목표물로 계속 노리는 상황에서 이 결의안은 민간 항공에 대해 고조되고 있는 테러리스트의 위협으로부터 모든 국가의 시민들을 보호하기 위한 명료하고 단합된 결의를 과시하고 있다. 만장일치로 채택된 이 결의안은 5가지 명확한 메시지를 전하고 있다. 첫 번째 국제사회는 민간항공에 대한 테러리스트들의 공격을 강력하게 비난한다. 이러한 공격들은 국제 평화와 안보는 물론 경제와 무역 관계에까지 손실을 끼치는 심각한 위협을 드러내고 있다. 두 번째, 모든 국가들은 테러리스트의 공격에 대해 항공보안에 대한 효과적인 보호장치 마련이 필요하다. 세 번째, 모든 국가들은 국제 기준이 위협에 항상 상응할 수 있도록 국제 규정 기구체인 ICAO와 공동의 협력적인 일을 할 필요가 있다. 네 번째, 모든 국가들이 효과적인 항공보안 대책을 수행할 수 있도록 능력 개발, 훈련, 다른 기술적 도움을 목표로 한 조항이 필요하다. 마지막으로 국제사회는 ICAO와 유엔 대테러기구와의 관계를 포함하여 위협, 위험, 취약점을 다루기 위한 한층 개선된 협력이 필요하다.

5 강화된 항공보안 기법

최근에 위험을 유발하는 데 가장 큰 비중을 차지하는 것이 인적 요인(Human Factor)이라고 할 수 있다. 개인의 실수 또는 규정 위반이 안전을 위협하는 위험이 될 수 있다. 미국의 심리학자 제임스 리즌(James Reason)은 사람들은 똑같은 상황에서 그들의 생각, 경험, 그리고 마음상태에 따라 각자 다르게 대응한다고 했다. 그는 1990년 사고발생 과정을 치즈에 비유하여 설명했다. 이른바 '스위스 치즈 모델'을 예를 들며 사고는 개인의 실수 및 규정 위반으로만 발생되는 것이 아니라 하였다. 스위스 치즈 모델을 살펴보면 사고를 예방하는

4단계의 방어막에 구멍(실수 또는 실패)이 뚫려 또 다른 구멍으로 이어지면 사고가 발생된다는 것을 알 수 있다. 4단계의 방어막은 첫 방어막에서 조직의 영향을 말하고, 두 번째 방어막은 불안전한 관리감독, 세 번째 방어막은 불안전한 환경 조성, 마지막 방어막은 개인의 불안전한 행위로 되어 있다. 따라서 사고를 예방하기 위해서는 개인의 실수 및 규정 위반에 대해서만 대응할 것이 아니라 4단계의 각 방어막에 대한 종합적인 시스템으로 접근하는 것이 더욱 효과적이라는 것이다.

James Reason's "Swiss Cheese" Model
of Accident Causation (1990)

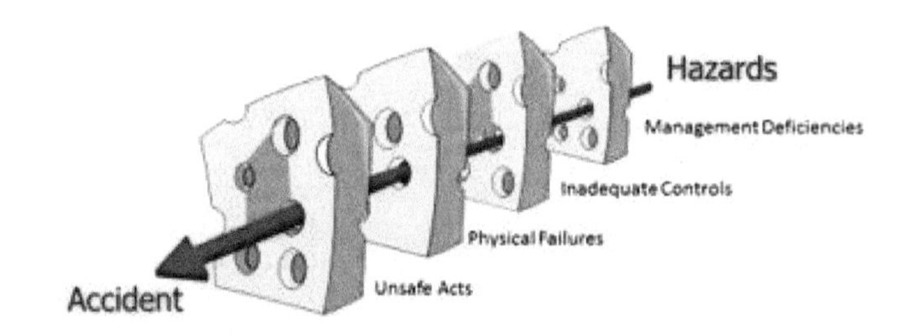

1) '다층의 보안 방어막' 접근 방식(Layers of Security Approach)

TSA는 '다층의 방어막을 통한 보안 강화'를 위해 여행 대중과 미국 교통 시스템을 심층적으로 보호하기 위해 고안된 21가지 보안 방어막을 배열했다. 이 21개 보호막 중 15개는 승객 탑승 이전에 관한 것이다.

〈표 1-2〉 TSA 21가지 보안 방어막

시점	순서	보호막 사항	시점	순서	보호막 사항
승객 탑승 전	1	국내외 보안 정보 교환	승객 탑승 후	16	승객 저항
	2	국제적 보안기관 파트너십			
	3	세관국경보호국(CBP)		17	기내 승무원의 보안임무
	4	테러 합동 대책 본부			
	5	no-fly 및 승객 사전 선별		18	강화된 조종실 문
	6	항공기 승무원 명단 진위 확인			
	7	보안 대응 팀		19	항공기내보안요원
	8	폭발물 탐지견			
	9	행동탐지요원(BDO)		20	법집행관
	10	검문소 보안요원			
	11	여행증명서 검사요원		21	연방 조종실 보안요원(FFDO)
	12	위탁수하물 검색			
	13	공항보안검색요원			
	14	무작위 직원 심사			
	15	폭발물 검색요원			

가. 승객 저항(Passenger Resistance)

9.11 테러의 피해 규모가 컸던 한 가지 이유는 승무원과 승객들이 납치범들과 맞서고 저항하는 것을 꺼렸기 때문이다. 세계무역센터와 펜타곤에 대한 9.11 자살 테러공격은 이러한 인식을 근본적으로 바꾸어 놓았다. 납치된 4번째 비행기 승객들이 처음 납치된 비행기에서 일어난 추락 사고에 대한 뉴스를 듣고 무방비로 당해서는 안 될 것이란 경계심을 갖게 되었고 승객들과 승무원들은 항공기를 납치한 테러범들을 향해 대항하며 반격하였다. 특히 테러리스트들이 조종실에 들어가는 것을 막아야 했다. 실제로 9.11 위원회의 위원장인 토마스 킨은 "승객들이 행동으로 나서는 것이 최선의 방어라는 인식이 이제는 비행기를 타는 사람들에게 있을 거"라고 하였다. 항공기 납치 사건 이외에도 승객과 승무원의 공격적인 대응은 2001년 신발 폭탄테러와 2009년 속옷 폭탄테러의 경우처럼 여객기에서 폭탄을 터뜨리려는 노력을 피하는 데 효과적이었다. 그러나 승객의 반격이 생각만큼 성공적이 될

것인지는 명확하지 않은 점도 있다. 한 연구에서 사람들은 테러범이 고도로 훈련되고 무장된, 건장한 사람들일 것이라고 짐작하게 된다. 이런 납치범들이 조종실을 점령하는 데 단 몇 초 만에 해낸다고 생각하면 반격이 쉽지 않을 것이다. 이에 반해 끔찍한 위협에 직면한 승객들이 기내 상황을 인지하고 다른 승객에게 협조를 구하고 함께 반격할 용기를 갖는 데는 시간이 필요하다. 이 연구 보고서는 이 같은 시나리오에서 테러범이 조종실을 갑작스럽게 점거하고 폭력을 휘두르는 행위를 저지하는 데 승객들이 나서서 저항하는 것은 예측 가능한 신뢰할 수 있는 대안으로 간주하기는 어렵다고 결론을 내리고 있다. 따라서 연구보고서는 "테러 완화 조치로서의 승객 개입 가능성"은 고려할 만한 대응책이 될 수 없다는 신중한 연구결과를 내놓았다.

- 아메리칸 항공 63편에 탑승한 테러범이 신발 폭탄을 터뜨리는 일이 발생했다. 자신의 신발에 숨겨놓은 폭발물에 성냥불로 점화하여 폭발을 시도하던 범인을, 이를 처음 발견한 승무원과 주변의 승객들이 합세해서 범인을 제압하였다.
- 나이지리아를 출발, 네덜란드 암스테르담을 거쳐 미국 디트로이트 공항에 도착할 예정인 미국 노스웨스트 항공 A330 여객기에서 착륙 직전 기내에서 폭발음이 나고 수초 후 불꽃이 보였고, 사람들이 불을 끄려 했지만 불꽃이 커지면서 혼란이 계속됐다. 그 사이 한 젊은 남자가 테러 용의자를 제압했다.

나. 보안훈련 받은 승무원(Trained Flight Crew)

객실승무원 훈련에는 무력 사용에 대한 지침이 포함되어 있지 않다. TSA가 주관하는 객실승무원 자기방어 훈련 프로그램은 하루 훈련에 연간 300만 달러의 비용이 들어간다. 그러나 이 프로그램을 객실승무원의 1% 미만이 수강한 것으로 알려졌다. 그럼에도 불구하고 많은 항공사들은 조종실 침입을 시도하는 동안에 갤리 카트를 조종실 접근 차단용으로 활용하는 절차를 도입했는데, 이를 '인간 2차 장벽'이라고 한다. 고도로 훈련된 공격자와 방어자를 사용한 실험에서 추가 장비 없이 승무원이 차단 기능을 하는 것은 만족스러운 결과를 얻지 못했다. 조종실은 고도로 훈련된 무장을 한 건장한 체격의 공격자 팀을 물리치는 데 필요한 매우 짧은 반응 시간 때문에 도어 전환 중 조종실 침입에 분명히 취약하다.

다. 강화된 조종실 문(Hardened Cockpit Doors)

FAA는 9.11 테러 이후 미국 영공을 운항하는 국내외 항공사들에게 조종석 침입을 차단하고 소형화기 및 파괴 장치로부터 보호하기 위해 강화된 조종실 문을 설치할 것을 요구했다. 강화된 조종실 문의 구입 및 설치에는 막대한 투자가 따른다. 항공사가 쓴 총비용은 도어가 무거워짐에 따라 연료 소비가 증가하는 비용을 포함하여 10년 동안 $300,000~$500,000로 추정된다. 강화된 조종실 문이 완강한 납치범들에게 과연 효과가 있는지 때때로 의문시되어 왔지만, 강화된 조종실 문이 납치범들의 조종실 침입을 저지하고 지연시킬 것이라는 데는 의심의 여지가 거의 없다.

라. 연방 무장조종실요원(Federal Flight Deck Officers)

미국은 9.11 테러 사건을 계기로 2003년 연방무장조종실요원(FFDO : Federal Flight Deck Officer) 프로그램을 신설하였다. 이 프로그램은 항공기 범죄 행위 또는 공중 납치로부터 조종실을 보호하기 위해 자발적으로 지원한 여객기 및 화물기 조종사를 대상으로 특수 훈련을 시키고 비행기에 권총을 휴대할 수 있도록 허용하는 등 법집행관(law enforcement officers)의 역할을 대행토록 하는 제도이다. 연방무장조종실요원(FFDO) 프로그램은 2002년 11월에 발효된 "테러 방지 무장 조종사법(APATA: Arming Pilots Against Terrorism Act)"에 의해 도입되었다. 미국 항공사에서 근무하는 미국 조종사들이 조종실에서 총기를 소지할 수 있게 되었다.

FFDO 프로그램을 신청하려면 민간 항공 조종사 및 비행 엔지니어 자격을 갖춘 미국 시민이어야 한다. 프로그램에 합격한 운항승무원은 2년에 한 번 총기 사용 재인증과 더불어 뉴멕시코주 아르테시아에서 5일간에 걸쳐 56시간의 교육과정에 참석한다. 교육은 법집행 전문 교육, 사격술 연습, 상황별 방

▲ 사격훈련을 하는 민간항공 조종사들

어 전술로 구성되었다. 총기 사용은 조종실내로 제한되며 평상시는 보관 상태로 유지된다. 매년 수백 명의 자격을 갖춘 조종사가 관심을 갖고 자발적으로 프로그램에 참여하고 있다. 이 프로그램에 참여하는 사람들은 항공사에서 일하는 정상적인 조종사들이다. 예를 들어 Delta, United, Southwest 항공 조종사 등이 있다. 훈련은 무료이지만 무장한 조종사들은 추가로 수당을 받지 않는다. 대부분의 아르테시아 사람들은 훈련에 참가하기 위해 개인 연차를 쓴다. 훈련은 사격장으로 이동하기 전에 교실에서 시작된다. 훈련생들은 앉은 자세와 선 자세에서 사격하는 법을 배우고, 그들의 총을 훔치려는 납치범들을 제압하는 훈련을 받는다. 조종사들은 조종실 밖으로 끌려 나가지 않는 훈련도 받는다. FFDO에 참여한 조종사의 정확한 수치는 기밀로 유지되고 있다. FFDO 프로그램은 TSA의 연방 에어마샬에 의해 관리되며, 공중납치에 대한 '최후의 방어선'으로 작동되고 있다. 2003년 도입 이후 규모가 급격히 증가했다. 2011년 현재 15,000명의 조종사가 참여하고 있으며, 이 숫자는 연방 에어마샬보다 5배가 더 많다. FFDO 프로그램은 항공업계와 정부에 의해 매우 성공적이고 비용 효율적인 항공보안 방어막으로 인정받고 있다. 납치범에 대처하기 위해 조종사를 무장시키고 승무원을 훈련시키는 것이 에어마샬을 조종실에 배치하지 않아도 되는 대안으로써 효과적이고 비용이 훨씬 적게 드는 것으로 평가되고 있다.

마. 행동탐지요원(BDO : Behavior Detection Officers)

9.11 테러리스트들은 항공기를 대량 살상 무기로 이용하여 고층건물을 무너뜨리는 테러를 자행했다. 테러리스트들은 지금의 보안검색 기술로는 쉽게 적발되지 않는 폭발물을 이용하여 전통적인 보안을 무력화시키는 방향으로 전환하고 있다. 9. 11 직후인 2001년 12월 22일 신발 폭파범으로 알려진 리차드 레이드는 신발 속에 숨겨둔 폭발물의 보안검색을 성공적으로 통과하고 기내에서 항공기 폭발을 시도하였다. 그러나 레이드는 위생상태가 불결한 초라한 행색에 짐도 없었고, 얼굴에 초조함과 긴장감이 역력해 보였다. 정상적인 보통 승객의 행동과 특이하게 달라 보였다. 이런 행동과 모습 때문에 의심하게 된 이스라엘 공항 보안요원들은 레이드가 엘알(El Al) 항공기에 탑승하지 못하도록 조치했다. 그 후 레이드는 신발 속의 폭발물은 발견되지 않은 채 미국 마이애미행 아메리칸에어를 타고 기내에서 항공기 폭파 범행을 시도하게 된다. 이 사건 이후 미국은 신발을 보안검색 물품으로 선정하였

다. 현재는 미국뿐만 아니라 거의 모든 나라에서 항공여행 승객은 보안검색대에서 신발을 벗게 되었다.

TSA는 2007년 4백만 달러를 투입하여 3천 명의 BDO요원을 채용하고 훈련시켜 176개 주요 공항에 배치하였다. TSA는 이들 BDO요원들에게 금속탐지기나 폭발물 탐지기가 식별할 수 없는 위험한 사람에 대한 고도의 시각적(Video) 검색의 효과가 있다고 주장한다. 시각적 검색은 공항에서 수행되는 보안 선별 작업의 중요한 구성요소이다. BDO는 군중을 시각적으로 스캔하고 불안과 긴장 등의 행동으로 드러나는 징후에 기초하여 보안에 위험을 초래할 수 있는 승객을 식별한다. 시각적 검색 성공은 궁극적으로 사람에게 달려 있다. 따라서 행동탐지요원은 자신의 임무를 효과적으로 수행할 수 있도록 시각적 검색 자체의 특성과 검색 성능에 영향을 미치는 요인을 잘 이해하고 있어야 한다.

6 ICAO 글로벌 항공보안계획(GASeP)

국제민간항공기구(ICAO)가 채택한 글로벌항공보안계획(Global Aviation Security Plan : GASeP)은 ICAO Annex17(항공보안)과 ICAO 항공보안 매뉴얼을 지원하는 개념에서 수립되었다. 이 계획의 목적은 ICAO, 국가, 이해관계자가 글로벌 항공보안의 효율성을 향상시키는 데 도움을 주는 것이다. GASeP은 민간 항공업계가 직면한 위협과 위험이 계속해서 진화한다는 점을 고려하여 국제항공보안 커뮤니티를 통합하고 한 방향으로 행동을 고취하고자 한다. 또한, 전 세계적으로 항공보안을 강화한다는 인식을 공유하고 공통된 목표를 달성한다. GASeP의 목표 달성을 위한 핵심 원칙은 모든 국가가 안전하고 신뢰할 수 있는 항공운송에 상당한 사회경제적 혜택을 누릴 수 있도록 항공보안 Annex17의 권고 실행안의 이행을 모든 국가에게 보장하는 것이다. Annex17에 대한 체약국의 효율적인 이행을 위한 지속적인 개선은 항공보안에 매우 중요한 쟁점이다. 체약국은 자국의 민간항공보호를 위하고 민간항공의 신뢰성 및 효율성 확보를 위하여 ICAO가 채택한 글로벌항공보안계획 이행 시 다른 국가들과 상호 협력관계를 유지한다.

1) GASeP 도입 배경 및 의의

ICAO는 기존의 항공보안 규정 체계에 한계가 있다고 보았다. 보다 적극적인 항공보안 체계 구축의 필요성이 대두되었다. ICAO는 2016년 제39차 총회에서 항공보안 규정 혁신을 둘러싸고 논의 및 의결이 진행되었고 글로벌 항공보안계획(GASeP) 수립에 동의하는 결의를 하였다. GASeP가 채택된 배경에는 5가지 이유가 있다. 첫째, 현재의 항공위협과 위험 환경을 인지하여 이에 대한 신속한 대책의 필요성을 절감하였다. 둘째, 전 세계적으로 안전하고 효율적인 방법으로 항공교통 성장에 대비하고 관리해야 할 필요성이 대두되었다. 셋째, 최근의 항공보안 사건으로 떨어진 민간항공보안 시스템에 대한 일반 대중의 신뢰성 확보가 절실하였다. 넷째, 각 체약국의 보안업무 수행에 우선순위 확정이 필요하였으며 이에 따른 적절한 지침이 국제적으로 수립되어야 할 필요성이 증가하였다. 마지막으로 Annex17과 ICAO 항공보안 매뉴얼을 보완하기 위한 목표중심의 체계 확립이 필요하다. ICAO는 이러한 항공보안의 체계 혁신을 위한 필요성을 구체화하기 위한 노력으로 글로벌 항공보안계획을 수립하였다.

2) GASeP의 목표

GASeP의 최우선적인 목표는 ICAO, 체약국, 이해관계자 상호 간의 국제항공보안 효율성 향상을 위한 지원 역할을 제공하는 것이다. 특히, 증가하는 항공보안 위협과 위험을 고려하여 국제항공보안 커뮤니티 연합을 유지하기 위함이다. GASeP은 2016년 유엔의 항공보안에 대한 결의안 2309를 실행하기 위한 세부 후속 대책을 실행하는 것이 최우선의 목표가 되었다. 또한, ICAO 정기총회에서 논의된 항공보안 관련 내용에 대한 결의안을 신속하게 이행하기 위한 것이 추가적인 목표이다.

3) GASeP의 주요 우선순위

GASeP의 주요 달성목표는 세계적인 항공보안 현상을 감안하여 가장 필요한 내용을 담고 있는데 이는 GASeP의 아주 중요한 핵심사항이다. GASeP은 글로벌 항공보안 효율성 강화 및 지속가능한 항공보안조치 이행 개선을 위해 국가, 항공산업, 이해관계자 및 ICAO가 노력을 기울여야 하는 5가지 주요 우선순위를 선정하였다. 우선순위는 항공보안 효율성 목적을 달성한다는 일치되고 공통된 목표를 가지고 협력할 수 있는 기반을 제공한다. 5가지 우선순위는 ① 위협 및 위험 인지 및 대응 강화 ② 보안문화 및 보안 인력 역량 강화 ③ 고기능 보안기술 자원 및 혁신 ④ 감독 및 품질보증 개선 ⑤ 체약국 간 협력 강화 및 지원 증가 등으로 구성되어 있다. 첫 번째 우선수위 위협 및 위험을 인지하고 대응하는 것은 항공보안의 가장 기본적인 핵심이다. 위협과 위험을 정확히 분석하고 보안정책과 수행 시에 드러나는 취약점을 분석하는 것이 가장 핵심적인 보안조치의 기초가 된다. 두 번째 우선순위 보안문화 및 보안 인력 역량 강화에는 보안문화를 구축하는 것이 선결과제이다. 보안문화란 효율적인 민간항공 이용객을 보호하기 위하여 구축된 보안체계에 대하여 조직 구성원이 모두 공유하는 가치를 말한다. 효과적인 보안문화 구축은 보안대책이 효율적으로 시행되기 위한 조직의 인프라가 된다. 보안문화 구축은 항공보안 조직의 최고위층에서 시작되는 것이 실효성이 있다. 보안문화는 최고위층에서 하부조직의 구성원에 이르기까지 보안정책과 가치를 공유하였을 때 효율성이 증대된다. 세 번째 순위로 고기능 보안기술 자원 및 혁신은 효율적인 보안운영을 위해서 중요한 요소이다. 기능이 뛰어난 보안장비 확보는 보안의 효율성을 상승시킬 뿐만 아니라 공항 운영의 효율성도 확보할 수 있다. 네 번째 순위인 감독 및 품질보증 개선은 보안을 강화할 수 있는 방법 중 하나이다. 효과적인 감독 관리는 보안의 효율성을 지속적으로 유지해 주는 기본요소로 인식하고 있으며 보안점검 절차는 항공보안의 품질 보증에서 기초 체계로의 역할을 수행하고 있다. 마지막 우선순위인 체약국 간 협력 강화 및 지원 증가는 민간항공에 대한 보안문제는 한 국가의 문제가 아니라는 인식하에 각 체약국 간의 민간항공에 대한 보안 관련 정책 및 정보를 긴밀하게 교류하는 등 협력체제 유지가 중요하다고 보고 있다. 또한, 국가 간 정보 비대칭으로 인해 항공보안 인프라가 낙후된 국가에 대해서는 공동의 항공보안 목표 달성을 위해 적절한 협력과 지원을 적극적으로 확대한다.

4) 국내 항공보안 GASeP 적용

ICAO는 선진화되고 혁신적인 항공보안업무수행에 대한 전반적인 내용을 GASeP에 포함시키고 있다. GASeP은 국제 협력을 기반으로 한다. 우리나라도 GASeP에서 제기되는 글로벌 항공보안 목적과 우선순위에 부합되는 방향의 법령을 재정비할 필요가 있다. 정부가 주축이 되어 항공사들의 자체보안계획도 변화된 GASeP의 방향으로 나아가야 할 것이다. 현행 우리나라 항공보안 법령에 GASeP과 부합되는 것과 별도의 보완할 부분을 분리하여 항공보안 법체계의 개선이 필요한 시점이다. 무엇보다도 GASeP의 우선순위 중 위험인지 능력과 대응력 향상을 위한 안전분야의 SMS와 같은 국제기준에 부합되는 위협평가 및 위험관리 기준인 보안위험관리 체계(SeMS)를 항공보안 법규에 반영해야 한다. 또한, 위협평가에 따른 위험관리를 하는 SeMS는 수집된 데이터를 기반으로 하는 만큼 항공보안 데이터베이스 구축이 필수적이다. 빅데이터화한 SeMS는 위협과 위험을 조기에 인지하고 식별하여 사전 예방조치가 이뤄지는 의사결정이 가능하게 된다.

GASeP의 중요한 우선순위 중 하나인 항공보안 문화 구축과 증진이 국내 항공보안 커뮤니티에도 반영되어 활성화해야 한다. 항공보안 자율보고제도에 근간을 두고 있는 항공보안 문화의 확산과 증진을 위한 노력이 가중되어야 한다. 항공보안 문화는 자발적인 위협과 위험 데이터를 수집하는 데 중요한 환경을 제공한다. 자발적 보고가 활발하게 이뤄지기 위한 환경이 곧 보안문화이다. 책임에서 자유로운 자율보고로 수많은 데이터가 축적되고 이를 기반으로 하는 위험 관리 평가 분석이 가능해지는 체제가 정착되고 활성화될수록 항공보안의 신뢰성은 높아질 것이다.

항공보안 법규

Chapter 2 항공보안 법규

1 국제협약 및 법규

1) ICAO 항공보안 협약

비행 중인 항공기에서 발생할 수 있는 특정한 범죄를 규율하기 위해 1963년 동경협약이 제정된 이후 ICAO는 계속해서 비행 중인 항공기 납치 범죄를 다루는 헤이그협약을 만들었고, 민간항공안전에 대한 불법방해행위 억제를 위한 몬트리올협약이 1971년에 제정되었다. 그러나 40여 년이라는 시간이 지나면서 항공범죄는 날로 치밀해지고 거대화되었다. 2001년 9.11 테러공격, 2006년 액체폭탄을 이용한 미국의 동시 다발 테러 미수사건을 비롯하여 최근에는 2010년 11월 우편물 폭발사건 등 새로운 유형의 테러들이 발생하였다. 특히 런던 히드로 공항에서 액체폭탄이 발견된 후 기내 액체류 반입 금지 사태가 벌어지기도 했다. 이러한 새로운 유형의 테러를 규율할 만한 국제협약이 제대로 갖춰지지 않았고 또한 그 역할을 충분히 감당하는 데 부족했던 것이 사실이었다.

ICAO에서는 이같이 지능적으로 발전하고 있는 신종 항공기 테러를 방지하기 위해 2010년 중국 베이징에서 ICAO 북경외교회의를 개최하여 북경협약과 북경의정서를 탄생시켰다. 이 새로운 조약들은 항공기를 무기로 사용하는 것을 포함하여 민간항공의 안전에 새롭고 돌발적인 위협들을 범죄화할 것을 체약국들에게 요구하고 있다. 이 조약들은 기존의 국제적인 대테러와 관련한 법적 체계를 더욱 공고히 해줄 뿐만 아니라 9.11 테러와 같이 국제사회에 가증스런 테러행위를 하려는 자들을 예방 · 검거하고 처벌하는 데 용이하도록 하였다.

■ 시카고협약

1944년 9월 민간항공의 주도권을 가진 미국은 제2차 세계대전 이후의 민간항공 미래를 논의하기 위해 52개국을 시카고로 초청했다. 5주 동안 열린 회의에서 각국의 대표단은 국제 민간항공이 당면한 많은 과제들을 논의한 결과 시카고협약을 체결하였다. 민간항공 운영을 위한 기본 조약인 시카고협약은 장거리운항의 통신, 공항 제반시설, 항행, 항공교통통제 등에 관한 최초의 표준들을 수립하였다. 또한, 항공보안에 대한 발상을 하였고, 처음으로 항공보안을 과제로 삼아 민간항공에 대한 불법행위 예방이란 제목으로 항공보안 표준을 채택하였다.

□ 제1부속서 '항공 종사자의 면허(Personnel Licensing)'

이 부속서는 조종사(Pilot)의 면허 및 등급, 조종사 이외의 항공기 승무원, 예를 들면 항공사, 항공기관사 등의 면허, 항공기 승무원 이외의 종사자, 예를 들어 항공기 정비사, 항공 교통관제사 등에 대한 면허 및 등급, 의학적 요건, 예를 들어 조종사의 신체 및 정신적 요건 등에 관해 규정하고 있다.

□ 제2부속서 '항공 규칙(Rules of the Air)'

이 부속서는 항공 규칙의 적용 범위, 충돌의 회피, 비행 정보 불법 방해 등에 관한 일반 규칙과 시계비행 규칙, 계기비행 규칙, 신호 및 항공기의 표시등화, 순항고도, 민간 항공기의 요격(Interception) 등에 관해 규정하고 있다.

□ 제3부속서 '국제항공을 위한 기상업무(Meteorological Service for International Air Navigation)'

이 부속서는 기상대, 기상관측, 기상 보고, 공항 등의 항공기상 정보, 항공 기상도 및 통신에 관한 요건과 이용 등에 관해 규정하고 있다.

□ 제4부속서 '항공지도(Aeronautical Charts)'

이 부속서는 항공지도에 관한 일반 세칙, 진입도, 착륙도 및 비행장도 등에 관해 규정하고 있다.

□ 제5부속서 '공지 통신에 사용되는 측정 단위(Units of Measurement to be Used in Air and Ground Operations)'

이 부속서는 측정 단위의 국제화 촉진, 고도, 거리, 경도, 위도, 시계 풍속, 기압, 속도, 조명도, 음량 등의 표준과 기호를 규정하고 있다.

□ 제6부속서 '항공기의 운항(Operation of Aircraft)'

이 부속서는 기장의 직무, 비행기 성능의 운항 한계, 비행기의 계기 및 장비품과 비행기록, 비행기의 정비, 항공기 승무원, 운항 관리자, 운항 안내서와 기록류, 객실승무원, 보안에 관해 규정하고 있다.

□ 제7부속서 '항공기의 국적 및 등록기호(Aircraft Nationality and Registration Marks)'

이 부속서는 항공기의 국적, 등록, 등록의 공동 기호, 기호의 명시 장소 및 등록 증명서에 관해 규정하고 있다.

□ 제8부속서 '항공기의 감항성(Airworthiness of Aircraft)'

이 부속서는 항공기의 감항 증명과 그 표준 방식, 항공기 및 부품의 감항성 기준에 관해 규정하고 있다.

□ 제9부속서 '출입국의 간이화(Facilitation)'

이 부속서는 항공기, 여객, 승무원, 화물의 출입국 및 통과 수속의 간이화에 관해 규정하고 있다.

□ 제10부속서 '항공통신(Aeronautical Telecommunications)'

이 부속서는 무선항법 원조 시설, 통신장치 및 무선 주파수 등에 관해 규정하고 있다.

□ 제11부속서 '항공교통 업무(Air Traffic Services)'

이 부속서는 항공교통관제업무, 비행 정보 업무 및 구난의 경우 긴급업무에 관해 규정하고 있다.

□ 제12부속서 '수색 구난(Search and Rescue)'

이 부속서는 항공기의 수색 및 구난에 관한 조직 및 수속 등에 관해 규정하고 있다.

□ 제13부속서 '항공기 사고조사(Aircraft Accident and Incident Investigation)'

이 부속서는 항공기 사고에 관하여 통보, 조사관할, 조사 수속, 조사 보고서 등을 규정하고 있다.

□ 제14부속서 '비행장(Aerodromes)'

이 부속서는 표점, 표고 및 온도 등의 비행장 자료와 활주로-숄더 및 착륙대 등의 물리적 특성, 장해물의 제한과 제거, 시각 원조 시설, 비행장 설비, 항공등화 등에 관해 규정하고 있다.

□ 제15부속서 '항공정보 업무(Aeronautical Information Services)'

이 부속서는 항공로를 기록한 책, 항행에 관한 시설, 상황, 서비스, 수속 및 장애 등의 정보(NOTAM)와 항공정보 통보(Circular), 전기통신 요건 등에 관해 규정하고 있다.

□ 제16부속서 '항공기 소음(Environmental Protection)'

이 부속서는 비행기의 소음 제한, 그 기준이 되는 평가단위 소음 측정점 및 시험 수속 등에 관해 규정하고 있다.

□ 제17부속서 '보안(Security – Safe guarding International Civil Aviation against Acts of Unlawful Interference)'

이 부속서는 공중 납치 등 항공기에 대한 불법행위에 대처하기 위한 조직과 협력, 비행장 및 운항장애에 관한 정보와 보고 등에 관해 규정하고 있다.

□ 제18부속서 '위험물의 안전수송(The Safe Transport of Dangerous Goods by Air)'

이 부속서는 위험물의 정의, 구분, 포장, 표시, 수송의 제한 등에 관해 규정하고 있다.

□ 제19부속서 '안전 관리 매뉴얼(Safety Management Manual)' 이하 SMS(Safety Management System)

2) 동경협약

항공기내에서 범죄행위를 규제하기 위해 ICAO 법률위원회가 작성한 최종 초안이 1963년 9월 동경회의에서 '항공기내에서 범한 범죄 및 기타행위에 관한 협약(Convention on Offences and Certain Other Acts Committed on Board Aircraft)'으로 채택되었다. 이 협약은 항공기의 안전, 항공기내의 인명과 재산의 보호 등 한마디로 국제민간항공의 안전한 운항을 확보 증진한다는 목적을 위해 체결되었다. 한국은 1971년 5월 20일 비준하였다. 항공기 범죄의 국제적 규율을 위한 최초의 협약으로 도쿄협약으로 부르기도 한다. 26개 조항으로 이루어져 있으며 항공기내의 범죄 행위에 관한 재판 관할권을 원칙적으로 항공기의 등록 국가에 부여함(기국주의)으로써 형사재판권의 불화를 없앴다.

협약은 항공기내에서 행해진 형사법상의 범죄뿐만 아니라 범죄가 아니더라도 항공기 자체 또는 기내의 사람이나 재산의 안전을 해하거나 해할 우려가 있는 행위, 기타 기내의 질서와 규율의 유지를 위협하는 행위에 대한 처벌이 관할권의 결여 때문에 방치되는 것을 방지하려는 데 주안점을 두고 있다. 동경협약에서 다뤄진 주요 내용은 첫째, 항공기내에서 행해진 범죄 및 행위에 관한 관할권의 문제(제3조, 제4조)이다. 동 협약은 "항공기의 등록국은 동 항공기내에서 범하여진 범죄나 행위에 대한 재판 관할권을 행사할 권한을 지닌다"고

규정(제2장 재판관할권 제3조 1항)하고 있다. 그에 따라 체약국인 등록국은 기내범죄를 재판하기 위해 국내법상 관할권을 설정할 의무를 지게 된다. 한편 다른 체약국의 경합적 관할권을 배제하지 않고 있어 결국 동경조약은 관할권의 경합주의를 채택하고 있는 셈이다. 둘째는 기장의 권한을 명시하고 있는데 기장은 행위자에 대한 신체의 구속을 비롯, 그 밖의 적절한 조치를 취할 수 있으며 각 체약국은 이에 대응하는 의무를 지도록 되어 있다. 셋째는 승무원이나 승객 그 누구를 막론하고, 항공기와 기내의 인명 및 재산의 안전을 보호하기 위하여 합리적인 예방조치가 필요하다고 믿을 만한 상당한 이유가 있는 경우에는 기장의 권한 부여가 없어도 즉각적으로 상기 조치를 취할 수 있다.(제6조 2항)

상기 조치란 어떤 자가 항공기와 기내의 인명 및 재산의 안전을 위태롭게 하는 행위를 범하였거나 범하려고 한다는 것을 믿을 만한 상당한 이유가 있는 경우에는 그자에 대하여 감금을 포함한 필요한 조치를 말한다. 기내에서의 범죄행위에 대해서는 기장의 지휘절차에 따른 합법적인 조치도 중요하지만 위급한 상황에서는 기내에 있는 누구라도 범죄행위에 대처할 수 있음을 명백히 하고 있다. 아울러 동 협약에 따라 제기되는 소송에 있어서, 항공기 기장이나 기타 승무원, 승객, 항공기 소유자나 운영자는 물론 비행의 이용자는 피소된 자가 받은 처우로 인하여 어떠한 소송상의 책임도 부담하지 않아도 되는 면책조항(제10조)을 둠으로써 항공기내의 범죄 방지를 위한 강한 의지가 반영되어 있음을 알 수 있다.

3) 헤이그협약

항공기 납치 범죄가 1960년 후반에 들어서 급격히 증가하게 되자 동경협약만으로는 항공기 납치에 대처하는 데 불충분하다고 판단한 ICAO는 1970년12월 '항공기의 불법납치억제를 위한 협약(Convention for the Suppression of unlawful seizure of aircraft)', 일명 헤이그 협약을 채택하였다. 이 협약은 비행 중에 있는 항공기에 탑승한 여하한 자도 ▲ 폭력 또는 그 위협에 의하여 또는 그 밖의 어떠한 다른 형태의 협박에 의하여 불법적으로 항공기를 납치 또는 점거하거나 또는 그와 같은 행위를 하고자 시도하는 경우 또는 ▲ 그와 같은 행위를 하고자 시도하는 자의 공범자인 경우에는 죄를 범한 것으로 하고 있다. 또한 동 협약은 각 체약국은 범죄를 엄중한 형벌로 처벌할 수 있도록 할 의무를 지우고 있다.

4) 몬트리올협약

ICAO는 불법납치를 규율 대상으로 하는 헤이그협약을 보완하기 위해 1971년 9월 '민간항공의 안전에 대한 불법적 행위 억제를 위한 협약'(Convention for the Suppression of unlawful acts against the safety of civil aviation)을 채택하였다. 이 협약은 여하한 자도 불법적으로 그리고 고의적으로 ① 비행 중인 항공기에 탑승한 자에 대하여 폭력행위를 행하고 그 행위가 그 항공기의 안전에 위해를 가할 가능성이 있는 경우 또는 ② 운항 중인 항공기를 파괴하는 경우 또는 그러한 비행기를 훼손하여 비행을 불가능하게 하거나 또는 비행의 안전에 위해를 줄 가능성이 있는 경우 또는 ③ 여하한 방법에 의하여서라도 운항 중인 항공기상에 그 항공기를 훼손하여 비행을 불가능하게 할 가능성이 있거나 또는 그 항공기를 훼손하여 비행의 안전에 위해를 줄 가능성이 있는 장치나 물건을 설치하거나 또는 설치되도록 하는 경우 또는 ④ 항공시설을 파괴 혹은 손상하거나 또는 그 운용을 방해하고 그러한 행위가 비행 중인 항공기의 안전에 위해를 가할 가능성이 있는 경우 또는 ⑤ 그가 허위라는 정보를 교신하여 그에 의하여 비행 중인 항공기의 안전에 위해를 주는 경우에는 범죄를 범한 것으로 하고 있다.

이 협약은 소위 사보타주(sabotage) 등 항공기에 대한 각종의 폭력행위와 공격을 규제하는 데 있다. 몬트리올협약은 범죄행위를 항공기 납치뿐 아니라 지상에서의 공격 및 항공시설에 대한 공격까지 포함하는 것으로 그 규율 대상을 확대시켰으며, 헤이그협약과 같이 미수와 공범도 처벌하고 있다. 형벌의 내용은 체약국의 국내법에 따르며 관할권에 관해서는 범죄 발생국, 범죄행위가 행하여진 항공기의 등록국, 항공기임차인의 주요 사업지국 또는 상주지국 및 착륙국 등이 경합적으로 관할권을 행사할 수 있게 되어 있다.

5) 몬트리올의정서(1988년 2월)

1971년 9월 몬트리올에서 채택된 민간항공기의 안전에 대한 불법적 행위의 억제를 위한 협약을 보충하는 국제민간항공에 사용되는 공항에서의 불법적 폭력행위의 억제를 위한 것으로 국제민간항공에 사용되는 공항에서 인명을 위태롭게 하거나 위태롭게 할 가능성이 있는 불법적 폭력행위 또는 그러한 공항의 안전한 운영을 위협하는 불법적 폭력행위가 공항의 안전에 대한 전 세계 사람들의 신뢰를 저하하며, 모든 국가를 위한 민간항공의 안전하고 질서 있는 운영을 방해하는 것임을 고려하여 그러한 행위를 방지하고 범인들의 처벌을 규정하기 위하여 마련되었다.

이 의정서는 국제공항에서의 인명, 시설, 항공기에 대한 불법테러행위를 처벌대상범죄로 추가 규정하고 범죄 발생국, 범죄인 소재국, 또는 항공기 등록국이 범죄인 처벌을 위한 관할권을 가지되 범죄인 소재국이 범죄인을 범죄 발생국에 인도하지 않는 경우 범죄인 처벌의무를 지도록 하는 것을 주요 내용으로 하고 있다.

6) 탐지 목적의 플라스틱 폭발물의 표시에 관한 협약

이 협약은 항공기 기타 운송수단 및 목표물에 대한 테러행위에 플라스틱 폭발물이 사용되어 왔다는 데 깊은 우려를 표시한 ICAO 각 체약국들이 '플라스틱 폭발물 제조 시 탐지 또는 식별을 용이하기 위하여 플라스틱 폭발물을 적절히 표시'하는 국제적인 조치를 강구하는 데 그 목적이 있었으며, 1991년 3월 1일 몬트리올에서 채택하였다. 본 협약에 의거 각 체약국은 이 협약의 목적과 부합되지 않는 폭발물의 사용이나 변형을 막기 위한 통제를 엄격히 실시하고 효율적인 대책을 수립해 주도록 요구하고 있으며, 표시되지 않은 폭발물의 경우 폐기 또는 파괴하는 대책을 수립하도록 하고 있다.

7) 북경협약(2010년 9월)

북경협약은 불법방해행위가 증가하고 있는 우려 속에 새로운 형태의 테러에 대해 일벌백계할 수 있는 각국의 일치된 노력과 정책의 필요성을 인식하고 1971년 몬트리올협약과 이를 개정한 1988년 몬트리올의정서를 수정 · 보완하여 탄생되었다. 글로벌 항공산업이 직면한 신종테러에 대응하기 위해 '국제민간항공과 관련된 불법방해행위의 억제를 위한 협약(Convention on the Suppression of Unlawful Acts relating to International Civil Aviation)' 및 '항공기의 불법납치 억제를 위한 협약 보조의정서(Protocol Supplementary to the Convention for the Suppression of Unlawful Seizure of Aircraft)' 등 2건의 항공보안 협정이 체결되었다.

(1) 북경협약의 주요 내용

가. 항공기를 이용한 범죄 추가

북경협약의 주요 내용으로는 민간 항공기를 무기로 사용하는 행위를 범죄행위로 규정하였다. 민간 항공기를 납치하여 무기로 사용하는 행위, 민간 항공기내에서 무기를 사용하는 행위, 민간 항공기에 대한 무기 공격행위 등을 신규 항공범죄로 규정하여 민간 항공기에 대한 공격행위를 억제하며 해당 국가들에게 이를 처벌할 의무를 부여하고 있다.

2010년 북경협약에서 '어떤 사람이라도 비행 중인 항공기를 이용하여 인명 사상, 심각한 상해 또는 재산 및 환경에 심각한 손상을 입힌 경우 이 사람을 범죄자로 본다'는 내용이 추가되었다. 이를 추가한 것은 국제적으로 항공기는 여전히 테러리스트들의 주요 목표물이기에 이런 행위를 새로운 범죄 종류로 추가하여 테러 활동 조직과 테러리스트들에게 경고의 메시지를 보내고 두려움을 느끼도록 하기 위한 목적에서이다. 이외에 생물, 화학, 핵물질을 사용하여 민간 항공기에 공격을 가하는 것과 민간 항공기를 이용하여 불법적으로 생물, 화학, 핵 물질을 운반하는 데 대한 조약을 신설했다. 이 두 조약은 위의 무기를 이용해 항공기에 공격을 가하는 행위를 단속함과 동시에 이러한 무기가 테러리스트들 수중에 들어가는 것을 효과적으로 막기 위해서이다.

나. 공범 개념의 확대

몬트리올협약에서는 단순하게 '범죄를 시도하려는 자의 공범자'라고만 규율하였지만 2010년 북경협약에서 ICAO는 좀 더 세분화하고 구체화된 표현을 적용함으로써 공범자의 적용을 강화하였다. 따라서 공범자는 정범에 참여하거나(participate), 범죄단체를 조직하거나(organize), 범죄를 시도하거나(attempt) 지시하는(direct) 개념까지 확대하고 나아가 범죄인을 숨겨주는 행위까지도 범죄로 확대 정의하고 있다. 범죄를 저지른 자 혹은 사법당국에 의해 수배되거나 범죄자라고 판결받은 자를 불법적 · 고의적으로 조사, 기소 혹은 처벌을 피하기 위해 도와준 자 역시 범죄로 규정하였다. 북경협약이 효력을 발생한 후 범죄행위의 배후 조직자 및 지도자도 범죄자로 규정되어 민간항공안전을 방해하는 범죄활동 척결을 효과적으로 강화하게 될 것이다.

다. 관할권 명확화 및 정치범 부정

무국적자가 당사국에서 범죄를 저질렀을 경우 그 당사국은 관할권을 행사할 수 있게 함으로써 세계주의나 보호주의 이론에 입각하여 국내법을 적용하였던 것에 비하면 관할권 행사가 좀 더 명료하게 되었다. 과거에는 민항기 납치 및 기차 민간운송파괴행위가 정치행위에 속하는지를 두고 국제사회에서 논쟁이 있어 왔다. 과거 국제민간항공 조약에서는 이러한 문제에 대해 명확한 규정이 없었다. 2010년 북경협약에서 이런 성격의 범죄에 대하여 명확하게 정치범죄로 보지 않을 것이며, 각국도 정치범죄를 범죄자 인도 및 국제사법공조를 거절하는 이유로 사용하지 못하고, 여객기 납치 등을 꾀한 테러리스트들이 정치범 대우를 받지 못하도록 처벌을 강화하였다.

2010년 북경협약과 북경의정서는 각 체약국들로 하여금 민간항공보안에 새롭게 드러나고 있는 위협 행위들, 즉 항공기를 무기로 이용하는 것과 테러행위를 조직하고, 지시하고 자금을 지원하는 등에 대하여 국내법으로 범죄화할 것을 요구하고 있다. 이 새로운 조약들은 국제사회가 민간항공에 대한 테러행위를 예방하고 처벌하기 위해 공동으로 노력하고 있음을 반영하고 있다.

8) 몬트리올의정서 2014(MP14 : Montreal Protocol 2014)

이 의정서는 항공기 착륙국으로 재판 관할권을 확대하는 것을 골자로 한 것이다. 1963년에 채택된 현행 도쿄협약은 185개국이 비준했지만 재판관할권이 항공기 등록국으로 제한돼 있어 항공기 납치 등을 대응하는 데 어려움이 있다는 지적이 일었다. ICAO는 이 문제점을 보완하기 위해 2014년 4월 4일 기존의 도쿄협약을 일부 개정한 몬트리올의정서(Protocol to Amend the Convention on Offences and Certain Other Acts Committed on Board Aircraft Done at Montreal on 04 April 2014)를 채택하였다. 비행기가 도착·체류하는 국가에도 재판 관할권이 있도록 했고, 기내난동행위로 발생한 항공사의 손해배상청구권에 대한 내용도 명시했다. 전 세계적으로 꾸준히 증가하고 있는 기내난동 승객 문제를 효율적으로 처리하기 위한 것이다.

의정서 제1장은 협약의 범위에 관한 내용이다. 형법에 위배되는 범죄와 범죄 여부에 관계없이 항공기 또는 사람 또는 재산의 안전을 위태롭게 하거나 기내의 질서와 규율을 위태롭게 하는 행위에 관한 관점에서 만들어진 협약이다. 이 의정서는 항공기는 탑승 후 모든 외부 도어가 닫히는 순간부터 착륙을 위해 열리는 순간까지 언제든지 비행 중인 것으로 간주하고 있다. 강제 착륙의 경우에는 권한 있는 당국이 항공기 및 기내 승객과 재산에 대한 책임을 인계할 때까지 비행이 계속되는 것으로 간주된다.

의정서 2장은 재판관할권에 대한 내용으로 착륙국에도 사법권을 인정하는 조항이 담겨 있다. 항공기 등록국은 기내에서 저지른 범죄와 행위에 대한 사법권을 행사할 수 있다. 나아가 착륙 상태에서 범죄 또는 행위가 저질러진 탑승 항공기에 범죄자로 추정되는 사람이 여전히 탑승한 상태로 있을 때는 착륙국도 재판 관할권을 행사할 수 있다.

제3장은 항공기 기장(aircraft commander)의 권한에 관한 내용이다. 항공기 기장은 어떤 사람이 항공기에 탑승하여 비행을 저질렀다고 믿을 만한 또는 범행을 저지르려고 하는 합리적인 근거가 있을 때, 필요한 억제 조치를 취할 수 있다. 기장은 첫째, 항공기 또는 기내 승객과 재산을 보호하고 둘째, 기내의 질서와 규율을 유지하기 위해서 그리고 마지막으로 해당 범죄 행위자를 관할 당국에 인계하거나, 항공기에서 하기시키기 위해서 필요한 조치를 할 수 있다. 기장의 억제 권한의 인정 외에도 모든 승무원이나 승객은 항공기 또는 기내에 있는 사람이나 재산을 안전하게 보호하기 위해 억제하는 조치가 즉시 필요하다고 믿을 수 있는 합리적인 근거가 있을 때 기장의 권한적인 허가 없이 합리적인 예방 조치를 취할 수 있도록 하였다. 또한, 관련 체약국 간의 양자 또는 다자간 협정에 따라 기내에 배치된 항공기내보안요원은 항공기 또는 개인의 안전 보호를 위해 억제할 조치가 즉시 필요하다고 믿을 수 있는 합리적인 근거가 있을 때 기장의 허가 없이 합리적인 예방 조치를 취할 수 있도록 하였다.

의정서 4장은 항공기 불법점거에 대한 내용이다. 기내에 탑승한 어떤 사람이 비행 중인 항공기를 방해, 점거 또는 기타 부당한 통제 행위를 불법적으로 무력 또는 위협하는 경우, 체약국은 해당 항공기의 기장이 항공기의 불법적인 통제 상황을 되찾거나 안정적인 통제를 유지하기 위한 적절한 조치를 취해야 한다. 항공기가 착륙한 국가는 승객과 승무원이 가능한 한 빨리 안전하게 항공여행을 계속해서 할 수 있도록 허용해야 한다. 또한, 항공기가 불법적인 점거 상황에서 원상을 회복할 시에는 항공기와 화물을 합법적으로 소유할 권리가 있는 자에게 반환해야 한다.

몬트리올의정서 2014는 기내난동 승객에 대한 법적 행사를 등록국으로 제한한 동경협약의 범위를 착륙국으로 확대하려는 국제사회의 집단적 노력의 결과물이다.

〈표 2-1〉 ICAO 주관 항공보안 협약 요약

조약 명칭	주요 내용	조약 발효일
동경협약	- 항공기내 범죄행위 발생 시 재판관할권 - 항공기내에서의 기장의 권한	1963. 9. 14
헤이그협약	- 항공기내의 불법 납치 억제를 위한 각 체약국의 범인 처벌 의무화	1970. 12. 16
몬트리올협약	- 테러행위 또는 기내난동 중 운항 중인 항공기내에서의 불법행위 발생 시 각 체약국은 범인을 강력히 처벌 권고	1971. 9. 23
몬트리올의정서	- 국제공항에서의 인명 · 시설 · 항공기에 대한 불법테러행위를 처벌대상범죄로 추가 규정	1988. 2. 24
탐지 목적의 플라스틱 폭발물의 시에 관한 협약	- 폭발물의 사용이나 변형을 막기 위한 엄격한 통제 의무화 - 표시되지 않는 폭발물의 경우 폐기 또는 파괴하는 대책 의무화	1991. 3. 1
북경협약	- 민간 항공기를 무기로 사용하는 것을 범죄행위로 규정 - 생물 · 화학 · 핵물질로 민간 항공에 공격을 가하는 것을 범죄행위로 규정 - 불법적으로 생물 · 화학 · 핵물질을 민간항공기로 운반하는 것도 범죄행위로 규정	2010. 9. 10
몬트리올의정서 2014	- 항공기내 범죄행위 발생 시 재판관할권을 등록국과 착륙국으로 확대 - 기장의 억제 권한 인정 - 항공기내보안요원의 권한 범위	2014. 4. 4

2 ICAO Annex17

Annex17은 민간항공보안프로그램의 근간이 되는 것은 물론 불법방해행위로부터 민간 항공과 그 시설들을 보호하는 안전장치로 출발되었다. 1960년대 후반부터 항공기내 폭력 범죄가 급증하자 ICAO는 1970년 6월에 특별총회를 열어 불법방해행위 특히 항공기 점거와 같은 문제를 다룬 시카고협약에 새로운 부속서가 필요하다는 결론을 내렸다. 이후 1974년 3월 22일 항공보안에 관한 기준과 권고 실행(SARPs : Standards and Recommended Practices)을 채택하고 이를 Annex17로 규정화하여 새로운 부속서를 추가하였다. ICAO가 전 세계에 걸쳐 민간 항공기에 모든 불법방해행위를 예방하고 억제하기 위해 만들어진 Annex17은 국제사회와 민간항공의 미래에 결정적으로 중요한 몫을 하고 있다.

1) Annex17 항공기내보안요원 권고(2006년 7월 시행)

ICAO는 종합보안평가프로그램(USAP : Universal security audit programme)을 시행하면서 Annex17에 대한 보다 많은 검토가 필요할 것으로 보고 ICAO 항공보안위원회에서 실무그룹을 구성하여 11차 수정 초안을 만들어냈다. 이 수정 초안은 17차 AVSEC 회의에 상정을 거친 후 마침내 2005년 11월에 ICAO는 11차 수정안을 받아들이고 각 체약국에 회람을 하였다. 이 11차 수정안은 2006년 7월부터 발효되어 시행에 들어갔다. 이 수정안은 각 체약국들이 Annex17에 대해 번역할 시 일치된 언어와 그로 인해 종합보안평가를 용이하게 수검받기 위해 용어의 정의부터 검토하였으며, 나아가 최근의 위협수준에 상응하는 Annex17을 만들어가고자 실무그룹이 Annex17에 대해 전면적인 검토를 한 결과이다. 11차 수정안은 항공기내보안요원과 관련하여 권고 조항을 제정하였다.

〈기준4.7.7〉 : 체약국은 기내보안요원(In-flight Security Officers)을 특별히 선발되고 훈련받은 정부 인원(government personnel)으로 해야 한다. 항공기내보안요원의 항공기 배치는 관련 국가들 간에 상호 협조를 하고 철저하게 비밀을 유지해야 한다.

2) ICAO 보안매뉴얼

불법방해행위로부터 민간항공을 보호하기 위한 보안매뉴얼(Security Manual for Safeguarding Civil Aviation Against Acts of Unlawful Interference : Doc8973)은 부속서에 있는 '표준과 권고 실행(SARPs)'의 적용에 관한 지침을 마련한 시카고협약 부속서17을 이행하는 체약국에 도움을 주고 있다. 부속서17과 보안매뉴얼은 불법방해행위를 방지하기 위한 효과적인 대응책으로 고안된 기술의 개발과 새롭게 나타나는 위협 등 시대적 상황에 맞춰 항상 검토되고 수정되고 있다. 2010년에 7번째로 개정된 보안매뉴얼은 다음과 같이 5개 분야로 구성되어 있다.

■ Volume Ⅰ – 국가 조직과 행정

항공보안과 관련되어 국내법의 골격을 갖추도록 개발하고 이행하는 것과 국가의 감독책임에 관하여 적절한 권위와 지침을 제공하기 위한 내용들로 구성되어 있다. 또한 법적 측면과 국제협력 그리고 민간항공보안 프로그램 도입, 품질통제 프로그램 관리, 민감한 정보 처리 절차, 항공기내보안요원과 무장요원의 기내 배치 등과 같은 추가적인 보안대책들에 대한 지침을 담고 있다.

■ Volume Ⅱ – 채용, 선발, 훈련

항공보안을 실행하는 인원을 채용하고 훈련시키는 데 있어 독립적인 책임에 관한 내용으로 구성되어 있다. 아울러 국가의 보안훈련정책과 보안요원의 채용, 선발, 훈련 그리고 자격을 포함한 국내 민간항공의 항공보안훈련프로그램에 관해서도 지침을 제공하고 있다.

■ Volume Ⅲ – 공항보안, 조직, 프로그램과 구성요건

공항운영자와 어떠한 공항 하부구조를 구성하는 데 있어 독립적인 책임에 대한 내용으로 되어 있다. 조직의 요건, 공항운영프로그램 그리고 공항구성 등에 대한 지침이 담겨 있다.

■ **Volume Ⅳ – 예방적 보안대책**

항공보안시스템의 이행을 위한 독립적 책임에 관한 내용이다. 항공기 접근통제, 승객과 승무원의 짐, 잠재적 기내난동 승객, 위탁수하물, 화물과 우편, 항공운송사업자 그리고 공항 작업용역업체 등 모든 것을 망라하여 보안지침을 제공하고 있다.

■ **Volume Ⅴ – 위기관리 및 불법방해행위에 대한 대응**

발생되고 있는 불법방해행위에 대한 위협과 위기에 대한 평가, 비상사태계획, 정보의 수집과 전파 그리고 발생된 불법방해행위에 대한 검토 및 보고체계 등과 관련된 지침을 제공하고 있다.

3) 항공 종합보안평가 프로그램(UASP : Universal Security Audit Programme)

9.11 사건으로 인해 항공보안과 관련된 위협행위 및 위험에 대한 적절한 대응의 필요성이 크게 대두되었고, 이에 2002년 11월부터 ICAO는 항공 종합보안평가 프로그램(USAP : Universal Security Audit Programme)을 도입, 시행했다. ICAO 부속서17 항공보안의 표준과 권고사항에 대한 체약국들의 준수여부 및 역량을 모니터링, 평가하기 위해 항공 종합보안평가 프로그램(USAP)을 출범하게 되었다. 2013년부터 항공 종합보안평가 프로그램(USAP)은 항공보안 상시평가(USAP CMA : Continuous Monitoring Approach) 방식으로 변하기 시작했으며, 2015년에 완전한 전환이 이루어졌다. ICAO는 감사활동에 대한 각 체약국의 상황 식별을 위해 위험도 기반 요소를 사용함과 더불어, 새로운 방식의 사용을 통해 부속서17(항공보안)에 대한 체약국의 준수여부를 확인할 수 있게 되었다.

최근에는 항공보안 상시평가(USAP CMA)의 사무국 연구그룹이 제도의 추가적인 개선과 보완을 위해 다양한 권고안을 작성, 제시했고, ICAO 총회에 의해 공식적으로 승인되었다. 이러한 권고사항은 현재 도입, 시행되고 있으며, 이로써 부속서17-항공보안 표준에 대한 일관적이고 객관적인 평가를 가능하게 했다. 또한 항공 종합보안평가 프로그램(USAP)이 관리감독의 일선현장에서 다양한 보안조치의 운영 및 이행사항을 종합적으로 평가하고, 개선 및 보완이 필요한 사항은 체약국을 지원하여 신속하게 해결할 수 있도록 지원하고 있다.

이 프로그램은 체약국들의 보안상태에 미흡한 것이 있는지 확인함으로써 그들 나라의 항공보안프로그램이 개선되는 데 도움을 줄 뿐만 아니라 Annex17[1] 조항과 관련하여 유용한 피드백을 해주고 있다. 이 프로그램의 목적은 체약국이 수립한 법령, 프로그램, 규정들과 보안기관의 통제 및 집행능력 등을 통하여 체약국의 보안시스템이 지속적 · 효율적으로 이행되고 있는지 알아내는 데 있으며, 또한 보안감사시스템의 중요한 사항들이 효과적으로 이행되고 있는지를 평가하는 국가의 보안감사 능력을 알아내고 이러한 결과를 토대로 체약국에게 국가 보안시스템과 감사 능력을 증진하기 위한 권고를 해준다. 이 프로그램의 보안평가 대상 분야는 다음과 같다.

■ 항공 종합보안평가 프로그램(UASP) 분야

- 규정체계 및 국가 민간항공보안시스템
- 항공보안 담당인원 교육
- 품질관리 기능
- 공항운영
- 항공기 및 기내 보안
- 승객 및 짐 보안
- 화물, 기내식, 우편 보안
- 불법방해행위 대응
- 보안장비 및 시설

ICAO의 보안평가프로그램 이외에 체약국들은 모든 민간항공 활동에 대해 긍정적인 통제와 감독을 수행하기 위해 자체적으로 효과적인 감독 시스템을 갖추어야 한다는 시카고협약에 따라 항공보안감사를 실행하고 있다. 국가별 항공보안감사는 각국이 스스로 보안과 관련된 '표준과 권고 실행(SARPs : Standards and Recommended Practices)'에 부합되는 요건들을 효과적으로 이행하고 있는지 평가하는 수단이 되기도 한다. 표준 및 권고실행

1) Annex17 : 국제민간항공기구(ICAO)의 시카고협약 부속서 중 17번째 부속서로 항공보안을 다루고 있다. Annex17은 민간 항공보안을 위한 표준절차와 실행지침을 제공하여 불법방해행위로부터 항공산업을 보호하는 권고안을 제정하고 있다.

(SARPs)은 민간항공부문에 있어 안전성, 효율성 및 보안성과 함께 경제적 지속가능성과 환경보호 책임에 대한 회원국 및 항공산업 전반의 협력 및 합의사항을 바탕으로 구성되었다. 수년간 ICAO는 접근 제어, 탑승객 및 근무자에 대한 보안검색, 항공기 보안(예 : 기내 조종실 잠금장치), 화물 및 기내식 취급 등 분야에 있어 민간항공산업 주요 인프라에 대한 보호를 위한 표준 및 권고실행 사항과 지침자료를 개발해 왔다.

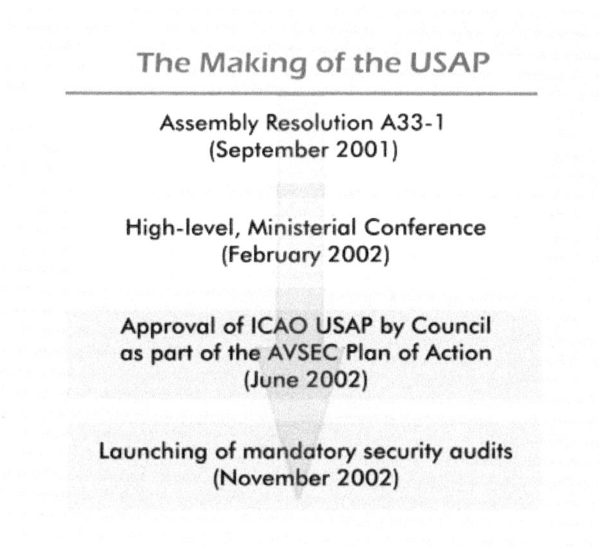

The Making of the USAP

Assembly Resolution A33-1
(September 2001)

High-level, Ministerial Conference
(February 2002)

Approval of ICAO USAP by Council
as part of the AVSEC Plan of Action
(June 2002)

Launching of mandatory security audits
(November 2002)

▲ USAP 결정과정

ICAO는 항공보안을 최우선으로 다뤄야 할 문제로 여기고 있다. 이러한 다자국 간 노력에도 불구하고 여전히 불법방해행위가 민간 항공보안에 심각한 위협을 주고 있는 게 현실이다. 따라서 ICAO는 불법방해행위를 예방하고 억제하기 위해 끊임없이 최신의 법적 규정과 기술적인 규정 개발에 힘쓰고 있다. Annex17은 항공보안대책 수립과 관련하여 방향을 제시하는 중요한 문서이기 때문에 항공보안시스템이 성공하려면 Annex17을 각 국가는 통일되고 일관성 있게 적용해야 한다.

ICAO는 전 세계 국가가 일치되고 통일된 보안계획을 수립하도록 권고 · 장려하고 있다. 이에 따라 ICAO는 글로벌 항공보안계획(GASeP)을 수립하였다. GASeP의 목적은 ICAO, 체약국 및 이해관계자가 글로벌 항공보안의 효율성을 향상시킬 수 있도록 돕는 것이다.

GASeP는 민간 항공계가 직면한 위협과 위험이 계속 진화하고 있음을 고려하여 국제 항공 보안산업계를 통합하고 이러한 방향으로 행동을 고무하여 전 세계 항공보안을 강화한다는 공통의 목표를 달성하는 데 목적을 두고 있다. 글로벌 항공보안계획(GASeP)은 ICAO의 '소외되는 국가 없이 모두 함께(No Country Left Behind)'라는 슬로건과 맥락을 같이하고 있다. GASeP는 UN안전보장이사회 결의2309와 ICAO 총회 결의안의 주요 사항을 포괄하고 있다.

GASeP를 기반으로, ICAO의 지원 우선순위 중 하나는 회원국이 강력하고 효과적인 보안문화를 개발할 수 있도록 돕는 것이다. ICAO는 5가지 우선순위 성과를 이뤄내기 위한 로드맵을 수립하였다. 이 로드맵은 살아 있는 문서이며, 새롭게 떠오르는 항공보안 위협을 고려하여 필요에 따라 주기적으로 검토하고 조정하기로 결정하였다.

3 국내법규 현황

국내 민간항공보안법 규정은 국토교통부에서 수립한 항공보안법, 항공보안법 시행령, 항공보안법 시행규칙이 가장 중심적인 항공보안법령이다. 이러한 법령을 보완하기 위하여 가장 중요한 문서로 국가항공보안계획을 두고 있으며 세부적으로 이 계획을 보충하는 계획으로 국가항공 수준관리지침, 항공기내보안요원 운영 등 다양한 지침, 지시, 고시 등이 있다.

1) 항공보안법

우리나라는 2001년 9.11 이전만 하더라도 항공보안관련 법규가 사실상 전무한 상태였다고 할 수 있다. 다만 항공법 일부 조항(제50조, 제61조) 및 대통령령 제35조~37조에 의거한 '국가보안업무규정, 대통령훈령 제47호'인 '국가 대테러활동 지침' 등이 있기는 하였으나, 현재와 같이 국제기준에 부합되고 체계적인 법규 및 지침서는 제정되어 있지 않았다. 그러나 이와는 별도로 증가하는 기내범죄 상황에 대처하기 위해 정부는 사법경찰관리의 직무를 수행할 자와 그 직무범위에 관한 법률(1956. 1. 12 최초 제정 및 2011. 2. 15 개정) 및 항공기 운항안전법(법률 제2742호, 1974. 1. 26 공포)을 제정하여 항공기의 안전운항을 위해 운항 중인 항공기내 명령권자인 기장의 권한 및 승객의 의무를 규정하였으며 나아가 항공기 운항안전법을 개정하여 운항 중 기내난동 승객 및 흡연, 고성방가, 전자기기 사용자, 기내농성자 등을 처벌할 수 있는 근거조항을 삽입시켰다.

그러나 미국에서 발생한 9.11 테러행위는 종전의 국내 상황을 완전히 뒤바꾸어 버릴 수 있는 커다란 계기가 되었다. 그간 국내에서는 항공보안 관련 법규 제정 주체가 불분명하고 운영주체 또한 명확하지 않음에 따라 법규 제정에 많은 장애가 있었다. 9.11 이후 국회에서 종전의 항공기 운항안전법을 개정하는 형식으로 우리나라도 체계적인 항공보안 관련 법규를 마련하게 되었다.

항공보안법은 총 51조로 구성되어 있으며 동법에 따라 시행령 및 시행규칙도 제정되어 운영 중에 있다. 또한 이와는 별도로 항공보안에 관한 세부사항을 언급한 세부운영지침을 수립함으로써 항공보안에 관여하는 국가기관 및 공항운영자, 항공운송사업자, 기타 공항운영자와 시설물 사용계약을 체결하여 공항에서 영업하는 각종 공항 상주업체에 대한 지침을 수립하게 되었다.

2) 항공운송사업자의 항공기내보안요원 등 운영 지침

미국 비자면제 대상 국가로 선정되기 위한 조건 중 하나인 민간 항공기에 항공기내보안요원이 탑승하게 됨으로써 항공운송사업자로 하여금 항공기내보안요원의 운영에 대한 지침 마련이 필요하게 되었다. 따라서 이 지침은 항공보안법 제14조의 규정에 의하여 항공운송사업자가 승객이 탑승한 항공기를 운항하는 경우 테러 등 불법행위로부터 승객의 안전 및 항공기의 보안을 위하여 탑승시키고 있는 항공기내보안요원의 제도 및 운영에 관하여 필요한 최소한의 사항을 규정함을 목적으로 하고 있다. 2008년 3월 12일에 처음 제정되었으며 총 9조로 구성되어 있다.

3) 운항기술기준(FLIGHT SAFETY REGULATIONS)

항공법 국제민간항공조약 및 동 조약 부속서에서 정한 범위 안에서 항공기 소유자 등 민간항공종사자가 준수해야 할 최소의 안전기준을 정하여 항공기의 안전운항을 확보함을 목적으로 운영되고 있다. 주로 항공기 안전을 위주로 구성되어 있으나, 보안과 관련해서도 일부 규정을 두고 있다. 동 기준에 수록된 보안 관련 규정은 다음과 같다.

(1) 초기보안훈련(8.3.4.3)(Initial Security Training)

국토교통부장관 또는 지방항공청장이 인가한 초기보안훈련 과정을 이수하지 못한 자는 승무원의 임무를 수행할 수 없으며, 항공기사용사업자는 이들에게 임무를 부여하여서는 아니 된다.

(2) 조종실 출입문의 잠금(8.4.3.1)(Locking of Flight Deck Compartment Door)

항공운송사업을 목적으로 운항하는 항공기의 기장은 승객을 태우고 운항하는 동안 조종실 출입문을 항상 잠가야 한다.

(3) 보안훈련 프로그램(9.3.5.2)

운항증명소지자는 항공기납치, 폭파위협 및 기타 항공기의 안전운항을 저해하는 불법방해행위 등을 방지하고, 이와 같은 사건으로 인한 영향을 최소화하기 위해 종사자들로 하여금 적절한 조치를 취할 수 있도록 하는 인가된 훈련프로그램을 설정 · 유지하고 이를 시행하여야 한다.

(4) 조종실 보안(9.3.5.4)

조종실이 별도로 설비된 항공기의 경우, 그 출입문은 시건장치가 되어 있어야 하며, 항공운송사업자는 객실에서 수상쩍은 행동을 하는 승객 또는 보안위반행위 등이 발생한 때 객실승무원이 이를 조종사에게 알릴 수 있는 적절한 수단을 강구하여야 한다.

4) 사법경찰관리의 직무를 수행할 자와 그 직무범위에 관한 법률 (1956. 1. 12 최초 제정, 2011. 2. 15 법률 제10001호 법무부)

동 법률의 제7조 2항에 따르면 항공기 안에서 발생하는 범죄에 관하여는 기장과 승무원이 제1항에 준하여 사법경찰관 및 사법경찰리의 직무를 수행한다. 항공보안법 제22조(기장 등의 권한) 1항에는 기장이나 기장으로부터 권한을 위임받은 승무원으로 규정하여 동법의 적용을 받고 있는 것으로 볼 수 있다.

객실보안

1. 기내보안요원의 역사
2. 객실승무원 자격 및 훈련
3. 객실승무원의 보안업무
4. 항공기내 보안장비 및 시스템

3 Chapter 객실보안

객실승무원의 또 다른 명칭은 기내안전보안요원이다. 객실승무원은 항공기의 안전과 보안 상태를 유지하고, 승객의 생명과 재산을 보호하는 역할과 임무를 갖고 있다. 그럼에도 사회의 인식과 사람들의 이미지에는 객실승무원은 고객의 서비스 편의와 고객 감동과 같은 고객만족에만 편중되어 있다고 생각한다. 항공사들 역시 서비스 브랜드를 중시하는 경영 중심으로 인하여 객실승무원에게 요구되는 덕목이 서비스만족이다. 많은 항공사 경영자들은 대외적으로는 항공안전과 보안이 최우선의 정책이라고 표명하지만, 내부적인 상황을 들여다보면 비용절감과 고객서비스 마케팅에 전념하는 행태를 보이고 있다. 항공안전과 보안 역사를 되짚어보면 항공사는 안전과 보안을 경시하여 발생되는 사고로 위기를 맞는 사례가 적지 않다. 70년대 미국의 대표적인 최우수항공사로 손꼽던 항공사 팬암(PANAM)은 몇 번의 항공기 테러 사건으로 항공보안에 취약한 항공사란 오명을 쓰고 결국에는 파산하는 운명을 맞이했다. 우리나라의 대한항공은 북한 테러리스트에 의해 KE858기가 공중에서 폭발하는 사고를 당했다. 이렇듯 항공기 보안은 시대를 막론하고 끊임없이 발생되고 있다. 항공보안 사고는 마치 휴화산과 같다. 언제고 터지는 화산과 같이 항공보안 사고 역시 언제든지 어디서든지 발생되는 잠재력을 갖고 있다. 항공기는 테러리스트들에게는 매우 매력적인 공격 대상물이다. 항공기 납치에서부터 시작하여 폭발, 심지어 항공기를 무기화하는 등 테러리스트는 항공기를 점거해 각종 범죄를 일으켜 왔다. 유엔을 중심으로 세계 각국이 항공기 테러 방지에 집중하는 사이 최근에는 공항을 타깃으로 방향을 전환하여 테러 공격을 감행하고 있다. 벨기에, 이스탄불 공항은 테러범들의 공격으로 막대한 인명과 재산 손실을 보았다. 과거 우리나라 김포공항도 북한 소행으로 보이는 공격을 당한 적이 있다. 항공보안이 테러에 몸살을 겪는 와중에 새롭게 등장한 항공보안 사례가 기내난동 사고이다. 90년대 중후반부터 나타나기 시작한 기내난동은 전 세계적으로 발생되는 대표적이면서 일상적인 항공보안 사고 유형이다.

1 기내보안요원의 역사

1969년 12월 11일 강릉을 출발해 서울로 향하던 대한항공 YS-11 여객기가 강원도 평창 대관령 일대 상공에서 승객으로 위장했던 북한 공작원에 의해 함경남도 선덕비행장에 강제 납북되어 착륙된 사건이 일어났다. 사건 당시 북한 공작원은 육군 준장 계급장을 단 제복을 입고 있었으며, 이 때문에 당연히 받아야 할 보안 검색을 받지 않은 채 탑승했다. 승객에 대한 검색 없이 탑승하는 것이 당시에는 흔한 일이었다. 이 사건 이후로 기내에는 항공보안관이 탑승하고, 조종사는 청원경찰 신분이 되어 권총으로 무장하게 된다. 또한 조종석 문은 반드시 잠그도록 조치했다.

최초의 항공보안관은 국가 개념의 경찰관이 담당하였다. 대한항공기 납북 사건을 계기로 정부는 1970년 2월에 경찰관을 항공기에 직접 탑승케 하여 테러나 하이재킹을 억제하는 기내 보안 활동을 시작하였다. 경찰관이 기내에 배치되는 조치 덕분에 1971년 1월 23일 대한항공 F-27 비행기가 강원도 상공에서 납북될 뻔했으나 기내에 상주하던 항공보안관의 기지와 기장의 희생으로 납북되지 않고 속초 해변에 불시착했다. 이후에 대한항공은 북한의 항공기 납치 사건을 방어하기 위해 무술 자격을 갖춘 남자 승무원을 채용하였다. 대한항공은 경찰관이 전담하여 맡아 온 항공보안관 역할을 민간차원에서 협조관계를 유지하기 위해 공식적으로 기내 보안을 전담하게 되는 보안승무원(SO : Security Officer)제도를 1978년에 새로 도입하였다. 보안승무원은 유도, 태권도, 합기도 등 무술 유단자 자격을 가진 사람들을 대상으로 채용하였다. 경호업무경력자, 군 경력자, 운동선수 등이 대한항공보안승무원으로 대거 지원하는 현상이 빚어졌다. 이로써 국가 경찰관과 민간항공사 보안승무원이 합동으로 항공보안관으로서의 역할과 임무를 수행하게 되었다.

보안승무원은 베레타 소형 권총을 휴대하고 승객으로 위장하여 기내에 탑승하였다. 보안승무원은 승객의 몸과 짐을 검색하고, 기내에서 보안 순찰을 하며 이상한 승객의 행동을 감지하고 관찰하는 것이었다. 1985년 5월 18일 김포공항에서 제주로 가던 대한항공 211편 비행기에서 한 남자 승객이 좌석에서 뛰어나와 기내에 폭탄이 실렸다며 북으로 가자고 위협하는 일이 발생했다. 이때 보안승무원이 범인에게 은밀히 접근하여 몸으로 덮쳐 제압하였다. 다행히 비행기는 광주공항에 불시착하였다.

1985년부터 대한항공은 보안승무원 신규 채용을 전면 중지하였다. 대신에 부족한 인원을 그해 채용된 신입 남자 객실승무원에게 보안승무원의 임무를 부여하여 보충하였다. 이른바 남자 객실승무원이 처음으로 보안승무원 역할까지 겸임하는 체제로 들어선 것이다. 보안승무원과 신입 남자 객실승무원이 한 조가 되어 기내 보안임무를 수행하였다. 객실승무원이 본연의 기내서비스 업무뿐만 아니라 보안업무까지 곁들여 하게 되었다. 반면에 보안승무원은 본연의 보안임무뿐만 아니라 기내서비스에 가담하는 업무를 수행하도록 하였다. 항공사 입장에서는 보안승무원의 서비스 업무 투입은 보안만 전문으로 담당하는 것이 인력운영 차원에서 회사에 끼치는 생산성이 떨어진다고 판단했기 때문일 것이다. 보안승무원 제도 도입 이후 7년여 동안 이렇다 할 보안 사고나 불법방해행위가 많지 않아 보안승무원의 존재감이 많이 떨어져 있었다. 보안승무원의 객실승무원화가 이뤄지는 반면에 남자 객실승무원은 보안승무원 임무를 수행하는 이른바 보안승무원과 남자 객실승무원의 역할이 통합된 체제로 한동안 유지되었다. 결국 대한항공은 1994년에 보안승무원 제도를 완전 폐지하게 된다. 보안승무원이 사라지자 항공기내의 보안역할과 임무는 남, 여 구분 없이 모든 객실승무원이 맡게 되었다. 보안승무원 제도가 유지되는 동안에는 여자 객실승무원은 보안임무에서 배제되어 있었다. 이러한 기내 보안 역할 체제의 변화로 현재까지 기내 보안의 책임과 역할은 모든 객실승무원이 담당하고 있다.

2008년에 기내보안 체계의 새로운 변화를 몰고 오는 일이 발생했다. 당시 한국에서는 미국과 비자면제협정을 맺기 위한 양국의 외교회담이 한창 열리고 있었다. 미국은 한국에게 비자면제협정을 체결하기 위한 여러 가지 요건을 충족할 것을 요구했다. 그중의 하나가 바로 항공기에 기내보안요원이 탑승해야 한다는 것이었다. 당시 미국은 9.11 테러공격 이후 테러 사건이 빈번하게 발생하여 외부로부터 테러리스트의 입국을 철저하게 방지하는 대책에 몰두해 있었다. 따라서 비자면제를 원하는 국가에게 테러범의 입국을 차단하기 위한 대책으로 미국으로 들어오는 모든 항공기에는 기내보안요원이 탑승하도록 미국이 자체 법으로 규정화하였다. 비자면제협정을 눈앞에 둔 한국은 민간항공사에 기내보안요원 문제를 위임하여 항공사 자체로 객실승무원이 항공기내보안요원 역할을 담당하도록 제도화하였다. 비자면제협정에 따르면 미국으로 운항하는 항공기에는 반드시 항공기내보안요원이 있어야 한다. 이 규정을 우리나라는 확대하여 미국행 노선뿐만 아니라 국제선, 국내선 모든 노선에 항공기내보안요원이 탑승하도록 지침을 마련하였다. 현재도 항공기내에는 항공기내보안요원으로 선발된 객실승무원이 항공기 보안을 책임지고 있다.

기내보안요원은 역사적으로 북한에 의한 항공기 납북 사건을 계기로 시작되어 현재는 기내난동 등 일상적인 범죄 행위가 기내에서 발생되는 것을 차단하기 위해서도 지속적으로 유지될 필요가 있다. 최근에는 기내 범죄의 유형이 다양해지고 고도화되면서 기술적으로 대처해야 하는 수준이 높아지고 있다. 고객안전과 보호 그리고 기내 질서 유지를 위해서 요구되는 객실승무원의 대처 능력은 그 어느 때보다 높아지고 있다. 신체적, 심리적 전략과 기술 그리고 보안관련 리더십과 팀워크 등 갖춰야 할 능력이 점차 늘어가고 있다.

현재 기내보안을 책임지는 역할과 임무를 수행하는 항공기내보안요원이 지정되어 운영되고 있지만, 이와는 별도로 객실승무원은 모두가 기내보안업무를 수행하는 고유의 임무를 갖고 있다. 국토교통부의 운항기술기준에는 객실승무원은 항공사의 초기보안훈련 과정을 이수하지 못하면 승무원의 임무를 수행할 수 없으며, 항공사는 이들에게 임무를 부여하여서는 아니 된다는 규정을 두고 있다. 즉, 객실승무원이 보안교육을 이수하지 못하면 비행기에 탑승할 수 없다는 의미이며, 객실승무원은 누구를 막론하고 기내보안 임무를 수행해야 하는 기내보안요원인 셈이다.

기내 보안요원 변천사

1970년 : 사복 경찰관

1978년 : 사복 경찰관 + 보안승무원

1982년 : 보안승무원 (2인1조)

1985년 : 보안승무원 + 남 객실승무원

1994년 ~현재 : 여승무원 포함 전 승무원

2008년~현재 : 항공기내보안요원(선발된 객실승무원 겸임)

보안승무원 제도 폐지

2 객실승무원 자격 및 훈련

1) 객실승무원 자격

객실승무원은 초기안전훈련과 초기보안훈련을 이수하였을 때 비로소 자격이 부여된다. 객실승무원 자격은 국가가 인정하는 필기시험과 같은 별도의 자격 인증 과정은 없지만 항공사에 채용된 후에는 반드시 초기 안전 및 보안 훈련을 이수해야만 자격이 주어지도록 규정되어 있다. 이후에는 최초 훈련을 받은 날부터 12개월마다 한 번 이상 정기적으로 안전 및 보안 훈련을 이수해야 자격이 지속적으로 유지된다. 항공사는 객실승무원의 초기훈련부터 1년 단위로 매년 정기적으로 받은 훈련들에 대한 기록을 보관해야 한다. 국가로부터 안전보안 점검 시에 객실승무원이 규정대로 훈련받은 기록이 있어야만 객실승무원으로서의 자격이 유지될 수 있다.

가. 객실승무원 자격 훈련 종류

객실승무원이 국가로부터 자격을 유지하기 위한 안전 및 보안훈련은 객실승무원 근무 여건에 따라 다르게 적용된다. 다음은 안전 훈련의 종류에 대한 설명이다.

■ 초기훈련(Initial Training)

객실승무원으로서의 초기 자격을 취득하기 위한 최초 훈련 과정으로 신입 객실승무원을 대상으로 하며 '초기훈련'과 '기종 전문훈련'으로 나뉘어 있다.

■ 정기훈련(Recurrent Training)

신입 초기훈련을 이수한 객실승무원을 대상으로 하는 훈련으로 승무직을 종료하는 날까지 승무 자격을 유지하기 위한 필수 교육으로 이전 훈련을 받은 날로부터 12개월 이내에 받으며, 같은 절차로 매년 1회씩 반복적으로 받는다.

객실승무원이 정기훈련 과정에서 받게 되는 실습훈련 내용에는 ① 항공기 특수 외형

(configuration), 장비 및 절차 ② 비상 및 구급장비와 실습 ③ 승무원자원관리(CRM) ④ 위험물 식별 및 운송 ⑤ 보안교육 등이 있다.

■ 재임용안전훈련(Requalification Training)

객실승무원으로 근무 중 휴직 등 사유로 일정기간 승무직을 이행하지 않다가 다시 복직된 객실승무원을 대상으로 승무 자격을 복원하기 위한 훈련이다. 그러나 36개월을 초과하여 복직한 객실승무원의 경우에는 재임용훈련이 아닌 '초기훈련'을 다시 이수해야 자격이 복원된다.

재임용훈련의 교육 실습 내용으로는 ① 객실안전 규정 및 절차 ② 비상대응절차 ③ 비상장비 사용법 ④ 항공기 지상훈련 ⑤ 항공보안 ⑥ 승무원 자원관리 ⑦ 응급처치 ⑧ 지식 및 기량 심사 등이 있다.

■ 리더십훈련(Leadership Training)

처음 객실사무장으로 임무를 부여받은 객실승무원을 대상으로 하는 훈련으로 객실사무장으로서의 안전업무에 대한 직무수행 능력을 배양하기 위하여 실시한다.

객실승무원은 신입으로 채용된 순간부터 기내 보안에 대한 훈련을 의무적으로 받고 있다. 훈련은 객실승무원에 대한 인식을 서비스에서 보안으로 바꿔주는 계기가 된다. 항공보안 관련 법규에 따르면 객실승무원은 자격을 유지하기 위해 매년 정기적으로 보안 훈련을 이수하도록 되어 있다. 또한, 법규에는 조종실 보안 등의 규정이 마련되어 있다.

■ 초기 보안훈련(Initial Security Training)

국가가 규정한 초기 보안훈련 과정을 이수하지 못한 자는 승무원의 임무를 수행할 수 없으며, 항공사는 이들에게 임무를 부여하여서는 아니 된다.

3 객실승무원의 보안업무

1) 객실브리핑(Cabin Briefing)

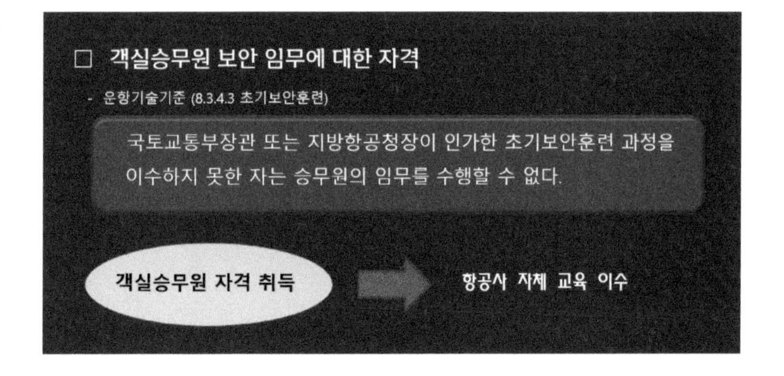

객실승무원이 비행근무에 나설 때 공식적인 최초의 업무가 객실브리핑이다. 객실브리핑은 법적 준수사항으로 법 규정을 보면 객실승무원 브리핑은 비행 전, 근무일의 첫 출발 시 실시해야 한다. 객실브리핑은 기내 안전과 보안 등 비행근무에 필요한 정보를 공유하는 시간이다. 또한, 이전에 한번도 같이 근무해 보지 못한, 처음 만나게 되는 객실승무원들 간의 팀워크를 다지며 서로를 알아가는 시간이기도 하다. 동료승무원의 근무경력과 직급, 서비스자격과 경험 등을 파악하고 기내에서의 상호 협조와 의사소통을 원활히 하는 약속과 다짐을 하는 시간으로도 활용된다. 객실브리핑의 목적은 기내 안전과 보안을 보장하는 것이다. 따라서 객실브리핑에 참가하는 객실승무원은 탑승할 항공기의 안전과 승객의 보안을 최우선으로 하는 전문성을 갖고 있어야 한다. 객실브리핑을 주관하는 사무장은 질의응답을 통해 객실승무원의 안전 및 보안 전문성을 점검한다. 외국항공사의 사례를 보면, 객실브리핑 때 안전 및 보안에 관한 전문성이 떨어지는 승무원이 있을 경우 해당 비행근무에서 제외시키는 강력한 조치를 한다. 그만큼 비행근무에 나서는 객실승무원은 안전 및 보안에 대한 사전 지식과 매뉴얼을 습득하고 객실브리핑에 참여해야 한다.

객실브리핑은 객실사무장이 주관하며 약 15~20분간 진행되는데 같이 비행 근무할 동료승무원 인원 확인과 각자 소개부터 시작된다. 이어서 각 승무원의 기내에서의 임무(Duty)를 배정하여 근무 위치와 전담 업무를 확인한다. 안전매뉴얼과 여권, 승무원등록증, ID Card 등 승무원의 필수 휴대품 소지 여부를 확인한다. 회사의 특별 공지사항 전파와 안전보안 규정 및 절차 재확인, 특별승객현황 및 승무원 간에 협조해야 할 사항에 대해 정보를 공유한다. 객실브리핑에서 얼마나 효율적으로 정보공유와 안전 및 보안 매뉴얼 확인 등을 하느냐에 따라 항공기와 승객의 안전 및 보안이 완성된다. 객실승무원은 객실브리핑의 목적을 효과적으로 이루기 위한 브리핑 스킬이 필요하다.

■ 브리핑 기술(Briefing Skill)

객실승무원은 비행노선의 특성을 잘 파악하고, 브리핑의 주된 목적에 대하여 항상 인식하고 있어야 한다. 효과적인 브리핑이 되기 위한 "ABC Rule"이 있다.

(1) Appropriate(적합성)

객실브리핑은 해당 비행편의 목적지에 적합한 정보 위주로 브리핑을 한다. 브리핑은 해당편에 부합되는 상세하고 특정적인 내용들을 강조한다. 브리핑에서 일반적이고 늘 똑같은 내용들만을 위주로 하기보다는 해당편의 노선 및 안전보안 특징에 대해 중점적인 브리핑이 진행되어야 한다. 객실승무원은 브리핑 준비 단계에서 해당편 노선에 대한 특성과 구체적인 정보를 많이 확보하며 브리핑 시에는 동료승무원과 상호 간에 노선의 특성 · 정보에 대하여 공유한다. 객실사무장은 노선 특성뿐만 아니라 회사에서 강조하는 노선에 대한 특별한 내용에 대해서도 객실승무원에게 전파 및 필요시 교육을 한다.

(2) Brief(간결성)

브리핑은 원래 단어의 뜻대로 간결하게 진행되어야 한다. 브리핑 시 너무 많은 내용을 다루다 보면 정작 중요한 포인트를 인지하지 못하는 결과를 초래할 수 있다. 객실사무장은 주어진 브리핑 시간에 강조되어야 하는 중점 사항을 일목요연하게 정리하여 진행하고, 필요시 질의응답을 통해 객실승무원이 정확하게 인지하고 있는지를 확인한다. 객실브리핑 시간은 국내선의 경우 10분 이내로 하며, 국제선은 25분 이내로 하는 것이 통상적이다. 짧은 브리핑 시간에 다뤄야 할 내용이 많은 만큼 간결하게 하면서도 승무원들이 충분하게 비행 정보를 인지하도록 하는 것이 관건이다.

(3) Clear & Concise(명확성)

객실브리핑은 모든 승무원이 잘 이해하고 인식되도록 명확한 내용을 가지고 진행해야 한다. 기내 안전과 서비스의 수많은 규정과 절차에 대해 명확하지 못하면 기내에서 승객 응대 시 큰 혼선을 야기하고 승객에게 잘못된 정보를 안내하여 불편을 끼치게 되기 때문이다. 객실브리핑은 상호 활발한 의사소통 속에서 진행되어야 하고 객실사무장은 객실승무원 모두가 참여하는 환경을 만들어 객실브리핑의 주체가 되도록 격려한다. 객실사무장 일방의 브리핑이 아닌 객실승무원 모두의 참여는 명확하고 간결한 비행 정보를 공유하는 데 효과를 준다.

국토교통부 운항기술기준에서 제시한 객실브리핑에 포함해야 할 사항으로는 ① 이륙 및 착륙 시 근무위치의 지정 ② 비상장비의 확인 ③ 특별주의가 요구되는 승객정보 ④ 비상시 각 개인별 행동절차 확인(Self-review) ⑤ 관련 비상절차의 확인 ⑥ 승객 또는 승무원 안전에 영향을 줄 수 있는 사항 또는 보안사항 ⑦ 새로운 절차, 장비 및 시스템에 대한 정보를 포함한 항공사의 추가 지침 등이 있다.

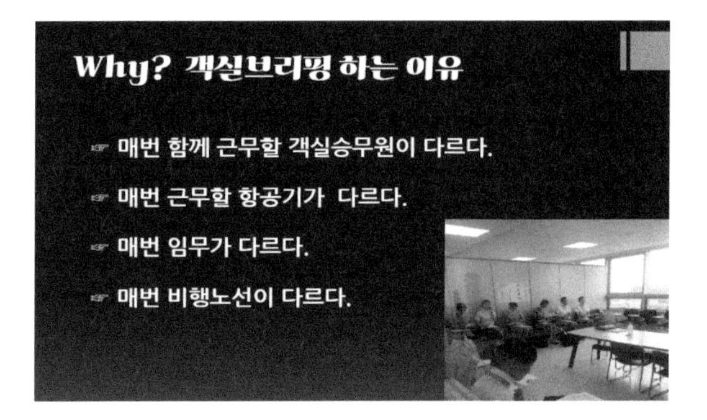

항공사는 국토교통부가 규정으로 제시한 객실브리핑 내용 이외에도 항공사 자체적으로 기내안전과 보안에 필요한 사항들을 추가로 브리핑에 반영하고 있다.

■ 객실브리핑 진행 절차 및 내용

① 승무원 인원 확인 및 승무원 소개

- 객실승무원은 각자 자신의 이름, Duty를 소개한다.
- 신입승무원의 경우는 근무개월 수와 해당 비행편 근무경험 여부를 밝힌다.

② 비행 필수 휴대품 확인

- 여권, 항공사 발급 ID카드, 안전매뉴얼, 승무원등록증을 반드시 확인한다.

③ 기종과 기번 인식

- 해당 비행편의 기종에 대한 특성을 파악한다.

- 기종별로 차이가 있는 기내 안전 및 보안 설비에 대해 파악한다.

④ 기내 Duty 배정과 Jump Seat 확인

⑤ 비상 및 보안 장비 점검

⑥ 비상 및 보안 절차의 확인

- 비상사태(비상착륙, 비상착수, 감압현상, 기내화재, 동체착륙 등)에 따른 대응 절차
- 보안관련 사태(기내난동, 폭발물 발견, 조종실 출입절차 등)

⑦ 비상시 각 개인별 행동절차 확인(self review)

⑧ 승객 예약 현황

⑨ 주의가 요구되는 특별 승객 정보(Special Handling Passenger)

⑩ 목적지 국가의 입국 절차 및 필요 서류 확인

⑪ 최근 회사 업무 지시 및 공지 사항

2) 합동브리핑(Joint Briefing)

객실브리핑이 종료되면 객실승무원은 지휘기장(PIC : Pilot in Command)이 주관하여 실시하는 합동브리핑에 참석한다. 국토교통부의 운항기술기준에 따르면 비행기의 기장(PIC)은 비행기의 문이 닫힌 시점부터 탑승 중인 모든 승무원, 승객 또는 화물의 안전에 대한 책임을 갖는다. 또한 기장은 이륙을 목적으로 이동을 시작한 시점부터 비행의 최종 종료단계에서 엔진의 작동이 멈출 때까지 비행기의 안전과 보안 및 운항에 대하여 책임을 갖는다. 합동브리핑 시간은 국제선의 경우 보통 항공기 출발 1시간 10분 전에 하며 국내선은 55분 전에 실시한다. 합동브리핑 시간은 객실브리핑과 마찬가지로 항공사 여건에 따라 규정을 조금씩 다르게 적용한다.

기장은 항공기 운항 상황 및 항공기로 이동하는 시간이 촉박하여 여유가 없는 경우 등을 고려하여 브리핑 장소와 시기를 조절하거나 객실사무장에게만 별도로 브리핑을 할 수 있다. 합동브리핑 장소는 항공사마다 차이가 있으며 주로 항공사 건물 내에서 하는 경우와 비행기에서 하는 경우로 나눌 수 있다. 특히 해외에서 들어오는 비행편은 항공기내 또는 항공기가 주기된 공항 탑승 게이트 앞에서 한다. 국내선은 짧은 운항 시간의 영향으로 주로 항공기내에서 하는 경우가 많다.

가. 합동브리핑 내용

- 계획된 비행시간, 고도, 항로
- 항로상 및 목적지 기상 상황(예상되는 Turbulence 고도 및 시간)
- 기내 보안 사항(조종실 출입절차 등)
- 안전 사항(좌석벨트표시등 운영 내용)
- 비상 절차(예: 이륙중지(RTO) 표준신호 등)
- 기장과 객실승무원 간의 협조 사항

▲ 항공기내에서의 합동브리핑

3) 기내보안점검(Pre-Flight Check)

객실승무원의 기내보안점검은 의무적으로 해야 하는 법적 사항이다. 객실승무원은 승객이 비행기에 타기 전에 기내보안점검 및 수색을 반드시 실시하도록 하고 있다. 기내보안점검의 목적은 의심스런 물건이 있는지 찾아보는 것이다. 기내 어딘가에 있을지 모를 주인 없는 물건이 테러 범죄에 쓰일 수 있기 때문이다. 기내보안점검으로 객실승무원이 발견한 의심스런 물건 등을 보면 드라이버(기내 정비사가 흘린 것으로 추정), 종이박스, 캐리어 가방, 의류, 쇼핑백 등이 있다. 기내보안점검은 승객 좌석 주변 및 하단 그리고 승객 짐을 넣어두는 Overhead Bin, 통로바닥, 항공기 Door, 화장실, Galley, Crew Rest Area 등 기내 전체를 대상으로 의심스러운 물체 및 물건이 있는지 체계적으로 실시하고 있다. 점검 도중 의심스러운 물건을 발견하면 객실사무장이나 기장에게 즉시 보고한다. 기장은 공항책임자 등 관계기관에 통보하여 조치를 받는다. 객실승무원은 담당 구역의 보안점검을 마치면 객실사무장에게 이상 유무를 보고하며 객실사무장은 기장에게 점검 완료 보고를 한다. 항공기 운항 후에는 승객이 모두 내리고 난 뒤 Overhead Bin을 전부 열어두며 기내에 유실물(Left Behind Item)이 있는지 확인한다. 기내식 물품은 Cart 및 Carrier Box에 담겨 Sealing 상태로 기내에 탑재된다. 객실승무원은 Seal이 뜯기지 않았는지 확인하며, 이상이 있을 경우 기내식 탑재 매니저를 호출하여 해당 물품을 하기시켜 재확인 후 탑재토록 조치한다.

■ **기내 보안점검 3대 요소**

- 기내에 의심스러운 물건 있는지 확인
- 기내 보안장비 정위치 확인
- 기내 비인가자 출입제한

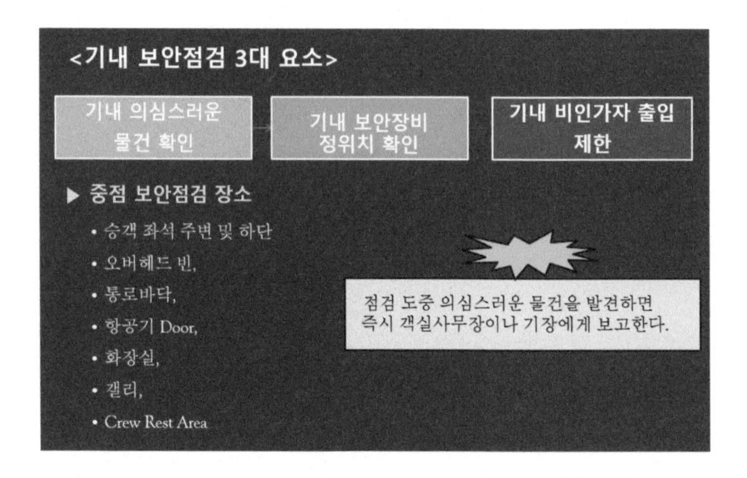

항공분야를 포함한 국가 안보에 위협과 위험이 발생하였을 경우, 국토교통부는 국가정보원과 협의하여 항공보안등급을 결정하고 공표한다. 항공보안등급은 색깔별로 5단계로 구분하여 경각심을 갖도록 구성되었다. 위협 및 위험 수준을 분석하여 가장 하위단계인

평시(Green), 관심(Blue), 주의(Yellow), 경계(Orange), 심각(Red) 순으로 이뤄져 있다. 상황 변화에 따라 사건이 해소되거나 경미해지면 등급은 조정되기도 하고 해제될 수도 있다. 항공사는 국가가 공표하는 항공보안등급에 맞춰 자체적으로 수립한 보안등급을 발령하여 항공기 및 공항보안에 대응하고 있다.

항공기 보안점검은 일상적으로 매번 객실승무원이 수행하고 있다. 이러한 일상적인 보안점검 이외에 국내외 보안에 대한 위협과 위험 수준에 따라 발령되는 Alert 보안 단계에 따라 기내 보안점검 수준도 달라진다. 항공사는 자체 보안 위협과 위험 수준에 따른 3단계별 Alert 체제를 구축하였다. Alert 3은 주의단계이며, Alert 2는 경계단계, Alert 1은 심각단계로 구분한다. 따라서 객실승무원은 브리핑 시 Alert 발령 사항을 미리 인지하여, 기내에서의 보안점검은 Alert 수준에 맞춰서 실시한다.

점검기준

- 매월 및 수시 공지되는 Alert Level 발령/조치사항을 참조하여, 해당편 Alert Level에 해당되는 항목을 점검한다.
  - Alert 3(주의 : Yellow)
    구체적이고 믿을 만한 위협정보는 없으나, 승무원 및 현장직원의 보안의식 고취 및 관심이 필요한 경우 (예 : 허위 위협, 합법적 시위 등)
  - Alert 2(경계 : Orange)
    구체적이고 믿을 만한 위협정보로 인해 항공기 안전운항을 위해 강화된 보안대책이 필요한 경우 (예 : 실제 폭파위협, 정치사회적 불안 등)
  - Alert 1(심각 : Red)
    실제 위험이 존재하고, 항공기 안전운항을 위해 최고 수준의 보안대책이 필요한 경우 (예 : 항공기 또는 공항에 대한 테러 공격, 항공기 납치, 전쟁, 폭동 등)

주 1) 보안점검은 해당 항공기 각 Zone별로 실시한다.
주 2) 착석위치별 점검구역은 기종별 객실승무원 업무배정표의 '비행 전 점검' 구역에 따라 점검한다.

항공기 보안점검 CHECKLIST

(운항기술기준 9.1.20.1)

Date______________ A/C No. HL______________ A/C TYPE____________ Flight No. KE__________

Station(From/To)___________ / ___________ Current Alert Level 3(Yellow) □ 2(Orange) □ 1(Red) □

Purser: Name_________________ Signature __________________ Completion Time__________________

PIC: Name__________________ Signature __________________ Completion Time__________________

※ S: Satisfactory U: Unsatisfactory N/A: Not Applicable

Area		Check Items	S	U	N/A
Cabin	Seat	Inside of seat pockets: Alert 1 & EU only *Note 1)			
		Under the seat cushions and life vests: Alert 1 & EU only **Note 2)			
		Upside of seats			
		Both sidewalls including windows			
		Compartments around seats			
		Sidewall stowage bins [A380, 772K, B744 U/D]			
	Aisle	Inside of all overhead bins			
		Corners near the bulkhead and curtain			
		Floor			
	Jumpseat	Crew jumpseats and life vests			
		Emergency equipment storage			
	Door	Corners near the door			
		Inside of coatrooms			
		Inside of magazine racks			
	CRA	Crew rest area [A380, B744, B772, B77WS, A332]			
	VCC	Video control center			
	DFS Area	Duty Free Showcase [A380 Only]			
Lavatory	Facility	Area around the lavatory door, wall and ceiling			
		Area around the toilet			
	Compartment	Towel containers and tissue dispensers			
		Area under sink			
		Ruvvish bins			
		Compartments in the back of mirror [A380, B772, B773, B77WS]			
Galley	Compartment	All storage compartments(Ovens, refrigerators, bars)			
		Ceiling, wall and floor			
		Rubbish bins and towel containers			
		Compartments in the ceiling			
		Inside of cart lift(Elevator) [A380, B744]			
	Cart	Carts sealing			

Note 1) 100% Check for Alert Level 1 only. However, 100% Check for FLT departing from EU.
Note 2) 100% Check for Alert Level 1 only. However, 5% Check for FLT departing from EU.
☞ Least Risk Bomb Location and Location of Explosion : The hindmost Door of R Side

■ 국제적으로 기내보안점검에 대한 관심도가 높다

객실승무원의 기내보안점검은 우리나라 국내 공항에서만 이뤄지는 것이 아니다. 세계적인 항공보안 규정으로 다른 국가의 공항 어디에서나 실시해야 하는 법적 사항이다. 세계 각국은 자국에 입항한 항공기는 국적에 관계없이 승객이 항공기에 탑승하기 이전에 객실승무원이 기내보안점검을 하도록 감독하고 있다.

항공보안 감독기관의 객실 안전감독관은 비행기 출발 전 객실승무원이 보안점검을 수행했는지 감독을 한다. 감독관들은 객실승무원의 보안점검 체크리스트에 의거하여 보안점검 이행여부를 확인한다. 실제로 유럽 국가의 공항에서는 객실승무원이 기내보안점검을 제대로 수행하는지를 확인하기 위해 기내 좌석 주머니 속 또는 화장실 등에 모의 무기류(종이에 칼, 총 등 무기류를 적어 놓는 방식)를 숨겨두기도 한다. 이를 찾아내지 못하면 객실승무원이 보안점검을 올바르게 하지 않은 것으로 지적을 한다. 따라서 유럽 공항에서는 무조건 기내의 모든 좌석 Seat Pocket 내부와 화장실 등을 철저하게 보안점검하도록 강조하고 있다.

기내보안 점검 시 범죄에 사용될 무기류뿐만 아니라 의심스런 물품이 있는지 점검해야 한다. 특히 항공기에 주인 없는 짐은 테러 예방을 위해 철저하게 규제된다. 자칫 범행의 목적으로 폭발성 물질 등이 기내에 실릴 수 있기 때문이다. 항공보안법은 탑승 수속을 하면서 짐을 부친 승객이 실제 비행기에 탑승하지 않은 경우 비행기 출발이 지연되더라도 해당 승객의 짐을 반드시 내리는 조치를 하여야 한다. 만약 비행 중에 해당 승객이 없는 것을 확인하면 회항하거나 현재 위치에서 가장 가까운 공항에 짐을 내리게 하고 있다.

항공기가 리턴할 수밖에 없었던 이야기

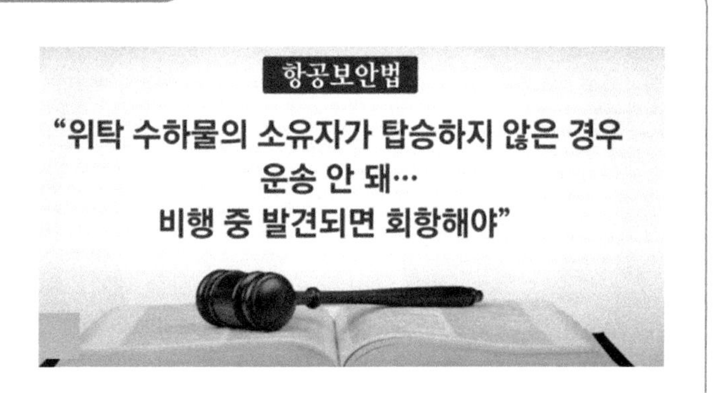

언제나처럼 비행기 출발시간을 맞추기 위해 승무원들은 분주하였다. 마지막 승객이 탑승하자 사무장은 승객 전원이 다 탑승하였음을 기장에게 보고했다. 기장의 지시에 따라 비행기 문이 닫혔다. 비행기는 서서히 활주로를 향해 움직여 나갔다. 순조롭게 비행기가 이동하던 중 기장이 사무장을 찾는 인터폰이 울렸다. 갑자기 기장이 비행기를 되돌려 게이트로 돌아간다는 것이다. 이유인즉 공항에서 VIP승객을 태우고 가야 한다는 연락이 왔다는 것이다. 비행기를 타야 할 VIP승객이 뒤늦게 공항에 나타나서 어쩔 수 없이 태우고 가야 한다는 것이다. 객실사무장은 그 내용대로 항공기 리턴 기내방송을 하고 승객들에게 양해를 구했다. 비행기가 게이트에 도착하고 문을 열었다. 비행기 밖에는 기다리고 있던 공항직원이 안절부절못하는 눈치이다. 그 직원 옆에는 캐주얼 옷차림의 배낭을 멘 서양 남자가 있었다. 직원이 사무장에게 이 사람은 VIP가 아니고 원래 이 비행기를 타야 하는데 늦게 와서 비행기를 놓쳤다는 것이다. 늦게 온 승객을 태우기 위해 비행기가 공항에 되돌아온 적은 없었다. 다만 VIP라고 하니 기장도 어쩔 수 없었던 모양이다. 그런데 VIP가 아니라 평범한 남자 승객이라니 뭔가 미심쩍었다. 공항직원이 이실직고했다. 사실은 화물칸에 비행기에 탑승하지 않은 승객 짐이 있단다. 항공보안 규정상 그 짐을 빼내기 위해 할 수 없이 비행기를 돌렸다는 것이다. 탑승객들에게 주인 없는 짐을 빼내기 위해 비행기를 되돌린다고 사실대로 말하기가 궁색하던 차에 마침 비행기를 놓친 승객이 나타났던 것이다.

항공스토리

"공항보안의 실패 '주인 없는 짐' 어떻게 12시간이나…"

2017년 12월 13일 뉴질랜드 오클랜드 공항에서 30대의 인도인 남성이 일행 5명과 함께 인천공항을 경유해 인도 뭄바이로 가는 비행기에 짐을 싣고 탑승권을 발권했다. 그런데 인도인 남성 승객은 짐만 부치고 비행기에는 탑승하지 않았다.

인도인 남성 승객이 탑승하지 않은 사실은 뉴질랜드에서 인천공항으로 오는 12시간 동안 모르다가 비행기가 인천공항에 도착해 환승 수속을 하는 과정에서 발견됐다. 항공사가 탑승자 숫자와 실제 탑승객 수가 다른 것을 뒤늦게 알고 법무부에 신고한 것이다.

짐만 부친 승객이 탑승하지 않은 사실을 항공사가 모르고 있었다는 점이 문제가 되었다. 비행기 이륙 전 항공사는 탑승자 명단을 꼼꼼히 확인한다. 탑승 수속을 했지만, 아직 탑승하지 않은 승객은 공항 내 기내 방송을 통해 호출한다. 그럼에도 짐을 부치고 정작 비행기에 탑승하지 않은 이 사건은 항공보안에 구멍이 뚫린 것이 아니냐는 비난을 받았다.

출처 : 중앙일보

4) 항공기 출입 보안

객실승무원은 기내에 출입하는 인원에 대해 제지하고 검색하는 임무를 갖고 있다. 객실승무원도 항공사가 발급한 신분증(ID Card)을 패용하고 비행기에 탑승한다. 객실승무원은 전 세계 어느 공항이든지 드나들 때는 반드시 ID Card를 패용하고 있어야 한다. 만약에 객실승무원이 ID Card를 패용치 않으면 공항에 들어갈 수가 없다. 일례로 하와이 호놀룰루 국제공항은 객실승무원의 ID Card가 본인 것인지를 공항의 보안직원이 철저하게 확인하는 것으로 유명하다. 기내에는 비행기 출발 준비 작업을 하는 여러 관련 부서의 직원들이 탑승하여 각자가 일을 하게 된다. 지상 조업직원, 기내식 직원, 청소요원, 정비사 등 다양한 부서의 직원들은 각자 신분증 및 부서별 유니폼을 착용하고 있다. 외부에서 항공기에 목적상 탑승하려는 사람들은 객실승무원에게 신분을 밝혀야 한다. 테러의 목적을 가진 자가 항공사 직원의 신분증을 도용하거나 유니폼을 입고 무단으로 기내에 침입할 수 있기 때문이다.

항공사 유니폼 및 ID Card는 항공보안의 중요한 물품이다. 따라서 항공사는 사직하는 객실승무원에게 유니폼과 ID Card를 반납하도록 규정을 두고 있다. 유니폼이 다른 사람에게 도용되어 항공범죄에 이용되는 것을 사전에 차단하기 위한 예방 조치라고 볼 수 있다. 실례로 조종사 유니폼을 입고 공항에 무단으로 들어가려다 적발된 사건이 있다. 캐세이퍼시픽 항공에서 해고된 조종사가 호놀룰루 국제공항에서 보안검색을 받지 않고 공항에 들어가기 위해 항공사에서 근무할 때 입었던 유니폼과 항공사 배지를 착용한 혐의로 경찰에 구금됐다. 호놀룰루 연방법원에서는 집행유예 3년을 선고했다. 이처럼 항공사 직원의 유니폼과 ID Card는 철저하게 관리해야 하는 항공보안 물품이다.

항공스토리

"델타항공 승무원의 유니폼과 ID Card 도난"

뉴욕 경찰은 델타항공 객실승무원 2명이 거주하는 아파트가 약탈당했으며 강도는 유니폼, 비행기 열쇠, 신분증 및 비행 책을 훔쳤다고 밝혔다. 경찰은 도난당한 열쇠가 한때 조종석 문을 열 수 있었지만 9.11 이후 보안이 강화되면서 분실된 열쇠는 비상 제세동기가 보관된 Overhead Bin만 잠금 해제된다고 말했다.

뉴욕 경찰청장은 합동 테러 태스크포스의 형사들이 강도 사건을 조사하고 있다면서 아직은 테러리스트와 관련 있는 증거는 없다고 강조했다. 경찰은 객실승무원 중 한 명이 외출했다 아파트로 돌아오니 현관문이 열려 있고 방안에 있던 유니폼과 Flight Bag, ID Card, 매뉴얼 책자, 비행기 열쇠 등이 도난당한 것을 알게 되었다고 경찰에 밝혔다.

출처 : 뉴욕타임스

5) 승객 자발적 하기 시 보안조치 사항

항공기에 탑승한 승객이 개인적 사정에 의해 내리고자 할 경우 객실승무원은 승객에 대한 정보를 즉시 공항의 운송직원에게 알리고 기장에게 보고하여 기장의 지시에 따른다. 승객 탑승이 한창 진행되는 도중 또는 이미 항공기가 출발한 뒤에 승객이 비행을 포기하고 자발적으로 하기하는 사례가 늘고 있다.

승객이 자발적으로 내릴 것을 요청할 때 객실사무장은 기장에게 보고해야 하며, 공항 운송직원에게도 알려준다. 운송직원은 공항보안 담당 관계기관에 통보하여 관계기관의 지시를 받는다. 보안규정에 따르면 자발적으로 하기하는 승객이 있는 경우 기내의 모든 승객은 자신의 짐을 소지하고 내려야 한다. 승객이 모두 내린 후에는 기내 보안점검이 실시된다. 특히 하기를 요청한 승객의 좌석 주변 및 Overhead Bin을 중점적으로 검색하고 기내 화장실을 점검한다. 이러한 자발적 하기에 따른 기내보안점검은 운항 지연 및 승객 불편을 초래한다. 따라서 항공사들은 승객의 자발적 하기 사례를 줄이기 위해 안내문을 만들어 제공하고 있으며, 객실승무원은 비행을 포기하는 사유를 듣고 적극적으로 설득을 하여 불필요한 자발적 하기가 발생되지 않도록 하고 있다.

승객 하기가 자신의 의도와는 전혀 상관없이 이루어진 경우에는 예외로 하여 다른 승객의 하기 및 보안점검을 실시하지 않는다. 예를 들면 항공사 시스템 오류로 좌석 중복된 탑승권, 예약 초과로 인한 좌석 부족 등으로 승객의 의사와 관계없이 하기하는 경우, 기상, 정비 등으로 야기된 항공기 장시간 지연으로 인한 피로감 및 여정의 차질을 이유로 여행을 포기하는 경우, 입국거부 승객, 강제 퇴거 승객, 환자 승객으로 여행을 지속할 경우 승객 안전에 영향을 줄 것으로 우려되어 의료진 또는 승무원 판단으로 하기할 경우 등이다. 승객 하기의 원인이 항공사 또는 관계기관에 있음이 명백한 경우에 기내보안점검을 실시하지 않을 수 있다.

■ **보안검색을 하지 않아도 되는 승객 하기 사유**

- 시스템 오류로 중복된 탑승권 발급
- 예약 초과로 인한 좌석 부족
- 승객의사와 관계없는 하기
- 기상, 정비 사유로 운항 지연 시 여행을 포기하고 하기
- 비행을 할 수 없는 환자 승객
- 승객 하기의 원인이 항공사 또는 관계기관에 있음이 명백한 경우

실제로 항공기가 이륙을 위해 활주로로 이동하는 도중에 하기를 요청하는 승객이 발생하면 공항과 항공사의 보안프로그램에 의거해 항공기는 탑승구로 다시 돌아가야 하고, 탑승객들은 모두 각자의 소지품 및 휴대 수하물을 들고 내려야 한다. 공항보안관계기관 직원과 승무원들은 하기를 요청한 승객의 좌석 근처를 중심으로 위험물이 있는지를 검색하고 이상이 없을 경우 승객들의 재탑승이 이뤄지게 된다.

이러한 보안 검색과정을 거칠 경우 국제선은 2시간, 국내선은 1시간 등 평균 50분가량 지연될 수밖에 없다. 이로 인해 다른 승객들도 목적지에 늦게 도착해 일정에 문제가 생기는 등 유·무형의 막대한 피해가 발생하게 된다.

항공사는 재운항을 위한 추가 급유, 승객들과 수하물의 재탑재로 인한 지상조업 비용과 인건비 등 운항 지연에 따른 추가 비용이 발생하게 된다. 또한 자발적 하기를 결정한 승객의 경우 대체편을 마련해 주거나 항공권을 환불해 줘야 한다. 이에 따라 대형 기종의 항공

기가 출발 후 다시 탑승구로 되돌아오는 경우 손실액은 수백만 원에 달한다.

항공사에 따르면 자발적 하기 이유로는 △비행공포증 △잃어버린 소지품 찾기 △숙취 △좌석 불만 △다른 일행에 합류하기 위한 항공편 변경 등 개인적인 사유가 전체의 37%를 차지했다.

항공스토리

사례1 : "비행기에서 내리게 해주세요."

태국 방콕 수완나품 국제공항을 이륙하기 위해 비행기가 지상을 이동하던 때이다. 기내 후방에 있는 여승무원이 사무장인 나를 찾는다. 태국인 젊은 여자 승객이 울면서 비행기에서 내리겠다는 것이다. 환자 승객인가 싶어 급하게 승객에게 갔다. 눈물을 흘리는 승객의 사연은 아기가 너무 보고 싶어 도저히 비행기를 탈 수가 없다고 한다. 다시 내리게 해달라고 한다. 자신은 아기를 놔두고 어쩔 수 없이 미국에 가야 하는 사정이 있다고 한다. 인천국제공항에서 미국행 비행기로 갈아탈 예정이었다. 막상 비행기를 타니 아기 생각이 너무 나서 도저히 못 가겠다는 것이다. 비행기는 이미 이륙 장소에 다다랐다. 결정할 시간이 여의치 않았다. 할 수 없이 승객을 설득했다. 지금 다시 비행기를 되돌리기에는 시간이 없다. 인천국제공항에 도착하면 공항직원과 협조해서 다시 방콕으로 되돌아가는 비행기에 탈 수 있도록 도와주겠다고 했다. 승객은 눈물을 그치고 잠시 생각하더니 그렇게 해달라고 했다. 비행기는 예정대로 서울을 향해 방콕 공항을 이륙했다.

사례2 : "비행기가 너무 불안해요."

부산국제공항에서 서울 김포국제공항으로 가는 국내선 비행기이다. 하늘이 청명하고 쾌청한 날씨이다. 승객이 모두 탑승하고 출발을 위해 비행기 문을 닫았다. 이때 한 젊은 남성 승객이 비행기 앞쪽에 있던 사무장인 나를 찾아왔다. 지금 내리게 해달라는 요청이다. 갑작스런 승객의 돌발 행위에 놀라웠다. 젊은 남성 승객이 어쩐 일로 내려달라는 것일까. 궁금했다. 승객은 자신은 고소공포증이 있다고 한다. 예전에 비행기를 한 번 탔다가 혼난 적이 있었다고 한다. 그 다음부터 서울 갈 일이 있으면 기차 등을 이용했다고 한다. 오늘은 출장업무 시간이 촉박해 할 수 없이 용기를 내 비행기를 탔다고 한다. 하지만 비행기가 흔들리는 게 아무래도 무섭다고 한다. 사무장으로서

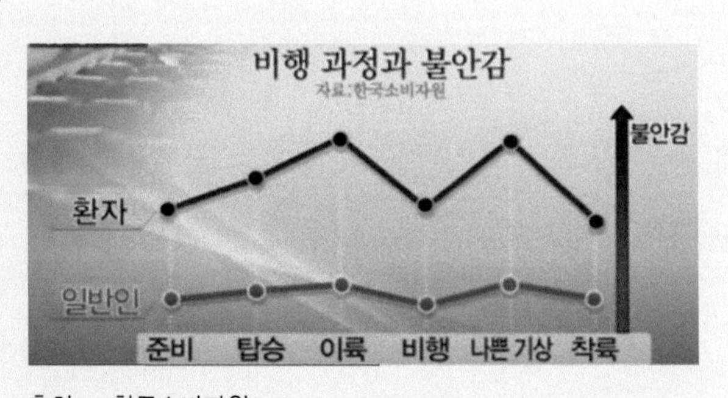

출처 : 한국소비자원

판단을 해야 하는 순간이었다. 내리게 해주면 다시금 기내 보안검색에 출발 지연은 불을 보듯 뻔하다. 일단 승객을 안심시키기로 했다. 오늘 하늘이 너무 청명해서 비행기가 절대로 흔들리지 않는다고 말해줬다. 이미 앞서 김포에서 부산으로 올 때 비행기가 전혀 흔들리지 않았다. 걱정하지 말라며 승객을 좌석에 앉히면서 승객의 손을 살며시 잡아주었다. 내 손을 잡고 있으면 안정이 될 것이라 했다. 옆 좌석이 비어 있으니 누워서 가도 된다고 했다. 승객은 나를 믿는 듯했다. 비행기는 이륙했고, 흔들림 없이 조용히 날았다. 40분 비행 도중에 승객의 안부를 살펴보았다. 다행히 승객은 누워서 눈을 감고 있었다. 편안해 보였다. 김포국제공항에 도착해 내릴 때 승객은 안도의 한숨을 쉬며 잘 왔다는 인사를 건넸다.

6) 기내식 탑재품 보안

객실승무원은 기내에 탑재되는 물품에 대하여 보안점검을 실시한다. 무기, 폭발물 그 밖의 위해물품 등이 기내식 및 기내물품 보관용기 등에 은밀하게 숨겨져 기내에 유입되는 경우가 있기 때문이다. 이를 방지하기 위해 객실승무원은 기내식 및 기내물품들을 보관하여 운반되는 각종 카트(cart)에 시건장치(sealing)가 되어 있는지 그리고 실링번호를 확인하여 운반 도중에 seal이 뜯기거나 바뀌지는 않았는지 최종 확인을 하고 있다. 항공보안법 제21조에 따르면 항공사는 항공보안에 위협이 되는 위해물품이 기내식이나 기내물품을 이용하여 항공기 내로 유입되는 것을 방지하기 위하여 필요한 조치를 하도록 규정하고 있다. 이에 따라 객실승무원은 기내에 반입되는 모든 물품에 대하여 sealing을 기반[2]으

▲ Sealing된 음료 카트

2) 기내 Sealing 방식 : 기내에는 여러 가지 보안을 유지하는 장비와 물품들이 있다. 기내에 탑재되어 있는 안전, 보안, 의료 장비는 붉은 색상의 Seal을 활용해 잠가놓아야 한다. 또한 기내식 cart 등에 폭발물 등 위해물품을 넣을 수 있는 경우를 예상해 붉은 색상의 Seal로 잠가둔다. 참고로 기내에는 붉은 색상의 seal과 파란 색상의 seal 두 종류가 있다. 붉은 색상의 seal은 보안용 물품에 사용되고, 파란 색상의 seal은 서비스용 물품에 사용된다.

로 보안검색을 수행한다.

항공보안법 시행규칙 제10조는 기내식 등의 통제에 대한 규정이다. 기내식 통제를 위해 항공사는 위해물품이 기내식 또는 기내저장품을 이용하여 기내로 유입되지 않도록 기내식 또는 기내저장품을 운반하는 사람·차량 및 기내식 제조시설에 대하여 보안대책을 수립하여야 한다. 또한, 항공사는 다음의 어느 하나에 해당하는 경우 기내식 또는 기내저장품 등이 기내로 유입되게 하여서는 아니 된다. ① 외부의 침입흔적이 있는 경우 ② 항공운송사업자가 지정한 사람에 의하여 검사·확인되지 아니한 경우 ③ 용기 등에 위해물품이 들어 있다고 의심되는 경우

7) 탑승권 확인

객실승무원은 승객이 탑승할 시 탑승권을 확인한다. 탑승권 확인의 목적은 항공기 보안을 위한 것으로 객실승무원은 탑승권의 비행 편명과 탑승 날짜가 해당 편과 일치하는지 확인한다. 유아 승객 및 단체 승객은 개별적으로 탑승권 확인을 한다. 타 항공사(OAL) 및 Codeshare 탑승권 및 모바일 탑승권의 경우에는 특별히 철저하게 확인한다. 탑승권을 제시하지 않은 승객은 탑승권 확인의 목적을 알려 탑승권을 보여줄 수 있도록 안내한다. 승객의 탑승권에 오류 문제가 발생하면 공항 운송직원의 도움을 받는다.

공항 이름과 도시 이름을 헷갈린다거나 공항 이름의 비슷한 발음 때문에 승객의 착오로 비행기를 잘못 탈 수 있다. 실례로 한국에서 장기 체류하며 산업체에서 일하던 태국인 승객이 자신이 탑승할 비행기의 게이트를 알아보기 위해 공항직원에게 물어보았다. 공항직원이 어디로 가냐고 묻자 태국인은 어설픈 한국말로 태국이라 말했으나 공항직원은 대구로 알아듣고 국내선 타는 탑승구를 알려줬다. 태국인은 직원이 가르쳐준 대로 대구행 비행기에 탑승했고 뒤늦게 자신이 잘못 탄 것을 알게 되었다. 공항직원의 잘못된 안내도 문제지만 이 승객이 탑승할 때 탑승권을 제대로 확인하지 못한 객실승무원의 잘못도 있다. 이 밖에 오탑승 원인 중의 하나는 항공사 사정에 의해 갑자기 탑승게이트가 변경되는 경우이다. 탑승게이트 변경 때는 항공사가 여러 차례 게이트 변경 안내방송을 한다.

객실승무원이 항공기에 탑승하는 승객의 탑승권 확인은 글로벌한 항공보안 규정은 아니다. 우리나라 항공사들의 자체 보안계획에 따라 탑승권 확인은 항공보안절차로 이뤄지고 있

다. 그러다 보니 외국인 승객의 경우에는 탑승권 확인에 협조하지 않고 무작정 기내에 들어오려는 사례가 발생한다. 실례로 러시아 모스크바행 비행기에서 2명의 건장한 러시아 승객들이 탑승권을 제시하지 않고 기내로 들어온 적이 있다. 여승무원이 탑승권을 보여줄 것을 강력히 요구했으나, 이들은 받아들이지 않고 막무가내로 좌석에 앉았다. 객실승무원은 이들 승객에게 탑승권 확인은 보안규정상 이뤄지고 있음을 알려줬다. 이들은 지금껏 다른 나라 비행기를 타봐도 탑승권을 제시한 적이 없다며 보여줄 생각을 안 했다. 탑승권을 보여주지 않으면 비행기에서 내리도록 할 수밖에 없다고 하자 그때서야 마지못해 탑승권을 보여주었다. 탑승권 확인을 둘러싼 논란은 외국인뿐만 아니라 우리나라 승객들도 종종 불만을 나타낸다. 양손에 짐을 든 승객은 탑승권이 옷 속에 있다며 보여주기를 힘들어하며 불만을 나타내는 경우도 있다. 승객의 탑승권 확인은 우리나라 항공사들이 추진하고 있는 항공보안 절차의 하나로 철저하게 시행되고 있다.

☑ 탑승권 확인 목적

- 테러리스트 탑승 방지
- 오탑승 승객 방지

▲ 아시아나항공 오탑승 방지 캠페인

☑ 오탑승(Mis-Boarding)으로 인해 발생되는 문제점

- 항공기 및 승객에게 테러 위협 노출
- 탑승객 전원 하기하여 항공기 보안검색 재실시
- 항공기 지연 발생

☑ 탑승권 확인 절차

- 승객 일일이 탑승권의 날짜와 비행편수를 확인한다.
- 유아 승객의 탑승권도 확인한다.
- 단체 승객의 경우에도 대표로 한 사람한테 확인하지 않고 단체승객 모두에게 확인한다.
- 탑승권을 제시하지 않는 승객은 항공기 탑승을 제지한다.

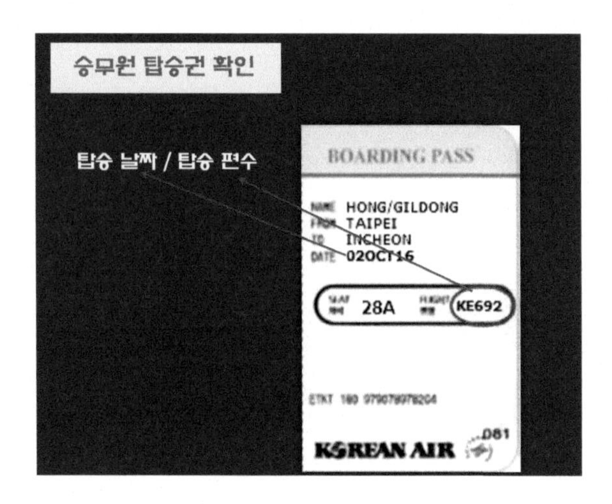

■ 탑승한 승객이 다시 항공기 외부로 나가는 경우

항공기에 탑승한 승객이 공항에 짐을 놓고 왔다거나 다른 이유로 항공기 외부로 나가기를 원하는 경우 객실승무원은 항공보안의 목적상 승객 단독으로 항공기 외부로 나가게 허용해선 안 된다. 항공기 외부로 나가려는 승객은 항공기 보안 차원에서 일단 제지하여 사유를 들은 뒤, 공항 게이트 입구에 있는 운송직원에게 연락해서 적절한 조치를 받도록 안내한다.

항공스토리

"승객 오탑승 사례"

한국 국적의 남성 승객 2명이 탑승 직전에 일부러 항공권을 바꿔 아시아나항공 여객기가 엉뚱한 승객을 태워 회항하는 일이 발생했다. 아시아나항공은 홍콩에서 출발해 인천공항으로 향하던 OZ722편에 예약자가 아닌 승객이 탄 사실을 이륙 1시간 뒤에 확인해 홍콩 공항으로 회항했다고 밝혔다.

해당 승객은 이날 오후 홍콩에서 출발 예정이던 제주항공 여객기 예약자였지만, 출발 전 아시아나 승객으로 예약한 P씨와 탑승권을 교환한 뒤 아시아나 항공기에 오른 것으로 파악됐다. 해당 승객과 P씨는 짐을 부치는 과정에서도 아예 바꿔치기한 짐을 부치고 보안검색을 통과한 뒤 항공기 앞에서 표를 바꾼 것으로 알려졌다.

출처 : 시선뉴스

한국에 일찍 도착하려던 지인인 해당 승객에게 표를 바꿔준 P씨는 이보다 한 시간 뒤에 출발할 예정이던 제주항공기에 탑승하려다 홍콩 공항 제주항공 현지조업 직원에게 발각됐다.

제주항공은 이에 따라 P씨의 탑승을 제지하고 경찰에 통보했으며 이미 한 시간을 순항하던 아시아나기는 무선 연락을 받은 뒤 홍콩 공항으로 회항해 해당 승객을 내리게 하고 현지 경찰에 인계했다. 아시아나항공 측은 "승객 탑승 전에 여권과 탑승권을 대조하는 과정에서 실수가 있었던 것 같다"고 말했다.

항공기술의 발달로 향후 객실승무원이 탑승권을 확인하는 시대는 사라질 것이다. 종이로 된 항공권 또는 스마트폰의 전자식 항공권 등이 필요하지 않은 이른바 생체인식기술로 항공기 탑승을 하는 시대가 오고 있다. 생체인식기술이란 지문, 홍채, 땀이나 혈관 모양 등 사람이 가지고 있는 고유의 생체정보를 추출, 정보화하는 과정을 거쳐 신분 인증에 활용하는 기술을 말한다. 항공보안법 등 관련 법의 개정을 거쳐 생체정보를 활용한 신원 확인이 인정받게 되었다. 이로써 항공사도 본격적으로 생체인식기술을 도입하여 탑승절차의 변화를 시도하고 있다.

전 세계 공항들은 최근 몇 년 동안 생체인식기술을 점점 더 많이 활용하고 있다. 전 세계 항공사의 절반은 2024년까지 생체인식을 이용한 셀프 탑승 게이트를 갖출 것으로 예상된다. 이는 2020년 전체 항공사의 5%에 불과했던 것에 비해 크게 증가한 것이다. 생체인식 식별은 탑승객의 신원을 안정적으로 확인할 수 있는 능력 덕분에 항공보안 차원에서 신뢰를 받고 있다. 이 생체인식기술은 승객탑승에서 항공사들이 시간을 엄청나게 절약할 수 있게 하였다. 예를 들어, 루프트한자는 생체인식 스캔을 통해 에어버스 A380 항공기에 모든 승객이 단 20분 만에 탑승할 수 있다는 것을 증명했다. 객실승무원 및 공항직원의 탑승권 확인은 사람에 의한 실수가 발생하기도 하나, 생체인식 카메라는 장시간 사용한 후에도 동일한 수준의 높은 정확도와 품질로 뛰어난 성능을 발휘하고 있다.

▲ 탑승구에서 생체인식카메라로 신원 확인

공항의 보안구역에서 승객을 식별하고 인증하기 위해 홍채 스캔 또는 디지털 지문과 같이 정확성이 입증된 생체인식기술을 사용하는 것에 호응하는 사회적 분위기가 조성되고 있다. 이러한 기술의 오류율은 매우 낮으며 이 기술을 사용하면 시민의 자유를 침해하지 않으면서 보안을 강화할 수 있다. 그러나 공항 및 항공사 직원으로부터 수집한 승객 개인의 생체인식정보가 공항보안 이외의 다른 목적으로 사용되어서는 안 될 것이다.

8) 탑승객 Headcount

항공보안을 위하여 항공기 출발 전 기내에 탑승한 승객이 최종적으로 몇 명인지 확인한다. 객실승무원은 비행기 출발 직전에 기내에 탑승한 모든 승객이 착석을 했는지 점검하고 탑승한 승객이 몇 명인지 최종 확인한다. 객실사무장은 공항 운송직원으로부터 건네받은 승객명단(PM: Passenger Manifest)[2]에 기재된 전체 탑승객 수와 현재 기내에 착석한 승객 수가 일치하는지 Headcount를 한다.

Headcount는 승객이 모두 좌석에 앉아 있는 상태에서 실시한다. 객실승무원은 통로를 따라 걸으며 승객들을 하나하나 계수기를 통해 숫자를 세어본다. 최종적으로 세어본 승객 수와 PM에 기재된 승객 수가 일치하면 항공기는 정상적으로 출발하게 된다. 만약 Headcount 숫자와 PM상의 승객 숫자가 맞지 않으면 Headcount를 다시 실시한다. 이때는 Headcount를 위한 모든 승객에게 화장실 이용 자제 및 착석해 줄 것을 요청하는 기내방송을 한다. 승무원은 화장실에 승객이 있는지 동시에 파악한다. 2번에 걸친 Headcount가 부정확하게 나온다면, 객실승무원은 공항 운송직원에게 PM상의 승객 수를 재확인 요청하는 협조를 구한다. 이러한 과정을 거쳐 승객 수가 정확하게 확인되면 객실사무장은 Airport-Cabin Cross Checklist에 기록하고 기장에게 최종 탑승객 수를 보고한다.

▲ 객실승무원이 Headcount 계수기로 승객인원 파악

9) 조종실 보안

항공기 조종실은 항공보안을 지키는 최후의 보루이다. 조종실은 소형 총기류, 폭탄 파편 등 외부의 강제적인 힘에 의한 충격에도 견딜 수 있도록 강화된 문으로 갖춰져 있다. 승객

2) P/M(Passenger Manifest) : P/M에는 항공기에 탑승한 승객의 영어성명, 국적, 좌석번호가 기재되어 있다. 항공기 탑승 승객 인원수가 클래스별로 기재되어 있다. 이 서류는 공항 운송직원이 객실사무장에게 승객 탑승 완료시점에 제공한다.

탑승 전부터 승객이 모두 하기한 후까지 조종실 출입문은 외부에서 침입할 수 없도록 잠겨 있어야 한다. 출입이 인가된 자를 제외하고는 누구도 조종실에 출입할 수 없다. 항공보안법 제14조에 따르면, 항공사는 국토교통부령으로 정하는 바에 따라 조종실 출입문의 보안을 강화하고 운항 중에는 허가받지 아니한 사람의 조종실 출입을 통제하는 등 항공기에 대한 보안조치를 하여야 한다. 조종실 출입이 인가된 자는 해당 항공편에 탑승하여 근무하는 승무원들이며, 항공기가 지상에 주기된 경우에는 해당 항공편 운항관련 공항 운송직원 또는 정비사도 포함된다. 이들 외에 조종실에 출입을 원하는 자는 항공사 또는 국토교통부에서 발행하는 조종실 출입 인가 서류를 소지해야 한다. 조종실 출입 인가 서류를 소지한 자가 기내에 탑승할 때는 객실승무원에게 신분을 밝혀야 한다. 조종실 문에는 조종실 진입을 요구하는 사람을 식별하고 의심되는 행동 또는 위험 가능성을 파악하기 위해 조종실 내부에서 바깥을 볼 수 있는 조망 경이 장착되어 있다.

최근 조종실에는 비행 중 항시 2명이 상주해야 하는 새로운 규정이 만들어졌다. 조종실에 운항승무원 1명만 있을 시에는 객실승무원 1명이 조종실에 들어와 있어야 한다. 2015년 3월 저먼윙스(Germanwings) 추락사고 이후 도입되었다. 항공기 조종석에는 항상 두 명이 있어야 한다는 규정은 조종사 한 명을 지휘하는 것보다 객실승무원을 조종석에 태우는 것이 항공 승객 안전에 더 위험하다는 우려 속에서도 많은 항공사들이 이 규정을 시행하고 있다.

- **저먼윙스 9525편 추락사고 여파**

저먼윙스 9525편 안드레아스 루비츠 부조종사가 기장이 잠깐 조종실 밖으로 나간 사이 고의적으로 항공기를 프랑스 알프스 산맥으로 추락시켰다. 스페인 바르셀로나 엘프라트 공항에서 독일 뒤셀도르프 공항으로 향하던 에어버스 A320 항공기는 완전 파손되어 찢겨 나갔고 144명 승객 모두가 사망하였다. 이 사고의 여파로, 조종사들이 혼자 조종실에 머물 수 없도록 해야 한다는 의견이 대두되었다. 이에 따라 조종실 보안을 위해 조종실에는 반드시 두 명이 지키는 2인 조종실 규정(two-in-a-rule)이 만들어졌다. 한 명의 조종사가 화장실 이용 등의 이유로 조종실 밖으로 나갈 시에는 객실승무원 한 명이 대신하여 조종실에 들어가도록 하였다.

▶ 2인 조종실 규정(two-in-a-rule)

유럽항공안전청(EASA)은 최소한 한 명의 자격을 갖춘 조종사를 포함하여 적어도 두 명의 승무원이 비행 중 항상 조종실에 있도록 하는 규정을 모든 항공사에 권고하였다. 나중에 이 규정은 받아들여지지 않았지만 세계적으로 많은 항공사들이 승객들의 두려움을 완화하기 위해 이 규정을 지속적으로 운영하고 있다. 캐나다 정부는 이를 의무화했고 영국 민간항공 당국은 영국 항공사들에게 규칙을 재검토할 것을 촉구했다. 라이언에어와 플라이비를 포함한 일부 항공사들은 이미 이 규칙을 시행했다. 반면에 이 규정을 지키기 위해 객실승무원들이 조종실을 자주 드나들게 되면 허가받지 않은 사람이 조종실에 침입할 수 있는 추가 위험이 발생할 수 있다는 주장이 제기되고 있다. 2인 규칙은 전 세계 항공산업에서 의무적인 것이 아니라 개별 당국과 항공사에 맡겨져 있다. 이 규정을 채택한 항공사들은 최소한의 예방조치로 객실승무원이 조종실을 떠난 조종사를 대신하여 조종실에 있도록 하였다. 이지젯, 버진, 에어트랜샛, 에미레이트, 노르웨이 에어셔틀, 에어캐나다, 에어 뉴질랜드, 루프트한자는 모두 2인 조종실 규정을 시행하고 있다. 이 항공사들은 비용소요가 없고 이와 유사한 비극의 반복을 방지할 수 있는 잠재력을 가지고 있기 때문에 앞으로도 많은 항공사들이 이 규정을 채택할 것으로 보인다. 우리나라의 법적 규정에는 2인 조종실 규정을 정확하게 반영하고 있지 않지만 항공사들은 자체적으로 이 규정을 운영하고 있다. 실례로 국내 항공사는 조종실내에는 최소 2명의 승무원이 있어야 한다는 규정을 두고 있다. 1명의 운항승무원이 조종실에서 나가야 할 경우에는 객실승무원 1명이 조종실에 들어와서 2명이 되어야 한다. 조종실에 들어가는 승무원은 객실사무장을 원칙으로 하나 기내상황으로 인하여 불가할 경우에는 시니어승무원이 대신할 수 있다.

▶ 조종사 정신질환 검사

이 사고 초기 조사에서 부조종사가 고의로 자살한 것으로 보고 있는데, 심각한 우울증을 앓은 전력이 있고 이전에 자살 성향으로 치료받은 적이 있다. 이와 유사한 사고를 예방하는 차원에서 항공사들이 어떻게 조종사들의 정신질환 징후를 더 잘 감시하고 훈련을 개선할 수 있는지 등에 관심을 집중시켰다. 저먼윙스 추락사고 이후 항공사들이 조종사들의 정신질환을 감시해야 한다는 의견들이 제기되었다. 대부분의 조종사들은 직업을 잃을 수 있기 때문에 우울증이나 심지어 자살 생각에 심각한 문제가 있다고 자진 신고하지 않는다. 조종사들이 정기적으로 의학적 검사를 받아야 하지만, 대부분의 의학적 검사관들은 정신과 의사나 심리학자들이 아니다. 또한 조종사들은 처음 고용되었을 때 외에는 광범위한 정신과적 평가를 받지 않고 있다. 부기장의 고의적인 추락사고는 본질적으로 테러행위라고 보는 항공보안 전문가들이 있다. 테러행위에 대한 충분한 경험을 얻을 때까지 모든 테러행위를 막는 것은 불가능하다. 스탠퍼드와 세계경제포럼의 연구 결과 불안, 우울, 스트레스와 관련된 질병의 주요한 원인 중 하나는 업무였다. 지난 15년 동안 자살률이 24퍼센트나 치솟았는데, 〈미국 예방의학 저널〉에서 2015년에 발표한 연구를 보면 '업무 고충'이 자살이 급증하게 된 주요 원인 중 하나였다. 안전운항의 빠듯한 운항스케줄을 수행하는 조종사의 업무 피로도와 스트레스에 대한 관리가 과학적이고 합리적인 수준에서 이뤄져야 함을 시사하고 있다.

▶ 내부자 위협

저먼윙스 사고 이후 '내부자 위협'에 대한 관심이 더욱 높아졌다. 이전에도 내부자 위협에 의한 항공보안 위협 가능성 문제는 꾸준히 대두되어 왔다. 1994년 미국 항공화물 전용회사 FedEx의 조종사가 자사 항공기를 FedEx 본사건물에 충돌시키려는 목적으로 항공기 납치를 시도하다가 동료 승무원에게 제압되는 사건이 있었다. 이외에도 공항근무 경력이 있는 사람이 테러 모의 혐의로 체포되거나, 공항 보호구역 내에서 업무를 수행할 수 없는 불법 이민자가 공항직원으로 채용된 사례도 있었다. 2014년에는 미국 공항직원이 총기를 밀매하고 보안절차를 위반하고 보안구역에 들어간 혐의로 체포되어 기소되었다. 2019년 7월, 미국 마이애미 국제공항에서 항공 정비사가 B37-800 항공기의 항법 시스템을 파괴했다. 이런 내부자 위협사고는 빈번하게 발생되고 있다.

항공사 및 공항 등 항공업계에 종사하며 항공기 및 공항 내 보안구역에 출입할 수 있는 권한을 갖거나, 해당 정보를 알고 있는 사람을 통한 '내부자 위협'은 발생 가능성이 높은 중요 사안인바, 이와 같은 위협에 대비할 필요성이 있다는 공감대가 점점 확산되고 있다. 내부자에 대한 정의와 범위는 아직 국내외 법률 및 규정에 명확하게 규정되지 않았다. ICAO는 항공보안 매뉴얼에 '승객이 아닌 사람'에 대한 접근 통제방법에 대한 대책 마련을 권장하고 있다. 국제항공운송협회(IATA)는 보다 구체적으로 '내부자 위협'을 다루고 있다. IATA가 규정한 '내부자'는 그룹 또는 조직에 속하며 특별한 지식을 가진 자라고 정의하였다. IATA는 보안 측면에서 내부자가 특별히 더 위협이 되는 이유로 내부자가 자신의 역할, 지식, 접근권한 등을 이용하여 직간접적으로 항공기 및 공항에의 불법행위에 영향을 미칠 수 있기 때문이라고 하였다. IATA는 내부자 위협은 대부분 내부자의 악의적인 의도에 기반하고 있으며, 이러한 내부자의 의도가 보안상의 취약점과 맞물렸을 때 내부자 위협의 발생 가능성은 더욱 높아질 수 있다고 보았다.

미국 교통보안청(TSA)은 더 구체적으로 내부자 위협을 정의하고 있다. TSA의 교육 자료를 보면, '내부자'란 보안검색 요원, 항공업계 직원, 외주 공항 용역업체 등 공항 내에서 신뢰되는 위치에 있으면서 악의적인 행위, 자만, 무시를 통한 보안위협을 저지를 수 있는 사람이라고 정의하였다. 이는 내부자가 악의에 의해서만 위협을 하는 것은 아니고, 정책과 절차에 대한 인식 부족, 보안위협에 대한 방만한 태도를 통해서도 위협을 야기할 수 있다고 하였다.

내부자 위협의 대응 방안으로 IATA는 항공사 및 공항근무자 최초 채용 시의 신원조사는 물론 정기적으로 신원조사 할 것을 권고하고 있다. 또한, 항공사는 내부자 위협 정책을 수립하여 항공보안관리 시스템에 반영할 것을 권고하였다. TSA는 보다 구체적으로 직원의 라이프스타일 관리, 보안시설 접근 권한 축소 및 시스템적인 접근 제한 조치, 보안교육 강화를 제기했다. 나아가 내부자 위협 감지 시 보고체계 구축, 관리자의 직원에 대한 모니터링 강화 등을 권고하고 있다.

■ 운항 중 객실승무원의 조종실 출입 절차

- 객실승무원은 조종실에 들어가기 전 인터폰을 통해 기장의 출입 허가를 받는다.
- 조종실 출입문 근처(화장실 및 갤리)에 승객이 있는지 확인한다.
- 객실승무원은 2인 1조로 한 사람이 조종실에 들어갈 때 한 사람은 조종실 외부에 지키고 있어 다른 승객의 접근을 제지한다.
- 조종실 출입 시에는 조종실 앞에 커튼을 쳐서 승객에게 노출되지 않도록 한다.
- 조종실에 들어간 즉시 문을 닫는다.

■ 조종실에서 나올 때

- 먼저 기내에 있는 다른 객실승무원에게 인터폰을 사용하여 조종실 출입문 앞에 위치하도록 알려준다.
- 조종실 내에 있는 객실승무원은 출입문에 장착된 광폭렌즈로 조종실 외부가 안전한지 확인하고 출입문을 개방한다.

■ 대체 출입문 출입절차

- 운항 중 조종실 출입문 보안장치가 작동되지 않으면 기장이 객실승무원에게 '대체 출입절차'에 대해 통보한다.
- 조종실 출입문을 수동으로 개폐해야 하는 경우에는 최소 2명의 승무원이 위치하고 있어야 한다.
- 3회 이상 정상적인 조종실 출입을 수행해도 조종실에서 반응이 없고 조종사가 임무불능 상태가 예상되면 '비상 출입절차'를 수행한다.

■ 조종실 출입 인가 서류

항공사는 항공업무와 관련되어 항공기 조종실 출입을 원하는 국가의 관련공무원, 항공안전감독관 등에게 출입을 허가할 수 있다. 운항기술기준에 따르면 조종실 출입 인가가 가능한 대상으로 공무상 감독업무 공무원 등에 한정되어 있다. 이런 경우 항공사는 안전보안실에서 발행하는 Cockpit Auth 서류를 제공한다. 또한, 국토교통부장관 또는 지방항공청장이 발행하는 항공기출입요구서를 소지한 사람에게 출입을 허가한다. 출입 인가 서류를 소지한 사람이 항공기에 탑승할 때는 객실승무원에게 제시하고, 객실승무원은 이를 확인하는 절차를 수행한다. 해당 항공편 조종실 출입이 인가된 자는, 해당 항공편에서 근무하는 객실승무원 및 해당 항공편 업무를 위한 정비사 또는 공항 운송직원이다.

객실승무원은 사전 통보된 사람이 조종실 출입 의사를 밝히는 경우, 운항 중 조종실 출입절차에 대하여 기장과 사전 협의를 한다. 운항 중 조종실 출입 시에는 Cockpit Auth와 함께 국가가 인정한 신분증 및 공무원증을 확인한 후에 기장에게 인터폰으로 연락한다.

10) 총기류 탑재 보안

총기류 및 무기류는 위탁수하물로만 탑재가 가능하나 승객이 사전에 관계기관에 신고하고 공항 운송직원에게 통보해야 한다. 항공기내에 휴대 탑승은 불가하다. 특정 테러 위협상황 시에는 국토교통부장관의 승인하에 총기 및 실탄을 휴대한 무장보안요원이 기내에 탑승할 수 있다. 이 경우, 공항 운송직원은 무장보안요원의 탑승좌석을 기장에게 통보하며, 기장은 객실승무원에게 알려준다.

항공보안법 제21조는 경호업무, 범죄인 호송업무 등 대통령령으로 정하는 특정한 직무를 수행하기 위하여 대통령령으로 정하는 무기의 경우에는 국토교통부장관의 허가를 받아 항공기에 가지고 들어갈 수 있는 규정을 명시하고 있다. 항공기에 무기를 가지고 들어가려는 사람은 탑승 전에 이를 해당 항공기의 기장에게 보관하게 하고 목적지에 도착한 후 반환받아야 한다.

11) 폭발물 위협

가. 지상에서 폭발물 위협

- 항공기 폭파 위협 정보를 입수했을 경우 객실승무원은 기장과 협의하여 승객이 신속히 하기할 수 있도록 조치를 취한다. 휴대수하물을 소지하고 내릴 때 지연되지 않도록 한다.

- 기장은 항공기를 격리주기장으로 이동하거나, 다른 항공기가 없는 곳에 주기한다.
- 공항의 폭발물 처리 전담반이 기내 검색이 필요하다고 할 때에는 기내 구조에 대한 설명 및 안내 등으로 검색에 협조를 한다.
- 의심스러운 물건 발견 시 폭발물 처리 전담반에 정보를 제공한다.
- 위협 정보의 신빙성이 낮아 관계 기관으로부터 승객과 승무원의 하기 및 기내 점검이 필요하지 않다는 통보를 받은 경우라 할지라도 객실승무원은 기장의 판단 지시에 따라 기내 보안점검을 실시할 수 있다.
- 기내에서 의심스런 행동을 하는 승객의 존재여부를 파악하기 위한 감시활동을 강화한다.

나. 비행 중 폭발물 위협

- 기내에서 의심스런 행동을 하는 승객을 파악하고, 승객이 조종실 주변에 접근하지 못하도록 통제한다.
- 항공기 보안점검 check list에 의거하여 객실승무원은 승객들이 눈치 채지 못하도록 기내 수색을 한다.
- 객실사무장은 위협정보에 대해 기장이 기내 상황을 충분히 알 수 있도록 가급적 세부적으로 보고한다.
  - 최초 위협(메모 등)을 알게 된 경위 및 발견 시점, 위협 내용, 습득 장소, 주변 상황
  - 위협의 대상이 될 수 있는 VIP, 정치인, 유명인사 등 탑승 여부
  - 의심스러운 범행 가능자 여부(기내난동, 추방자, 밀입국자 등)
  - 위협 관련 기타 사항
- 승객이 동요하지 않도록 주의를 기울이고, 필요시 승객의 도움을 받는다.
- 위험한 상황일 경우, 기장은 객실승무원으로 하여금 승객들의 짐을 승객의 무릎 위에 올려놓도록 하여 점검을 한다.
- 가까운 공항에 임시 착륙한 경우, 승객이 개인 휴대수하물을 갖고 신속하게 내리도록 조치한다.

• 현지 공항의 도움을 받아 기내 점검을 받으며 협조를 구한다.

다. 기내 폭발물 발견

객실승무원은 기내에서 폭발물이 발견되면 즉각적인 조치를 취해야 한다. 객실승무원은 기내에서 폭발할 것을 가상해 피해가 최소화되도록 처리절차에 대해 교육을 받고 이행하고 있다. 폭발물의 종류와 양, 그리고 외부 대기 압력과 차이가 나는 기내 내부압력에 따라 폭발의 위력이 달라질 수 있다. 항공기 구조상 항공연료를 저장한 날개 부위가 폭발하는 것이 가장 큰 위험지역이다. 날개 연료저장 탱크 근처에서 폭발하면 항공기 동체가 완전 파열되고 제트연료에 불꽃이 점화돼 추가 폭발을 일으킬 가능성이 더 크다. 2009년 기내 속옷 자살 폭탄 테러범이 앉은 좌석도 날개 근처이다. 테러리스트들은 창가 좌석에 앉아 날개 위에 위치함으로써 날개에 저장된 제트연료의 폭발로 불 붙일 가능성을 극대화하려고 시도한다. 완전가압 상태의 항공기에서 폭발이 일어날 때 폭발파장의 힘이 증폭되는 것은 기내와 대기의 압력차가 가장 크기 때문으로 여겨진다. 의심스러운 폭발물이 항공기에서 발견된 경우, 조종사는 항공기 고도를 낮추면서 기내를 감압하는 것이 최선의 방법이다.

객실승무원은 폭발물을 LRBL(Least Risk Bomb Location)로 옮기도록 한다. LRBL은 미 연방항공청(FAA)에서 '폭발물 또는 화재유발폭탄이 터질 경우 비행기에 미치는 영향을 최소화하기 위해 폭발물을 갖다 놓아야 할 구역'이라 정의하고 있다. 폭발물피해최소구역(LRBL)은 1972년경 항공기 제작업체들이 비행기 안에서 폭발의 영향이 가장 감소되는 곳을 찾아내었다. 또한, ICAO 보안 매뉴얼은 LRBL의 위치에 대한 정보와 비행기에서 의심스러운 물체를 발견했을 때 처리 절차에 대한 지침을 항공사에 제공하였다. 미 FAA는 대통령의 항공보안 및 테러 위원회의 권고에 따라 항공보안개선법(Aviation Security Improvement Act)에 명시된 지침에 따라 1991년 '항공기 강화 프로그램'(aircraft hardening program)을 수립하였다. 이 프로그램의 목표는 비행 중 폭발로 인한 치명적인 구조적 손상이나 중대한 시스템 고장으로부터 항공기를 보호하는 것이다.

폭발물로 의심되는 물체는 조종실 및 날개로부터 최대한 멀리 떨어진 항공기 후방으로 옮기며 폭발물이 터질 시 피해를 최소화하기 위해 항공기 바깥에서 터지도록 개방될 수 있는 Door에 위치한다. 의심되는 폭발물체가 터지지 않은 채 비상착륙한 후에는 공항의 폭발물 처치반(EOD)이 기내에 쉽게 접근할 수 있도록 한다. 의심되는 폭발물체를 쉽게 식별되도록 표시해 둔다. 승객들은 가능한 한 안전하고 신속하게 대피하도록 조치한다. 만약 폭발물을 들 수 없거나 옮길 수 없다고 판단되면, 객실승무원은 액체가 유입되지 않도록 비닐로 덮고 담요, 베개, 좌석 쿠션 및 옷가지 등으로 싸서 덮는다. 최종적으로 기내에 비치된 방폭담요로 폭발물을 덮어둔다.

국토교통부 자료에 의하면 2010년 이후 공항 및 항공기에 폭발물을 설치했다는 거짓 폭파 위협이 모두 42건 이상 발생했다. 거짓 폭파 위협이라도 실제로 거짓이라고 드러날 때까지 폭발물 처리는 실제 상황과 똑같은 방식으로 하고 있다.

■ 기내 폭발물 처리 절차

- 객실에서 폭발물로 의심되는 물체 발견 즉시 기장에게 보고하고 다른 승무원에게 전파한다. (폭발물의 생김새 및 크기, 수량, 발견 장소 등을 알린다.)
- 승객을 안심시켜 동요되지 않도록 하며, 폭발물 주변 승객은 신속하게 가급적 멀리 대피시킨다. (발견된 장소에서 최소한 좌석 4열 이상 떨어진 곳)
- 발견된 의심스런 물체 주변을 감시하며 무단 접촉을 방지하고 기장의 지시를 기다린다.
- 폭발물을 피해최소구역으로 옮기기 전까지는 해체를 시도하거나 건드리지 않으며, 주변을 감시하여 무단 접촉을 방지한다.
- 기장의 지시에 의해 폭발물을 옮겨야 할 때에는 방폭재킷을 착용하고, 폭발물을 옮기는 객실승무원 앞뒤로 다른 객실승무원이 동행하며 폭발물피해최소구역(LRBL : Least Risk Bomb Location)[3]으로 옮긴다.
- 폭발물을 옮기려 할 때는 먼저 폭발물에 움직이면 터지는 장치가 있는지 확인하기 위해 기내 Safety Card와 같은 얇은 책받침 등으로 움직여도 되는지 확인한다.
- 다른 객실승무원은 폭발물을 감쌀 방폭담요를 LRBL로 옮겨 둔다.

3) "폭발물피해최소구역(LRBL : Least Risk Bomb Location)"이란 폭탄(Bomb) 또는 폭발장치(Explosive device)가 폭발하는 경우 항공기에의 영향을 최소화하기 위한 장소이며, 일반적으로 폭발물피해최소구역 정보는 항공기 제작사에서 제공된다.

- 폭발력을 흡수할 수 있는 좌석쿠션, 젖은 담요, 짐 등을 LRBL에 갖다 놓는다.
- LRBL에서 폭발물 피해를 최소화하기 위한 방식으로 처리한다.
- 기장은 비상착륙 여부를 결정한다.
- 조종실에서는 폭발물피해최소구역의 전원을 차단한다.
- 항공기 비상착륙 후 승객을 신속히 하기시킨다.
- 승무원은 승객들을 안전한 곳까지 대피하도록 조치한다.

라. 폭발물피해최소구역(LRBL) 처리 절차

LRBL 처리 절차의 목표는 비행 중 폭발의 영향을 완화하고, 항공기 생존성을 향상시키는 것이다.

- LRBL은 모든 항공기 우측편 최후방 Door로 정한다.
- 방폭담요는 소형기종은 코트룸에 있으며, 중대형 항공기 우측 두 번째 Door와 인접한 승객 좌석 뒤쪽에 있다. (방폭재킷은 방폭담요와 같이 구성되어 있다.)
- 해당 Door mode를 Disarmed로 변경한다.
- 바닥부터 Door 중간부분까지 여행용 가방 같은 짐 등을 쌓는다.(피라미드 형식)
- 쌓아올린 짐들 위로 25cm 이상 물에 적신 담요, 옷가지 등을 깐다.
- 방폭담요를 깔고 조심스럽게 폭발물을 중앙에 놓고 그 주변에 젖은 담요, 옷가지 등을 평평하게 놓는다.
- 이 상태에서 다시 25cm 이상 젖은 담요, 옷가지를 쌓는다.
- 휴대수하물, 좌석쿠션 등을 이용해 Door 천장까지 쌓는다.
- 쌓은 물건들이 흘러내리지 않도록 넥타이, 스타킹 등으로 견고하게 고정시킨다.

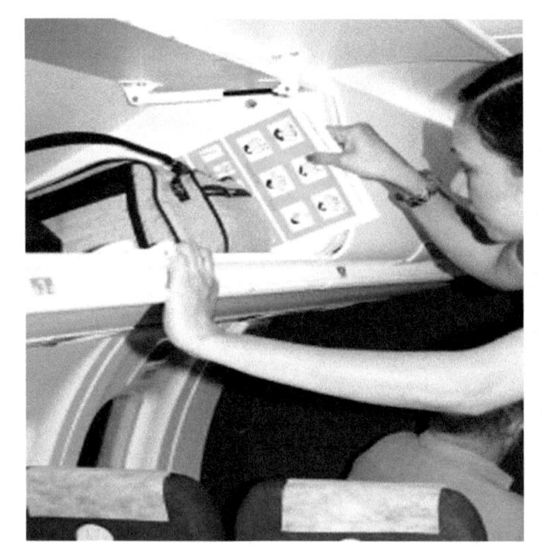

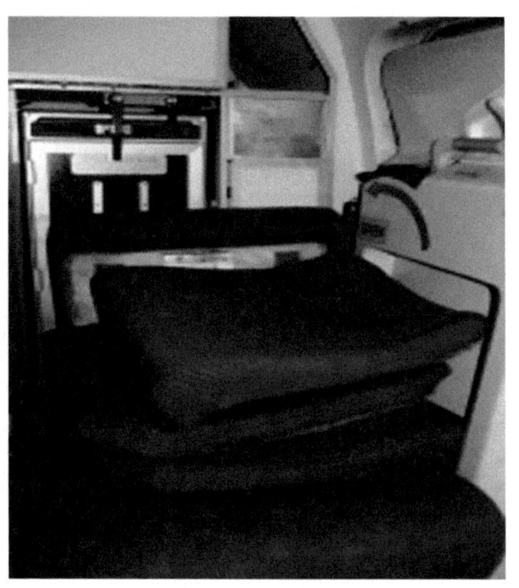

▲ 폭발물체를 Safety card로 확인하는 승무원

▲ Door 폭발물 처리 모습

항공스토리

"비행기에 폭탄 있다" 10대 철없는 장난에 전투기 출동 소동

영국 런던의 개트윅 공항을 출발해 스페인령 발레아레스 제도 메노르카 공항으로 향하던 이지젯 EZY8303편 여객기에 폭발물이 설치돼 있다는 글이 소셜미디어에 올라왔다. 이에 스페인 공군은 F-18 전투기를 긴급 출동했다. 여객기가 메노르카 공항에 거의 도착할 무렵 신고가 접수됐기에 전투기는 여객기를 호위하며 공항에 비상착륙시켰다. 스페인 경찰이 폭발물 해체 전문가와 폭발물 탐지견을 대동하고 비행기 안을 수색했고, 승객들도 검색을 받았다. 그러나 폭탄은 발견되지 않았고 결국 허위신고로 판명됐다.

경찰이 폭발물 신고를 올린 소셜미디어를 추적하자 비상착륙한 여객기에 타고 있던 18세 영국 소년의 소행으로 드러났다. 스페인 경찰 대변인은 "폭파 위협은 가짜였으며 소셜미디어 아이디를 추적해 거짓 정보를 올린 영국인 승객을 사회적 혼란을 야기한 혐의로 체포했다"고 밝혔다.

출처 : 중앙일보(2022)

12) 생화학 무기

기내에서 생화학 무기로 의심되는 물건이 발견되면 객실승무원은 즉시 기장에게 보고하고 오염이 의심되는 구역에서 승객들을 멀리 대피시킨다. 감염이 의심되는 승객은 격리조치한다. 생화학 무기로 의심되는 물건은 젖은 담요 등으로 내용물을 덮고 옮기지 않도록 한다. 생화학 의심 물체를 접촉한 경우에는 흐르는 물에 비누로 손을 깨끗이 씻고 생화학 무기 처리전담반에 도움을 청한다. 객실사무장은 착륙 후 생화학 무기 처리전담반에 해당 상황에 대하여 자세히 설명하고 감염 의심 승객을 인계한다.

가. 지상에서 발견

- 기내에서 의심물질 발견 시 즉시 기장에게 알린다.
  (보고사항 : 물질의 외형 및 크기, 종류 및 개수, 발견 위치 등)
- 기장은 관계 기관에 전달한다.
- 승무원 및 승객의 의심물질 접촉을 금지시킨다.
- 전 승객을 신속하고 질서 있게 휴대품을 소지하여 하기하도록 조치한다.
- 승무원 및 승객 전원 하기 후에 해당 공항의 직원 및 관련 기관의 지시에 따른다.

나. 비행 중 발견

- 기내에서 의심물질 발견 시 즉시 기장에게 알린다.
  (보고사항 : 물질의 외형 및 크기, 종류 및 개수, 발견 위치 등)
- 승객들을 의심물질에서 가능한 한 멀리 대피시키다.(최소 좌석 3열 이상)
- 감염이 의심되는 승객은 격리시키다.
- 의심물질에 접촉한 신체 부위는 흐르는 물에 비누로 깨끗이 씻는다.
- 적당한 용기나 젖은 담요 등으로 내용물을 덮고, 함부로 옮기지 않는다.
- 의심물질에 오염된 승객은 기장에게 연락하여, 도착 후 처리 전문가에게 인계한다.
- 임시착륙을 하면 즉시 하기하고 안전한 곳으로 대피한다.
- 승무원 및 승객 전원 하기 후에 해당 공항의 직원 및 관련 기관의 지시에 따른다.

13) 항공기 납치

항공기가 공중 납치되었을 경우, 승객과 승무원의 안전 확보를 최우선으로 한다. 객실승무원은 기장에게 인터폰을 통해 신속히 기내 납치 상황을 보고하며 인터폰 사용이 여의치 않을 경우 기내에 설치된 비상벨을 이용한다. 객실승무원은 승객을 안심시켜 동요를 방지하고, 납치범 대응에 만전을 기해 비상착륙에 대비한다. 기장은 가능한 경우 납치범에 대한 정보를 지상에 전달하며 가까운 공항에 비상착륙을 시도한다.

가. 객실승무원 조치

- 승객 및 승무원의 안전 확보를 최우선으로 한다.
- 인터폰으로 기장에게 상황을 보고한다. 여의치 않을 경우에는 비상벨을 사용하여 납치 사실을 알린다.[4]

나. 납치범 대응 원칙

- 납치범에게 과격하고 자극적인 언행을 삼간다.
- 납치범을 설득, 회유 등의 방법으로 범행을 지연 또는 단념시킨다.
- 납치범에게 동조하거나 정신이상자 취급을 하지 않는다.
- 납치범을 무시하거나 논쟁을 하지 않는다.
- 공범이 있다는 것을 예상하고 대응한다.
- 납치범이 지속적으로 조종실 침입을 시도하면 적절한 방법으로 최대한 저지한다.
- 객실승무원은 승객의 가시권에 있도록 하여, 승객에게 안정감을 준다.

다. 운항승무원의 대응 조치

- 좌석벨트 표시등 및 금연 표시등을 켠다.

---

4) 기내 상황 보고 내용
- 범인의 국적, 성별, 무기 종류 및 수량
- 범행 목적 및 요구사항
- 승객 동향 등

- 가능한 경우 납치범에 대한 정보를 지상 공항에 전달한다.
- 항공기 고도를 낮추며 객실여압이 없는 상태로 강하를 고려한다.
- 기장은 직접적인 위협이 발생하면 의도적으로 항공기 요동(survival maneuver)을 고려한다. 이럴 경우, 객실승무원은 "충격방지자세" "Brace"라고 Shouting한다.
- 가장 가까운 공항으로 비상착륙을 시도한다.

14) 중간 경유지 보안

항공기가 중간 기착지에 착륙하였을 때, 객실승무원은 최종 목적지까지 가는 승객들에게 본인의 휴대수하물을 모두 들고 비행기에서 내리도록 기내방송을 통해 안내한다. 중간 기착지에서 항공기는 기내청소를 하고, 기내서비스 물품을 탑재하는 지상 작업을 한다. 객실승무원은 모든 승객이 내리고 나면, 기내 보안점검을 실시한다. 기내에 승객이 두고 내린 물건이 있는지 확인한다. 경유지 공항에 항공기가 주기하는 동안에 객실승무원은 항공기를 이탈할 수 없다. 객실승무원의 지시에도 불구하고 휴대물품을 가지고 내리지 아니한 사람에게는 항공보안법(제51조)에 의거하여 100만 원 이하의 과태료가 부과된다.

항공스토리

중간 기착지 짐 검색 규정 배경 사고 사례

1988년 12월 21일 런던에서 뉴욕을 향해 이륙한 팬암 103편은 38분 만에 스코틀랜드 남부 로커비 상공 3만 1000피트(약 9.5㎞)에서 폭발해 '로커비 테러'로도 알려져 있다. 사고 원인은 리비아의 테러 집단에 의해 비행 도중 폭파되었다. 이 사고는 테러범이 시한폭탄을 장착한 도시바제품의 라디오를 쌤소나이트 여행 가방에 넣어 기내에 두고 내리면서 발생했다. 이 폭탄은 시한폭탄이었으므로 원래 증거가 남지 않도록 바다에서 폭발하게 시간이 맞추어져 있었으나 팬암 103편의 출발 지연으로 인하여 스코틀랜드 상공에서 폭발하게 된 것이다. 폭탄이 최초 출발지인 프랑크푸르트 암마인 국제공항에서 실렸다는 것이 확인되어, 공항의 허술한 수하물 검사도 문제로 제기되었다.

팬암 103편의 사고는 항공업계에 폭탄 테러의 심각성을 일깨워주게 되었고 이 사건으로 인해서 연결 항공편의 짐을 싣는 행위가 금지되었다. 항공업계는 승객과 수하물이 일치해야 비행기가 출발하는 규칙을 만들게 되었다. 탑승권을 확인하여 승객이 탑승하지 않았다면 그 승객의 수하물은 빼고 출발해야 한다. 또한, 승객의 짐은 있는데 짐 소유 승객이 탑승하지 않을 경우 비행기는 출발하지 못하게 만들었다. 또한, 중간 기착지에서는 모든 승객이 내릴 때 자신의 짐을 모두 들고 내리도록 보안 규정을 신설하였다.

사실 팬암 103편 이전에 비슷한 사고가 있었다. 1985년 6월 23일 캐나다 몬트리올을 출발해 런던을 거쳐 인도 뉴델리로 가던 에어 인디아 182편 보잉 747 항공기가 시크교 과격파 테러리스트가 설치한 폭탄에 의해 아일랜드 남부 해안 상공에서 폭파되어 탑승자 329명이 전원 사망한 사건이다. 남자가 탑승수속 중 강제로 직원에게 182편에 갈색가방을 싣게 했는데, 정작 이 사람은 182편에 타지 않았다. 짐 속에는 일본 산요의 라디오에 폭발물이 장착되어 있었다.

이 사고를 계기로 수하물과 해당 수하물의 승객이 모두 탑승해야 한다는 규정이 신설되었다. 하지만 이후에도 얼마간은 이 규정이 제대로 지켜지지 않아 결국 팬암 103편 폭파 사건이라는 또 다른 사건이 일어난 후에야 규정이 강화되었다.

1987년 대한항공 KE858편 B707 비행기가 인도양 상공에서 폭파되는 사고가 발생했다. 범인은 위조된 일본 여권을 사용한 북한공작원 2명으로 밝혀졌다. 범인들은 바그다드 공항에서 탑승하여 중간 경유지 아부다비 공항에서 내렸다. 범인들은 비행기에서 내리면서 기내에 쇼핑백을 두고 내렸다. 쇼핑백 안에는 라디오와 술병이 있었다. 라디오에는 시한장치가 되어 있는 기폭장치가 들어 있었고 술병은 술로 위장한 액체폭탄이었다. 비행기가 인도양 상공 즈음에 도달하자 시한폭탄과 액체폭탄이 맞춰진 시간에 터지면서 비행기는 공중에서 폭파되었다.

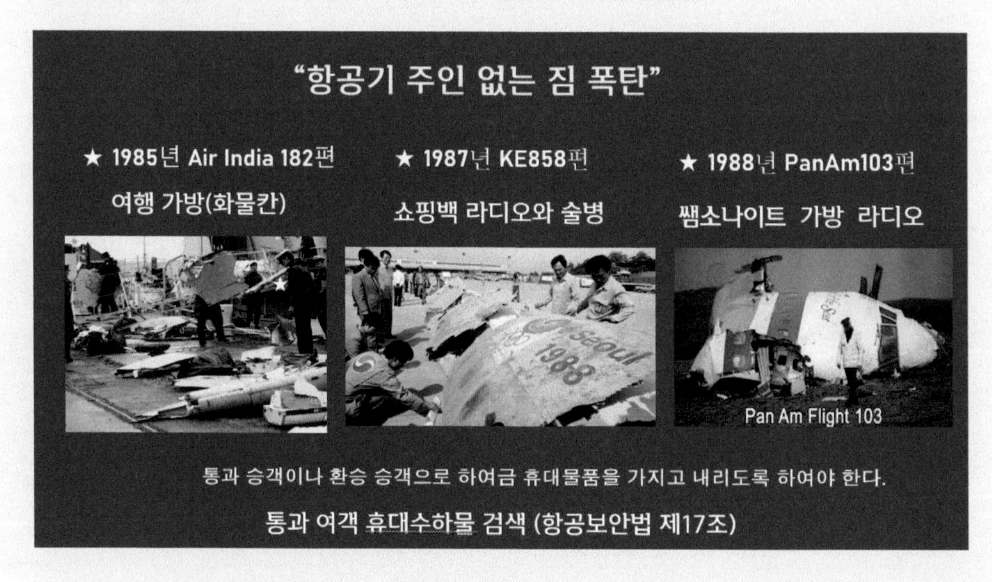

15) 기내 불법방해행위

승객의 기내 불법방해행위는 승무원의 정당한 직무 집행을 방해하거나 승무원과 탑승객의 안전한 운항이나 여행을 위협하는 일체의 행위를 말한다. 항공보안법(제23조 승객의 협조의무)에는 기내 승객의 위법행위를 규정하고 있다. 항공보안법에는 항공기에서 범하는 불법방해행위에 대하여 법 규정과 처벌 사항이 마련되어 있다. 증가하는 기내난동 승객 사고를 줄이기 위해 기내난동 처벌 규정이 강화되고 있다. 항공보안법 제23조는 승객의 협조의무 규정으로 항공기내에 있는 승객이 항공기와 승객의 안전한 운항과 여행을 위하여 기내에서 하지 말아야 할 사항들이 언급되어 있다. 항공보안법에는 기내난동에 대한 벌칙 조항을 별도로 마련하여 명시하고 있다.

항공보안법 제2조에서 규정하는 "불법방해행위"란 항공기의 안전운항을 저해할 우려가 있거나 운항을 불가능하게 하는 행위로서 다음의 행위를 말한다.

가. 지상에 있거나 운항 중인 항공기를 납치하거나 납치를 시도하는 행위
나. 항공기 또는 공항에서 사람을 인질로 삼는 행위
다. 항공기, 공항 및 항행안전시설을 파괴하거나 손상시키는 행위
라. 항공기, 항행안전시설 및 제12조에 따른 보호구역(이하 "보호구역"이라 한다)에 무단침입하거나 운영을 방해하는 행위
마. 범죄의 목적으로 항공기 또는 보호구역 내로 제21조에 따른 무기 등 위해물품을 반입하는 행위
바. 지상에 있거나 운항 중인 항공기의 안전을 위협하는 거짓 정보를 제공하는 행위 또는 공항 및 공항시설 내에 있는 승객, 승무원, 지상근무자의 안전을 위협하는 거짓 정보를 제공하는 행위
사. 사람을 사상(死傷)에 이르게 하거나 재산 또는 환경에 심각한 손상을 입힐 목적으로 항공기를 이용하는 행위
아. 그 밖에 이 법에 따라 처벌받는 행위

16) 미주노선 항공편 보안조치

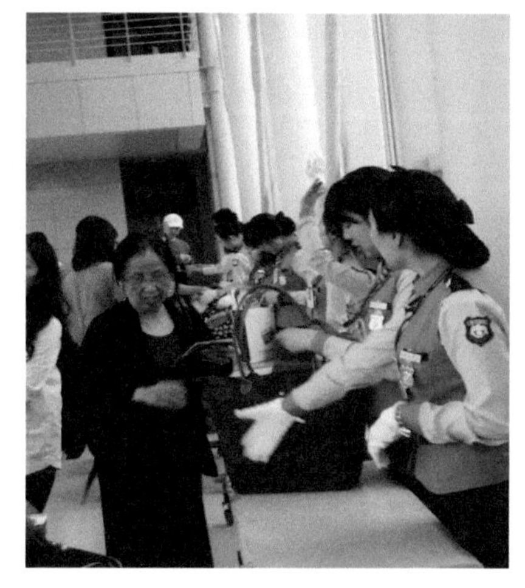
▲ 미국행 승객 탑승 직전의 보안검색

기내에 승객이 군집되어 있는 것을 방지하기 위해 기장은 항공기 출발 전 군집 금지 방송을 반드시 실시하며, 객실승무원은 운항 중에 승객들이 한곳에 모여 있는 경우 기장에게 보고해야 한다. 객실승무원은 승객이 탑승한 클래스의 화장실만 사용하도록 안내하며, 매 2시간마다 화장실내에 금지된 물품, 의심스런 액체물질 등의 이상 여부에 대해 보안 점검을 해야 한다. 또한, 미주노선 항공기는 승객이 항공기에 탑승하기 직전에 탑승게이트에서 모든 승객을 대상으로 짐 검색을 반드시 하도록 하고 있다.

4 항공기내 보안장비 및 시스템

1) 보안장비

가. 전자충격기(air-taser)

국내항공사의 객실승무원이 승객이나 승무원의 생명 또는 신체가 긴급한 위험에 처했을 때 혹은 항공기내 불법행위로 기내의 보안유지가 위태롭다고 판단될 때 사용하는 전자충격기가 테이저건이다. 전자충격기는 기내에서 테러 및 범죄를 예방하고 제압하기 위해 가장 최후에 사용하는 보안장비이다. 전자충격기 사용은 첫째, 승객 및 승무원의 생명 또는 신체가 긴급한 위험에 처했을 때 둘째, 항공기 비행 안전 유지가 위태롭다고 판단될 때 셋째, 항공기가 운항 중인 경우에만 사용 가능하지만 항공기가 지상에 있을 때 마지막으로 승객 및 승무원의 생명이 매우 위급한 상황이라 판단되는 경우에는 소정의 교육을 이수한 승무원에 의한 무기 사용이 허용된다. 전자충격기 사용 시에는 기장에게 사전에 보고한다. 단,

위급한 상황으로 판단될 때에는 먼저 사용하고 후에 보고한다.

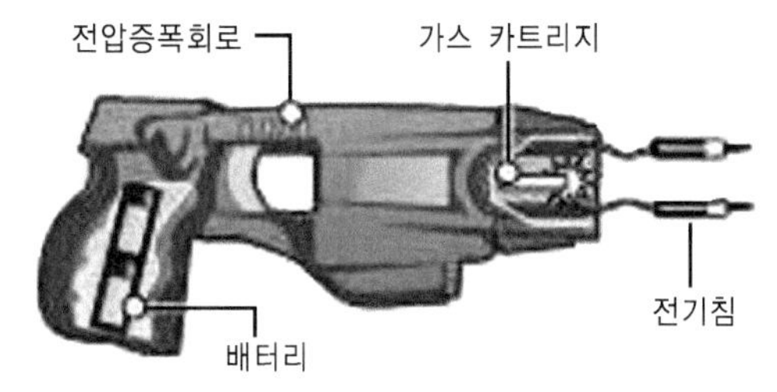

▲ 전자충격기(Air-taser)

국내 항공기내에 테이저건이 처음 비치된 시기는 2002년 4월 말이다. 국토교통부는 항공기 탑승 승무원의 무기 휴대를 허용하여 기내난동을 부리거나 항공기 납치를 기도하는 승객들을 제압하기 위해 비살상무기를 사용하도록 하였다. 대한항공의 경우 무기류 탑재가 가능한 국가에 취항하는 국제선과 국내선 항공기를 타는 승무원들에게 테이저건을 휴대하고 탑승하여 사용하게 했고 아시아나의 경우 기내 탑승 승무원이 가스 분사기를 휴대하고 탑승하여 사용하게 했다. 이후 국내의 모든 항공사들은 객실승무원이 테이저건을 휴대하고 탑승하거나 항공기내에 탑재하여 유사시 사용하게 하고 있다.

테이저건 X26은 압축된 질소를 이용하여 추진하는 카트리지를 사용하며 카트리지에 압축된 질소는 절연된 와이어를 통해 작은 전극침 2개를 발사시키는 역할을 한다. 이 와이어를 통해 강력한 전기펄스가 인체의 감각 및 운동 작용에 영향을 끼치는 말초 신경계로 전달하게 되는데, 이때 전기펄스의 강도는 최대 5cm(각 전극침당 2.5cm)의 의복을 관통할 수 있는 수준이다. 이때 카트리지의 와이어 길이는 최소 4.2m에서 최대 10.6m까지로 다양하게 적용 가능하다. 또한, TASER X26은 내장 메모리 기능이 있어서, 장비의 운용에 대한 정보를 저장할 수 있다. 객실승무원이 테이저건을 대상자에게 올바르게 사용할 경우 대상자는 그 자리에서 쓰러지게 될 것이다. 이는 테이저건의 장점인 근육의 무력화로 인한 효과라고 볼 수 있어 대상자는 본인의 의지와 관계없이 그 자리에서 쓰러지게 되는 것이다.

테이저건은 2005년 대한민국 경찰에 최초 도입되었다. 2018년을 기준으로 전국적으로 약 11,000여 정이 경찰청 본청과 17개 지방청, 그리고 경찰교육기관 등에 보급되었으며 주로 외근 경찰관들의 기본 제압무장으로 제공되는 것으로 파악되고 있다. 사법경찰관들의 신변을 보호하는 자위적 방어도구로써 테이저건의 효율성과 적합성이 어느 정도 입증되었음에도 불구하고 2016년부터 현장에서의 테이저건 사용횟수가 줄어들고 있다. 테이저건 사용으로 인해 발생하는 제압 대상의 사망, 상해, 부수적 피해의 발생 등 검거 및 제압과정에서 발생하는 문제에 대해 사법경찰관 개인에게 책임을 추궁하는 조직문화와 여론의 조성 또한 사법경찰관으로 하여금 테이저건의 현장 사용을 꺼리게 만든 요인으로 지적된다. 테이저건 사용과 관련한 과잉대응 및 인권침해 문제는 국내외적으로 논의의 대상이 되고 있다고 할 수 있다.

2001년 9.11 테러공격으로 항공기 2대를 잃은 유나이티드 항공은 항공사 최초로 모든 조종석에 테이저건을 비치한다고 발표했다. 유나이티드 항공기에 전자 코드화된 잠금 박스에 설치된 이 무기들은 조종사가 조종실을 방어할 수 있도록 납치 시 조종사들이 사용할 수 있게 되었다. 게다가, 모든 유나이티드 승무원들은 특별 훈련을 받았다. 항공사 관계자들은 이 스턴건이 철제로 강화된 조종실 문을 포함하여 시행된 다른 새로운 보안조치들에 추가한다고 말했다.

테이저의 개발은 1969년 NASA의 연구원인 잭 커버(Jack Cover)가 경찰이 제멋대로인 용의자들을 통제하기 위해 사용할 수 있는 비살상 무기를 개발하기 시작한 것으로 거슬러 올라갈 수 있다. 커버는 증가하는 항공기 납치 건수로 인해 이 무기에 대한 아이디어를 생각해 냈다. 비록 무장한 보안요원들이 비행기에 탑승하고 있었지만, 비행기 안에서 총알을 발사했을 때 동체에 충격을 줄 경우 재앙적인 결과를 초래할 수 있다. 그는 그 문제를 해결하기 위해 그의 차고에서 무기를 만들기 시작했다. 그 결과 전기 충전된 다트를 피실험자에게 발사할 수 있는 무기가 만들어졌다. 1974년까지, 그는 길고 절연된 전선이 있는 두 개의 다트에 부착된 강력한 배터리 팩을 특징으로 하는 장치를 만들었다. 휴대용 장치의 폭발로 날카로운 다트가 표적을 향해 날아갔다. 1970년에 그는 캘리포니아의 시티 오브 인더스트리(City of Industry)에 본사를 둔 TASER Systems, Inc.를 설립했다. TASER라는 이름은 그가 가장 좋아하는 어린 시절 책 중 하나인 "톰 스위프트와 그의 전기 소총(Tom Swift and his Electric Rifle)"에서 따온 약어이다. 더 쉬운 발음을 위해 "A"가 추가되었다.

1998년 플로리다주 올랜도를 시작으로 경찰에게 사용 허가를 받았을 때, 이 무기는 빠르게 받아들여졌고 다음 해에 캐나다에 도착했다. 현대의 테이저건은 5초 동안 50,000볼트의 충격을 전달하고 다트는 11미터 떨어진 곳까지 4센티미터의 옷을 관통할 수 있다. 인체처럼 물체에 연결된 다트가 회로를 완성하고 물체를 통해 전류를 흘려보낸다. 그러한 종류의 충격은 대부분의 사람들을 무력하게 만들 정도로 심각하게 중추신경계를 방해할 수 있다.

국제앰네스티는 치명적인 무력을 사용해야 하는 상황이 아닌 한 테이저건 사용을 중단할 것을 요구했다. 국제앰네스티는 사용 유예조치 요청에서 2001년 이후 150명이 테이저건에 맞아 숨졌다는 통계를 인용했다. 국제앰네스티는 "어떤 경우에는 테이저건의 사용이 잔인하고 비인도적이며 품위를 손상시키는 대우와 고문에 해당한다고 생각한다"고 밝혔다. 그러나 테이저건 지지자들은 이러한 사망의 많은 원인이 테이저건 이외의 요인 때문이라고 말하고 있다.

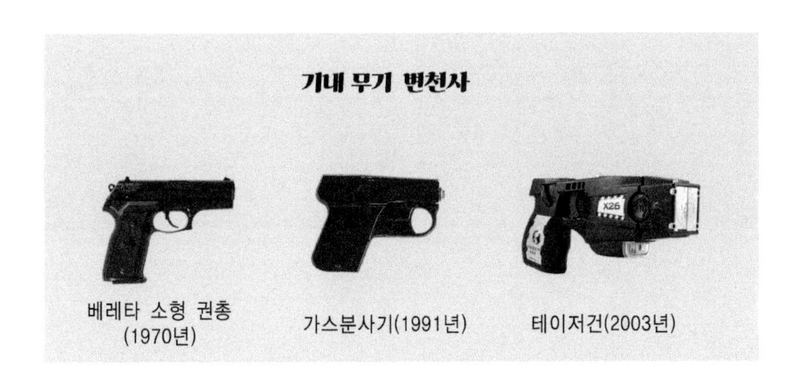

나. 타이랩과 포승줄

기내 납치범 및 범죄 행위를 하는 자 또는 기내난동을 일으키는 승객을 제압하고 구금하기 위한 보안장비에는 타이랩과 포승줄이 있다. 타이랩은 손과 발을 사용하지 못하도록 수갑과 같은 용도로 사용된다. 그리고 포승줄은 범죄자 및 난동 승객을 움직이지 못하도록 하기 위해 범죄자를 좌석에 앉힌 채 포박하는 데 사용된다.

타이랩이 있기 전에는 경찰이 사용하는 수갑을 사용했다. 수갑은 풀어주는 열쇠가 있어야 한다. 열쇠를 분실하면 수갑을 사용할 수 없다. 또한, 수갑은 기내 보안장비이지만 범행을 저지르는 사람이 도용할 수도 있다. 실례로 납치범이 항공기에 침입하여 기내에 있던 수갑으로 조종사의 손을 조종간에 묶어버렸다. 대테러진압부대가 조종사를 구출하기 위해 항공기를 급습하였다. 진압부대원이 조종사가 조종간에 수갑으로 묶인 것을 보고 풀려고 했으나 열쇠가 없어 애를 먹었다. 급기야 절단기로 수갑을 분쇄하여 조종사를 구했다. 이 과정에 시간이 많이 소요되고 납치범을 진압하는 데 어려움을 겪었다. 이 사례를 통해 수갑이 납치범에 의해 사용될 때 오히려 더 큰 문제가 있다는 것을 알게 되었다. 이러한 단점을 개선하기 위해 보완한 것이 타이랩이다. 플라스틱 재질의 타이랩은 신속하게 묶어 조이는 형태로 커터로 끊어버리면 금방 풀릴 수 있다. 타이랩은 경찰 장비가 아니기 때문에 보관하는 데도 수월하고 분실해도 문제가 되지 않는 장점이 있다.

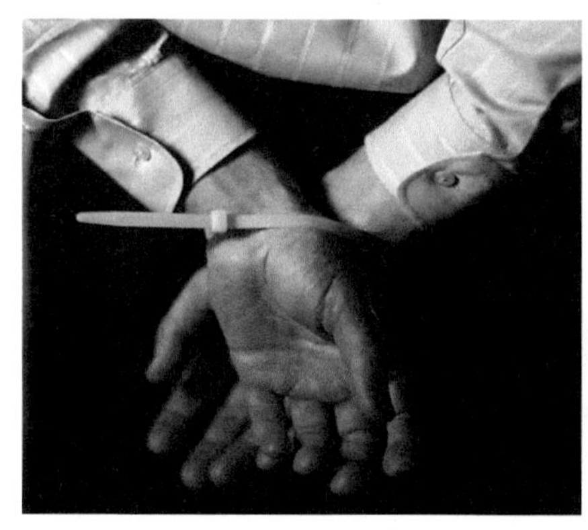

▲ 타이랩

▲ 포승줄

다. Restraint Cable 및 Key Hand Cuffs

기내 범죄자 및 난동 승객을 한순간에 포박하여 제압하기 위한 장비로 간편하고 쉽게 사용할 수 있다는 것이 장점이다. 기존의 포승줄을 사용하는 데 어려움이 있었던 단점을 보완하기 위해 새로 개선된 포박용 진압장비이다. Restraint Cable은 머리 위로 먼저 씌워 상체에 위치하면 Cable 손잡이를 잡아당겨 상체에 압박을 가하며 포박한다. Restraint Cable은 일반 포승줄에 비해 난동 승객의 신체를 신속하고 강력하게 제압할 수 있는 장점이 있다. Key Hand Cuffs는 손과 발을 꼼짝 못하도록 압박하는 데 사용된다. 기내난동 승객을 제압한 후에는 목적지에 도착하여 공항 경찰에 인계가 이루어질 때까지 추가적인 난동행위를 못하도록 난동 승객을 좌석에 포박해야 한다.

명칭	Restraint Cable	Key Hand Cuffs
수량	1	2
사진		
용도	신체 포박	손목 및 발목 포박

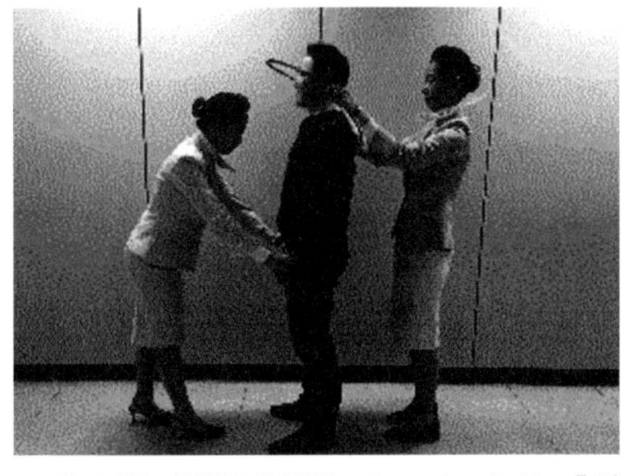
▲ 올가미를 씌우듯 사용하는 Restraint Cable 훈련

라. 방폭담요 및 방폭재킷

기내에서 폭발물을 발견할 시 폭발 피해를 최소화하기 위해 폭발물을 완전히 감싸는 데 사용되는 방폭담요가 있다. 또한 발견된 폭발물을 객실승무원이 항공기마다 정해진 피해최소구역으로 옮기려 할 때 착용하는 방폭재킷이 있다. 방폭담요의 무게는 14.5kg으로 승무원 혼자서 들기에는 무겁다. 크기는 가로 122cm, 세로 122cm로 비교적 넓은 사각형 모양으로 폭발물을 충분히 덮을 수 있다.

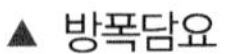
▲ 방폭담요

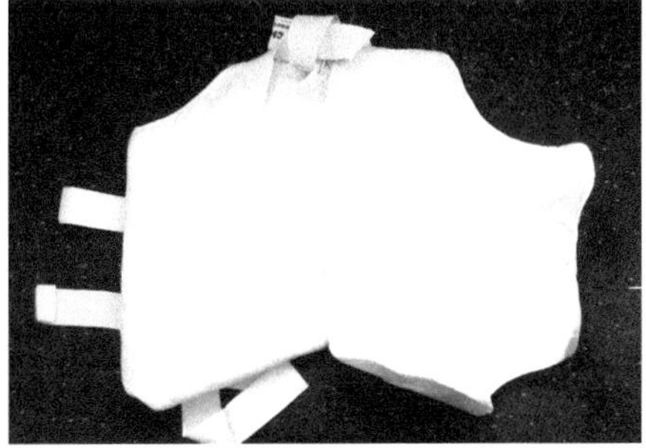
▲ 방폭재킷

2) 보안 시스템

가. 조종실 출입문

항공기 조종실의 출입문은 외부로부터 출입문을 임의로 열 수 없거나 강제 진입을 차단

하기 위해 견고한 잠금장치가 설비되어 출입문 안전이 한층 강화된 구조로 만들어졌다. ICAO Annex6에 따르면 60명 이상의 승객 좌석이 있는 비행기의 조종실 문은 소형무기(권총 등) 및 폭발물 파편에도 파괴되지 않을 정도로 강화되어야 한다. 또한, 비인가자의 강제 침입을 방지하도록 설계되어야 한다. 조종실 문은 바깥에서 강제적으로 열 수 없도록 고안되어야 한다.

조종실 문은 운항 중에는 잠겨 있어야 한다. 항공보안법과 ICAO Annex6는 조종실 출입문은 승객 탑승 후 모든 출입문이 닫힌 시간부터 하기를 위해 열릴 때까지 닫히고 잠겨 있어야 한다. 국가나 항공사에서 출입을 허가받은 자를 제외하고는 누구도 조종실 출입문의 접근을 허용하지 않도록 규제하고 있다. 국토교통부의 국가항공보안 계획 중 항공기 보안 항목(7.6.10)에 규정되어 있는 "조종실 출입문의 개폐 시점은 승객 탑승 후 모든 항공기 문이 닫히는 시점부터 승객 하기를 위해 출입문을 여는 시점까지 기장의 지시가 없는 경우 조종실 출입문 잠금장치가 유지되도록 하여야 한다"고 되어 있다. 운항기술기준에 규정한 조종실 보안관리에는 조종실 출입이 공식적으로 허용된 자의 출입 시를 제외하고 승객 탑승 전부터 승객이 모두 하기한 후까지 조종실 출입문은 시건 조치를 한다. 항공사의 자체 보안계획에서 기장은 승객탑승 사인 시점부터 모든 승객이 하기를 완료할 때까지 조종실 출입문이 반드시 시건되어야 함을 강조하고 있다.

조종실을 작동하는 데는 3가지 모드가 있다. 조종실 출입문은 정상(normal), 잠금해제(unlocked), 잠금(locked)으로 작동되어 기장이 의도적으로 외부인의 조종실 출입을 강제로 거부할 수 있다. '정상' 모드에서는 조종실 문이 잠겼지만, 외부에서 조종실로 들어가려는 객실승무원이 출입문을 노크하거나 인터폰을 시도하여도 조종실 내부로부터 응답을 받지 못할 경우 조종실 출입문에 부착된 터치 패드로 암호코드를 입력하여 들어갈 수 있다.

이때는 조종실내에 경고음이 울리고 조종사는 진입을 허용할지 여부를 선택할 수 있다. '잠금해제 모드는 조종사가 화장실에 다녀오는 등 외부에서 돌아오는 동료를 위해 문을 열 때 사용하는 모드'이다. 잠금은 출입문의 터치 패드 입력 코드를 무시하고 5분 동안 잠김 상태를 유지함을 의미한다. 잠금 모드는 객실승무원들로부터 코드를 입수한 납치범들이 조종석에 들어가는 것을 막기 위한 수단이다.

▲ 조종실 출입문 잠금/해제 장치

■ 항공기 조종실 이중 출입문 설치

미국 의회는 테러리스트들이 화장실을 사용 중이거나 식사하는 조종사들을 공격하는 것을 막기 위해 객실과 조종석 사이에 2차 보안문을 설치하도록 하는 미래의 새로 제작된 상업용 비행기를 요구하는 법을 2019년에 통과시켰다. 일부 의원들은 9.11 테러로 사망한 조종사 빅터 사라치니(Victor Saracini)의 이름을 따서 사라치니 항공안전 강화법이라고 불리는 새로운 법안을 도입했다. 2차 보안문은 조종사들이 비행기의 나머지 부분에 다른 문을 열기 전에 조종실 문을 닫을 수 있게 하는 구조이다. 연방항공청의 연구에 따르면 보조문은 조종실 밖으로 나올 때 취약한 조종사들에게 가장 효율적인 보호 수단이 될 것이다.

항공스토리

"조종실 문 열 때 암호는?"

"조종실에 들어올 때 노크를 5번 하세요" 기장이 브리핑 때 객실승무원들에게 알려줬다. 일종의 조종실 출입 시 암호였다. 예를 들어 객실승무원이 기장에게 식사를 주려고 조종실에 들어갈 때 노크 5번을 하라는 것이다. 지금은 사라진 조종실 암호 이야기이다. 지금은 인터폰으로 들어가겠다고 말하고 조종실에 들어간다.

기내 보안요원으로 경찰관과 항공사 보안승무원이 한 조가 돼서 비행기를 타던 80년대 시절, 조종실 출입 절차가 가장 엄격한 보안 규정이었다. 기내보안 경찰관은 무엇보다 조종실 출입 때 승무원들이 규정을 잘 지키는지 감독하였다. 만약에 조종실 출입 규정을 안 지키고 문을 쉽게 열어주곤 하는 기장은 비행정지라는 중징계를 받았다. 기내보안 경찰관은 조종실 출입 절차뿐만 아니라 객실승무원들이 기내에서의 보안 규정을 정확하게 준수하는지 감독을 철저히 하였다. 예를 들어, 객실사무장은 기내 권총을 몸안에 착용해야 하는데 귀찮다고 비행 가방에 넣어두는 경우가 있다. 경찰관이 이를 적발하면 사무장은 보안규정 위반 징계를 받았다. 조종실 출입 보안규정에 관해서는 우리나라가 이미 다른 국가들보다 몇 년 앞서 있었던 것을 보여주는 일화이다.

나. 청정구역(Clear Zone)

청정구역이란 조종실 출입문과 조종실 출입문 바로 앞에 있는 갤리 및 화장실을 포함한 객실지역을 의미한다. 승객의 위협수준이 생명위협 또는 조종실 파괴시도, 실제 파괴행위로 진행이 예상될 때 기장은 지정 객실승무원으로 하여금 청정구역을 선포하게 하고 객실승무원은 모든 승객이 착석하도록 하고 조종실 출입문 앞을 카트로 봉쇄하며, 조종실 근처 화장실 이용 등 청정구역에 접근하는 승객을 제지하고 조종실 출입문은 완전 잠금 상태를 유지한다. 창정구역이 선포되면 객실승무원은 정당한 사유 없이 청정구역에 접근하는 승객을 제지한다. 또한, 객실 내 불법행위가 예상되거나 발생했을 때는 청정구역 접근 불가 선포 및 제지하고 조종실 출입문은 완전 잠금 상태를 유지한다. 기장은 승객의 위협 수준이 생명위협 또는 조종실 파괴 시도 행위가 있을 때 모든 승객의 착석 상태 유지 및 조종실 출입문 앞을 Cart로 봉쇄한다.

다. 객실승무원 핸드셋(Handset)

기내 보안문제 발생 시 객실승무원은 누구보다도 조종실의 기장과 즉각적이고도 활발한 의사소통을 시도해야 한다. 기내난동자 또는 테러의 위험이 감지될 때는 기장에게 즉시 기내 상황을 보고해야 한다. 객실승무원이 기장과 소통할 수 있는 유일한 수단이 바로 핸드셋이다. 핸드셋은 일종의 인터폰 기능을 갖고 있으며, 객실승무원 Jump seat에 장착되어 있다. 객실승무원은 핸드셋을 이용하여 기장뿐만 아니라 동료 승무원과도 수시로 기내 상황의 진전 상태 및 정보를 주고받을 수 있다. 핸드셋은 인터폰 기능뿐만 아니라 기내방송

기능도 겸비하고 있다. 기내방송은 기내에서 발생되는 안전 및 보안문제를 적시에 승객들에게 알려주고 필요시 승객의 협조를 받을 수 있는 장비로 활용된다. 예를 들어 기내난동 승객이 발생하면 기내방송을 통해 승객의 불안을 진정시키고 기내 상황을 전파함으로써 승객의 협조적인 보안활동을 이끌어내기도 한다. 기내방송의 중요성을 인지하고 있는 객실승무원의 비행 전 장비 점검 시 기내방송 시스템의 정상적인 작동 여부를 반드시 점검하고 있다.

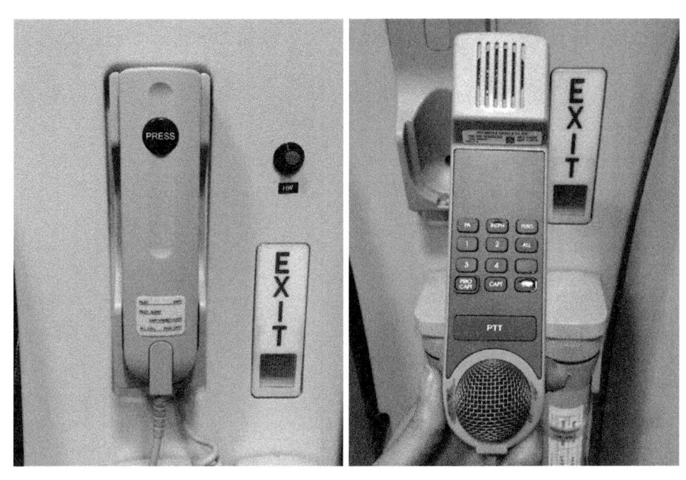

▲ 객실승무원의 Handset

라. 비상벨

항공기는 객실승무원이 조종사와 직접 대면하며 대화할 수 없는 구조를 갖고 있다. 객실승무원은 운항 중에 기내에서 발생되는 여러 유형의 위급한 상황을 인터폰을 통해 조종실의 기장에게 보고해야 한다. 기내보안에 문제가 될 소지가 있는 기내난동 발생, 폭발물 발견 등은 객실승무원이 신속하고 상세하게 기장에게 보고한다. 그러나 객실승무원이 조종실의 기장과 인터폰으로 대화할 수 없는 유일한 경우가 있다. 기내에 테러리스트가 권총이나 칼 또는 폭탄과 같은 살상무기를 들고 객실승무원 또는 승객을 인질로 항공기를 납치하는 경우이다. 테러리스트에 의한 항공기 납치의 경우, 객실승무원은 신중하게 대처해야 한다. 테러리스트들은 객실승무원이 조종실의 기장과 대화를 시도하는 것에 대해 위협을 가하며 방해를 한다. 만약의 경우, 객실승무원이 기장과 인터폰을 통해 몰래 대화하는 것을 테러리스트가 알아챘을 시는 폭력을 넘어 위해를 가할 수 있다. 나아가 테러리스트를 자극해 승객과 승무원에게 더 심각한 위해를 가할 수 있게 된다. 따라서 객실승무원은 기장과의 대화 시도에 신중을 기해야 한다. 문제는 이러한 기내 상황을 기장이 모르면 안 된다는 것이다. 기내에서 테러리스트가 벌이는 상황을 기장이 알고 지상에 구조 요청을 해야 한다. 이 같은 위급 상황에 대비하여 기내에 갖춰진 보안시스템이 비상벨이다.

비상벨은 객실승무원이 기장과 직접 대화할 수 없는 위험한 상황에서 사용하는 보안장치이다. 객실승무원이 비상벨을 누르면 조종실에 벨 소리가 울린다. 그럴 때 기장은 기내에 위험한 상황, 즉 항공기 납치 행위가 벌어지고 있음을 알게 된다. 기장이 좀 더 기내 상황을 자세히 알 수 있도록 비상벨 소리를 다르게 작동하도록 사전에 음어를 설정해 두었다. 비상벨 음어화는 테러리스트 숫자, 무기류 등을 알 수 있도록 비상벨을 여러 번 누르도록 하였다. 객실승무원은 보안 훈련 시 비상벨 음어에 대해 훈련받고 있다. 또한, 기내에서 비행 전 보안장비 점검 시 비상벨이 제대로 작동되는지 확인한다. 항공기내에는 비상벨이 여러 곳에 장착되어 있다. 테러리스트가 기내 어느 곳에 있든 객실승무원이 비상벨에 쉽게 접근하여 은밀히 사용할 수 있는 장소에 비상벨이 있다.

비상벨 사용의 단점은 복잡한 음어화에 있다. 비상벨을 몇 번 어떻게 누르냐에 따라 기내 위급 상황을 알 수 있다. 문제는 비상벨을 잘못 누르거나 잘못 알아듣게 되면 잘못된 정보를 갖게 되는 것이다. 비상벨 사용자에 따라 부정확한 정보를 줄 수 있어 신뢰성이 떨어질 수밖에 없다. 이러한 문제점이 있는 가운데, 9.11 테러 시 비상벨 사용에 의문점을 제기하였다. 테러리스트들이 항공기 납치하는 것을 최종 목표로 하는 것이 아니라 항공기 납치로 자살테러를 감행한다는 것이다. 테러의 유형이 더 급격하게 변화하면서 비상벨의 효과성에도 영향을 미치고 있다.

9.11 테러 이후 비상벨을 이용한 음어로 기장에게 정보를 전달하는 방식은 기존대로 유지하되, 기내 상황에 따라 객실승무원이 인터폰을 통해 직접 구두로 기내 상황을 정확하게 기장에게 보고하는 방식을 첨가하였다.

▲ 기내에 설치된 비상벨

기내난동 승객

Chapter 4

기내난동 승객(Unruly Passenger)

1 기내난동 승객의 정의 및 개념

기내난동 승객이란 항공기에 탑승하여 승무원의 업무를 방해하는 등 항공기 안전과 승객, 승무원의 안전에 위협과 위해를 가하는 승객을 말한다. 코로나19가 끝나지 않은 2021년 한 해 동안 미국 항공사들에게 발생한 기내난동은 총 5,981건에 달했다. 2021년은 코로나 시국임에도 불구하고 미국 항공역사상 최악의 기내난동이 일어난 해라고 미국 언론들은 전하고 있다. 이처럼 항공보안은 시대적 상황에 구애받음 없이 독자적이고 개별적으로 언제든 항공산업에 위협적인 잠재 요인으로 존재하고 있다. 항공 테러, 기내난동 등 불법방해행위는 예상을 뛰어넘는 형태로 발생될 가능성이 상시로 존재하기 때문에 항공기내 보안을 확보하는 것은 아주 중요한 문제이다. 특히 고도의 하늘에서 운항 중인 항공기의 밀폐된 공간인 기내에서 행해지는 불법방해행위는 안전운항을 저해할 뿐 아니라 승객의 인명이나 재산에 큰 피해를 일으킬 수 있다는 점이 특별히 고려되어 우리나라 법원에서는 기내의 불법방해행위를 지상에서 이루어지는 행위와 같다고 평가할 수 없다는 판결을 내린 바 있다.

기내난동의 원인으로는 음주 만취가 가장 많고, 정신이상이 그 다음을 이룬다. 기내난동 유형을 보면, ① 기내에서 소란 · 고성 ② 승무원에 대한 폭언 · 폭행 ③ 조종실 출입 시도 ④ 기내시설 파손 ⑤ 승무원의 지시 불이행 ⑥ 기내 흡연 ⑦ 전자기기 사용 ⑧ 승무원, 승객 성추행 등이 있다.

주류 및 약물 승객 처리 절차

객실승무원은 탑승 시 만취 또는 약물에 중독되어 보이는 승객은 항공기 탑승을 거절할 수 있다. 이 경우, 기장과 운송직원에게 즉시 통보한다. 승객의 탑승을 거절할 필요가 있다고 판단되면 기장은 객실사무장 또는 공항 운송직원과 협의하여 승객 하기를 조치한다. 항공기가 출발하여 지상 이동 시 만취 승객을 발견한 경우, 기장에게 즉시 통보하여 승객 하기를 위해 공항게이트로 되돌아가는 협의를 한다. 게이트로 리턴 시 기장은 공항지점장에게 사전에 통보한다. 항공기 이륙 후 비행 중에 만취 승객에게는 주류서비스를 제공하지 않으며 기장에게 통보한다. 기장은 객실사무장에게 필요한 조치사항을 지시하고 인접공항에 상황을 알린다. 기장의 지시에 따라, 객실승무원은 보안장비를 이용하여 승객을 제압한다. 사태가 악화되는 경우, 기장은 인접공항에 비상착륙을 시도한다. 해당 만취 승객을 하기하도록 공항당국과 협의한다. 공항경찰은 항공기 도착 즉시 해당 승객과 목격자 탐문을 위해 항공기 비상구 주변에 대기할 수 있다. 해당 만취 승객의 하기에 도움이 필요한 경우, 기장은 공항경찰의 기내 출입을 허용할 수 있다.

3 기내 불법방해행위 보고서 작성

객실승무원은 기내에서 발생한 비행 중 불법방해행위에 대하여 기장에게 보고하고, 비행근무 완료 후 기내난동 보고서(Cabin Report)를 작성해서 회사에 제출해야 한다. 기장은 객실승무원으로부터 보고받은 불법방해행위 내용을 지체없이 보고서로 작성하여 국토부 관련 당국에 의무적으로 제출한다. 보고서 작성은 난동 승객의 인적사항 등을 빠짐없이 구체적으로 기재해야 한다. 객실사무장은 보고서 작성 후 기장에게 내용을 확인하고 서명을 받는다.

객실승무원이 비행 근무를 마치면 가장 마지막으로 하는 것이 Cabin Report 작성이다. Cabin Report는 회사가 중요시하는 현장의 의견을 듣고, 문제점 발생에 대해서는 조속하게 조치하여 후속으로 발생될 수 있는 문제를 조기에 차단하는 아주 중요한 객실승무원 업무

중의 하나로 취급하고 있다. Cabin Report는 단순한 고객불만, 기내 서비스 문제 또는 승객 개선 사항 등을 객실승무원이 자유롭게 작성한다. 그중에서도 기내에서 발생된 안전과 보안 관련 사항에 대해 작성하는 매우 중요한 보고서가 된다. Safety Report는 운항 중에 발생된 안전과 보안에 관해 보고하는 것이다. Safety Report는 보고의 적정성이 중요시되고, 사후 법적 문제까지 연관될 소지가 있을 것을 감안하여 작성하는 것이 중요하다. 또한 회사 입장에서는 외부에 공개되어서는 안 되는 회사 보안이 필요한 문서로 취급하기도 한다. 따라서 Safety Report는 별도로 회사가 운영하는 안전보안 전용 인트라넷을 통해 작성하여 보고하도록 시스템화하였다.

■ 항공보안 자율보고

항공사는 안전 및 보안관리 시스템에 의거하여 현장에서 발생되는 잠재적 안전 및 보안 위협에 대해서 자율적으로 보고하는 체제를 구축하고 있다. 자율보고는 항공안전을 해치거나 해칠 우려가 있는 사건, 상황, 상태 등을 발생시켰거나 항공안전위해 요인이 발생한 것을 인지한 경우에 대하여 신속하게 회사에 보고해야 하는 직원의 책무를 의미한다. 자율보고는 드러나지 않은 위험상황을 관리할 수 있는 유용한 수단이다. 보고 내용은 당사자의 실수를 비난하기 위한 것이 아니라 안전 및 보안을 증진하기 위한 정보로 활용함을 목적으로 하고 있다. 자율보고는 잠재된 위험 요인을 사전에 인지하고 경감조치를 할 수 있다는 점에서 안전보안 증진에 큰 기여를 하고 있다.

항공보안법 제33조의2항은 항공보안 자율신고에 대한 규정이 명시되어 있다. 이 규정에 의거하여 민간항공의 보안을 해치거나 해칠 우려가 있는 사실을 인지한 사람은 반드시 자율신고를 한다. 항공보안 자율신고를 한 사람의 신분은 보장되어야 하며, 신고 내용은 보안사고 예방 및 항공보안 확보 목적 외의 다른 목적으로 사용하여서는 아니 된다. 또한, 항공사는 자율신고자에게 신고를 이유로 해고, 전보, 징계, 그 밖에 신분이나 처우와 관련하여 불이익한 조치를 해서는 안 된다.

■ Cabin Report의 3대 원칙

① 보고의 적합성(Appropriation)

항공기에서 발생한 사안들 중 회사에 보고해야 할 사안과 그렇지 않은 사안에 대한 판단력을 갖고 있어야 한다. 정작 보고해야 할 사안은 하지 않고, 안 해도 되는 무방한 사안은 보고하는 사례들이 있다.

② 보고의 적시성(Timing)

보고의 생명은 적시성에 있다고 할 정도로 보고는 적시에 이뤄져야 보고로서의 의미를 갖게 되고 상당한 값어치를 갖게 한다. 주로 기내안전 및 보안 등 대내외적으로 문제가 될 소지가 있는 경우에는 적시에 보고하는 것이 중요하다.

③ 보고의 정확성(Accuracy)

보고의 내용은 육하원칙에 의거하여 상세하면서 정확한 사실을 객관적으로 담고 있어야 한다. 보고자 임의의 생각과 자의적인 판단으로 사실을 왜곡하거나 모호하게 작성하는 것은 잘못된 결과를 초래할 수 있다.

■ Safety Report(안전보안 보고서) 유형

- 항공기 안전 관련한 제반 사항(화재, 감압, 산소마스크 낙하 등)
- 항공기 보안 관련 사항(불법방행해위 등)
- 기내난동 승객 발생
- 기내 비상장비 미탑재 및 사용 사안
- 기내 보안장비 사용 사안
- 항공안전감독관 기내 감독 및 지적 사항
- 항공사 직원의 제반 항공안전보안 규정 위반 사안

■ 기내난동 승객 조치 관련 서류 작성

구분		필요서류	작성자
국내공항 경찰인계	공통 작성	진술서	항공기내보안요원, 목격자
	구금 시 작성	확인서	피구금자 또는 항공기내보안요원
		현행범인체포서	항공기내보안요원
해외 공항 경찰 인계		In-flight Disturbance Report	항공기내보안요원
		Witness Report	목격자

4 기내난동 승객 대응 절차

'항공운송사업자의 항공기내보안요원 등 운영지침'에 따르면 '위협수준'이란 무기 사용 절차 등 대응기준에 적용하기 위한 불법행위의 심각성 정도를 말한다. 이 지침에서는 심각성 정도를 4단계로 구분하였다.

- 1단계 : 수상한 행동이나 구두로 위협하는 방해행위
- 2단계 : 육체적인 폭력행위
- 3단계 : 목숨을 위협하는 행위

• 4단계 : 조종실에 침범하거나 침범을 시도하는 행위 등

■ 불법방해행위 처리 절차

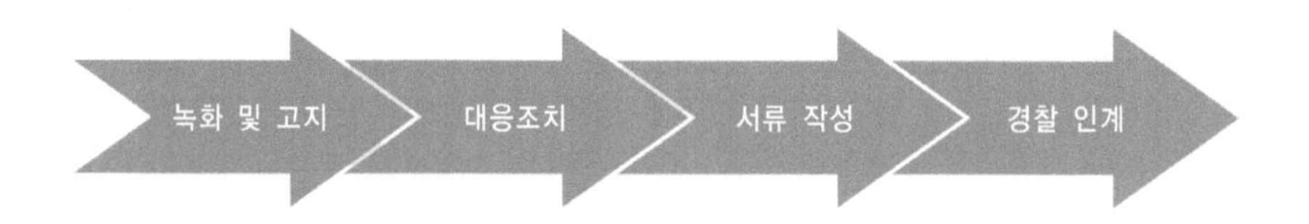

항공사는 항공기내보안요원 운영지침에서 제시한 위협수준에 따른 대응 절차 기준을 4단계로 수립하여 운영하고 있다.

가. 1단계(수상한 행동이나 구두로 위협하는 방해행위 : 단순 소란 및 기내농성 행위)

구두 조치 및 경고장을 제시한다. 수상한 행동이나 구두로 위협하는 방해행위를 하는 경우 항공기내 사법 경찰권을 가진 보안요원이 탑승하고 있음을 알리고 안내에 따르지 않을 시 사법 처리됨을 주지시킨다.

나. 2단계(육체적인 폭력행위)

육체적으로 폭력적인 행위를 하는 경우 녹화와 함께 타이랩이나 포승줄 등 보안장비를 활용하여 신속하게 제압하고 구금 조치를 한다. 운항승무원에게 알리고 다른 승객의 행동을 주시한다.

다. 3단계(목숨을 위협하는 행위)

목숨을 위협하는 행위를 하는 경우 녹화와 함께 전자충격기 등을 사용하여 객실승무원의 도움을 받아 범인을 제압하여 타이랩이나 포승줄로 묶어 격리시키고 현행범인체포서를 작성하고 운항승무원에게 알린다.

라. 4단계(조종실에 침범하거나 침범을 시도하는 행위)

조종실에 침범하거나 침범을 시도하는 행위를 하는 경우 항공기운항에 직접적인 방해

목적이 있는 경우로 녹화와 함께 객실승무원과 승객에게 협조요청을 하여 사용 가능한 무기를 모두 사용해서 제압한 뒤 타이랩 또는 포승줄로 묶어 격리시키고 현행범인 체포서를 작성하고 운항승무원에게 알린다.

기내난동은 전 세계적으로 증가추세에 있으며, 각 나라는 자국법에 기내난동 승객을 처벌하는 법 조항을 갖고 있다. 우리나라는 항공보안법(제23조)에 승객의 협조의무 규정을 두어 기내난동 억제정책을 펴고 있다. 항공보안법에는 보안검색을 거부하거나, 음주로 인해 소란행위를 하거나 할 우려가 있는 사람에 대해서는 탑승을 거절할 수 있도록 하였다.

국토교통부 자료에 따르면, 우리나라는 최근 5년간 항공기내 불법행위가 급증한 것으로 나타났으며 연평균 450건씩 발생하고 있다.

〈표 4-1〉 기내 불법방해행위 발생 현황

연도	폭언 등 소란	음주 만취	성적 수치심 유발행위	폭행	흡연	기타	소계
2015년	42	9	15	6	381	7	460
2016년	47	10	17	6	364	11	455
2017년	37	9	17	3	363	9	438
2018년	47	9	16	19	428	10	529
2019년 6월	9	8	15	5	222	5	264
합계	182	45	80	39	1758	42	2146

■ 항공보안법 제23조 제1항(승객의 협조의무)

항공기내에 있는 승객은 항공기와 승객의 안전한 운항과 여행을 위하여 다음의 어느 하나에 해당하는 행위를 하여서는 아니 된다.

- 폭언, 고성방가 등 소란행위
- 흡연(흡연구역에서의 흡연은 제외한다)
- 술을 마시거나 약물을 복용하고 다른 사람에게 위해를 주는 행위

- 다른 사람에게 성적 수치심을 일으키는 행위
- 항공안전법 제73조(전자기기의 사용제한)를 위반하여 전자기기를 사용하는 행위
- 기장의 승낙 없이 조종실 출입을 기도하는 행위
- 기장 등의 업무를 위계 또는 위력으로써 방해하는 행위

5 기내난동 유형별 사례

■ 음주 만취 유형

- 2016년 12월 20일 베트남 하노이 노이바이 국제공항에서 출발해 인천국제공항으로 향하던 KE480편에서 한국인 남성 승객이 만취 상태로 다른 승객과 승무원들을 폭행하며 1시간 동안 기내난동을 부리는 사건이 일어났다. 객실승무원들에게 욕설과 폭언을 하며, 자신을 제지하고 포박하던 여승무원의 배를 발로 폭행하고 남성 정비사의 얼굴에 침을 뱉는 등 난동을 부렸다. 이 난동 승객은 집행유예 2년, 벌금 500만 원, 200시간의 사회봉사 활동을 선고받았다. 대한항공은 이 승객을 항공기 탑승 금지 승객으로 지정하였다.
- 김포에서 제주로 향하는 에어부산 기내에서 아이의 울음소리가 시끄럽다는 이유로 아기와 부모에게 욕설과 폭언을 퍼부었고 이에 다른 고객들을 불안에 떨게 한 기내난동 사건이 발생했다. 난동자는 술에 취해 있었고 입에 담지도 못할 폭언을 하였다. 난동 승객은 제주공항에 도착 즉시 항공보안법 위반으로 입건되었다.
- 호놀룰루에서 출발해 인천공항으로 향하던 하와이안항공 459편에서 술에 취한 한국인 승객이 난동을 부리며 승무원을 폭행하는 사건이 발생했다. 이로 인해 승객과 승무원 263명이 탑승한 항공기는 호놀룰루로 회항했으며, 난동 승객은 현장에서 체포됐다. 체포된 한국인은 연방구치소로 이송되었다.

항공스토리

“술 좀 더 주세요”

우리나라 80년대는 중동 특수 경제 붐이 한창이었다. 사우디국가와 같은 중동지역에서 수만 명의 근로자들이 일하고 있었다. 자연히 근로자들을 태우고 다닐 중동행 비행편수가 많을 수밖에 없었다. 중동노선 비행기에는 근로자로 항상 만석이었다. 몇 년간 중동 사막에서 돈을 벌기 위해 밤낮을 가리지 않고 일하던 근로자들이 서울로 돌아오는 귀국편 비행기에서의 일이다. 중동노선 기내에서 최고의 서비스는 술이었다. 중동국가에서 음주는 금지 사항이다. 몇 년 동안 술 한 방울 못 마셨던 근로자들이 비행기에 타자마자 달라는 것이 시원한 맥주이다. 그러다 보니 만취하는 승객이 더러 있기 마련이다. 한 근로자가 고함을 치며 난동을 부렸다. 기내식용 나이프로 여승무원을 위협했다. 술을 더 달라는 것이었다. 만취한 근로자는 여승무원이 술을 더이상 주지 않자 소동을 벌였다. 난동 근로자는 보안승무원에게 제압당해 수갑을 채워 화장실에 감금하였다. 근로자의 음주 소란 사정은 이랬다. 중동 사막에서 열심히 일해 번 돈을 고향의 아내에게 보냈는데, 나중에 알고 보니 보내준 돈을 탕진하고 가출했다는 것이다. 사정이 딱해 보였지만 기내에서의 음주 만취는 항공기와 승객의 안전으로 허용될 수 없다. 기내소동이 심할 경우에는, 중간 기착인 방콕에서 공항경찰에 난동근로자를 인계하였다. 방콕경찰 유치장에서 얼마간 구금되기도 했다. 당시 중동 비행기에는 음주로 인한 소동이 심심치 않게 자주 발생하였다. 특단의 대처가 필요했다. 중동 비행기에서만 볼 수 있는 대처가 이뤄졌다. 비행기를 타는 근로자들의 여권을 모두 거뒀다. 그리고 객실승무원이 서울 도착할 때까지 보관하도록 하였다. 여권을 빌미 삼아 기내 음주 소란을 막아보려는 대응책이었다. 그렇게 중동 노선 비행기는 이런저런 사연을 가진 근로자들의 이야기로 날고 있었다.

■ 폭행, 폭언 유형

- 2013년 4월 미국 로스앤젤레스로 떠나는 대한항공 항공기에 탑승한 뒤 기내식으로 나온 라면이 제대로 익지 않았다는 이유로 승무원을 폭행했다. 해당 항공기 기장의 신고로 폭행한 포스코에서 근무하는 왕씨는 미국에 도착한 뒤 연방수사국(FBI) 조사까지 받았다. 이러한 사실이 일반에 알려져 사회적 공분이 일자 포스코에너지는 공식으로 사과하고 왕씨를 해고했다.
- 미국 필라델피아에서 마이애미로 향하는 프런티어 항공기 2289편에서 두 잔의 술을 마신 남자 승객이 여러 차례 소동을 벌였다. 그는 컵을 승무원의 등에 문지르는

가 하면, 또 한 잔의 술을 주문한 뒤 자신의 셔츠에 음료를 쏟았다. 이내 화장실로 간 그는 그대로 상의를 탈의한 채 객실로 나오기도 했다. 또 이 남성은 기내를 돌아다니며 승무원 2명의 가슴을 더듬었다. 이후 자신을 말리러 온 승무원의 얼굴을 주먹으로 가격했다. 승무원들은 난동 승객을 좌석에 앉히고 덕트 테이프(알루미늄으로 된 초강력 접착테이프)로 몸을 칭칭 감아 묶었다. 이 승객은 마이애미에 착륙하자마자 경찰로부터 세 건의 혐의가 적용돼 체포 구금됐다.

■ 조종실 침입 기도 유형

- 필리핀 세부를 출발해 김해공항으로 향하던 에어부산 항공기가 대만 상공을 지날 무렵, 난동 승객이 갑자기 자리에서 일어나 "비행기에서 내리겠다"며 조종실 문을 수차례 두드리는 위협적인 행동을 하였다. 난동 승객은 기내 화장실에 들어가 자살 소동까지 벌였다. 객실승무원들이 포승줄과 타이랩으로 난동 승객을 제압하였다. 항공기가 착륙한 뒤 공항경찰대에 인계된 난동 승객은 조사과정에서 마약을 투입한 사실을 발견하였다.
- 미국 델타항공 비행기에 난동 승객이 조종실 침입을 시도해 여객기가 긴급 이륙정지를 했다. 난동 승객은 좌석에서 일어나 조종실을 급습해 문을 두드렸다. 이를 지켜본 한 남자 승객이 객실승무원의 도움을 받아 난동 승객을 재빠르게 제압했다. 난동 승객은 맨발에 손목과 발목이 묶이고 비행기를 멈추라고 수차례 고성을 지르며 비행기에서 끌려 나갔다. 난동 승객은 FBI에 구금됐다.
- 미국 아메리칸 에어라인 승객이 객실승무원이 들고 있던 커피포트를 머리로 들이박고 객실승무원을 제치고 조종실로 돌진하는 일이 발생했다. 난동 승객은 다른 승객에 의해 제압되었다. 미연방수사국(FBI)에 따르면 사고 비행기는 워싱턴으로 향하던 중 난동 승객 때문에 미주리주 캔자스시티 국제공항으로 회항했다.
- 유나이티드 항공기에서 난동 승객이 조종실에 침입하던 중 부기장이 난동 승객 머리를 도끼로 가격하고, 객실승무원과 승객들에 의해 제압되는 일이 발생했다. 우루과이 출신 은행원인 난동 승객은 10여 분 동안 객실승무원 및 승객과 난투극을 벌이다 구금되었다. 싸움 과정에서 객실승무원 한 명이 부상을 입었다. 사고기

는 예정대로 아르헨티나 수도 부에노스아이레스에 안전하게 착륙했고 난동 승객은 긴급 체포되었다.

6 기내난동 예방 캠페인

국제항공운송협회(IATA)는 기내난동 승객 예방 캠페인을 항공사 또는 국가가 주도적으로 벌여 나갈 것을 제안하고 있다. 항공기내 기내난동의 주요 원인이 음주 만취로 나타나고 있다. 이에 따라 항공사들은 기내에서의 음주 서비스에 대한 규정을 새로 만들어 승객 한 사람에 대한 과도한 음주 제공을 지양하였다. 승객 한 사람당 3회 이상의 음주 서비스는 하지 않는 것으로 규정을 마련한 항공사들이 많다. 특히 승객 개인이 소지한 술은 기내에서 마시지 못하도록 객실승무원들이 강력하게 제지하고 있다. 이러한 기내 음주 규제로 난동 행위를 차단할 수 있었다. IATA는 기내 음주 규제에서 멈추지 않고 공항에서의 음주까지 제재할 수 있는 방안 및 개선책을 제시하고 있다. 공항에서의 음주를 자제할 수 있도록 공항관계 기관 및 국가 항공보안 기관과 협의하여 승객들이 비행기 탑승 전에 공항에서의 음주를 자제하도록 캠페인을 벌이고 있다.

▲ 미국 FAA 주관 기내난동 관련 캠페인 포스터

예를 들어 노르웨이항공청은 노르웨이항공산업연맹과 공동으로 승객이 비행기에 탑승하기 전에 공항에서 알코올 소비에 대해 신중하게 생각하도록 장려하기 위해 "안전한 비행,

책임 있는 음주(Fly Safely, Drink Responsibly)" 캠페인을 벌이고 있다. 전 세계적으로 음주 만취가 기내난동 사건의 27%를 차지하고 있는 것으로 확인되었다. 승객들이 책임감 있게 술 마실 것을 상기시키고 제멋대로 행동하고 안전운항에 방해가 될 경우 직면할 수 있는 개인적인 부정적 결과를 캠페인을 통해 강조하고 있다. 여기에는 탑승거부, 항공사 비행금지(No-Fly) 명단 게재, 항공사에서 발생한 비용청구(회항, 지연, 기내구조물 파손 등), 또는 가장 극단적인 경우 체포 및 징역형에 이르기까지 다양하다.

미국 연방항공청(FAA)은 안전하고 책임감 있는 승객 행동을 촉진하고 무관용 정책(Zero Tolerence)에 대한 인식을 제고하기 위해 광범위하게 디지털 홍보 표지판을 권장하고 있다. FAA 메시지는 공항 디지털 디스플레이를 활용하여 기내난동에 대한 사람들의 인식을 심어주기 위한 노력을 하고 있다. 무관용 원칙은 FAA가 강력하게 추진하는 정책으로 기내에서 불법행위 및 승무원의 지시에 따르지 않는 승객에게 벌금과 징역형에 처해지도록 한다. 미국은 기내난동 승객의 벌금액을 과거 27,500달러에서 37,000달러로 늘렸다.

기내난동 해소를 위한 캠페인을 벌이고 있음에도 여전히 각국에서 기내난동 범죄를 다룸에 있어 일치된 법적 규제를 두지 못한 것이 기내난동 해소에 문제점으로 남아 있다. 현행 항공기에서 저지른 범죄를 규정하는 1963년 도쿄협약으로는 기내난동 승객에게 비행에 대한 처벌을 내리는 데 법적 한계가 있다. 주요 요점은 항공기가 등록된 국가가 기내에서 저지른 범죄에 대한 사법권을 가지고 있다는 것이다. 이는 해외 공항에서 문제를 일으키는데, 현지 경찰은 외국 등록 항공기에 탑승하여 발생하는 사건을 처리할 관할권을 가지고 있지 않다. 그러다 보니 기내난동 승객들이 벌금 없이 풀려나게 되는 현상이 벌어지고 이는 결국 억제력을 약화시킨다는 것을 의미한다. IATA 회원 항공사들은 이러한 문제점이 기내난동 승객 사건의 약 60%가 기소되지 않는 이유라고 말한다.

이를 해결하기 위해 IATA는 국제민간항공기구(ICAO)에 현행 동경협약에 대한 철저한 문제점 보완을 위한 검토를 수행하도록 촉구하였다. 각국은 개정이 필요하다는 데 동의했고, 이로써 ICAO는 2014년 몬트리올의정서를 채택하게 되었다. 2014년 몬트리올의정서는 범죄에 대한 사법권을 항공기 등록국에 추가하여 착륙국으로 확대하는 동경협약을 개정하였다. 이 밖에도 이 의정서는 항공사가 기내난동 승객으로부터 상당한 손실 비용을 회수할 권리를 강화하는 규정을 제정하였다.

2014 몬트리올의정서는 2020년 1월 1일 22개 ICAO 회원국의 비준에 따라 발효되었다. 이후 케냐, 룩셈부르크, 루마니아를 포함한 8개국이 2022년에 추가로 가입하였다. 더 많은 국가들이 몬트리올의정서를 비준할수록 관할권 격차를 더 좁혀 통일된 글로벌 지침에 따라 기내난동 승객들을 기소하여 법적으로 강력하게 제재할 수 있게 된다.

항공스토리

"기내난동이 최초로 거론되던 날"

저자가 대한항공에서 근무하던 시절 직접 겪은 일화이다. 1996년 12월 4일 회장이 주관하는 중앙안전회의가 열리는 날이었다. 중앙안전회의는 일 년에 딱 한 번 연말에 열리는 중대한 회의다. 이 회의는 운항, 객실, 정비, 운송 등 각 본부별로 안전 및 보안 주제를 발표하고 토론하며 향후 안전보안에 대한 주요 회사정책을 수립하는 자리이다.

객실본부의 안전보안업무를 전담하던 나는 이 회의가 열리기 며칠 전부터 주제 선정을 놓고 고민하였다. 기내에서 벌어지는 여러 형태의 안전보안문제가 있지만, 그중에서 가장 문제가 되는 '기내난동 승객'에 대한 대처방안을 안건 주제로 삼았다. 90년대 중반에 들어서면서 기내난동은 전 세계적으로 항공안전을 해치는 심각한 문제로 부상하고 있었다. 우리나라도 예외가 아니었다. 항공여객 수요가 늘면서 기내는 적잖은 기내난동 사례가 발생하고 있었다. 하지만 우리나라에는 기내난동이란 말조차 생소하던 시절이었으니 아무런 대책도 규정도 없었다. 객실승무원들은 기내난동이란 용어조차 들어본 적이 없고 경영층도 전혀 인지하고 있지 않은 상황이었다.

점차 심각해지는 기내난동 사례들을 회사에 알려서 대응방법을 구해야겠다는 마음에, 회장이 참석하는 중앙회의에 기내난동을 객실본부 안건으로 올렸다. 회의결과 반응이 의외로 좋았다. 회장은 객실본부가 내놓은 대처방안에 만족하며 전폭 지지해 주었다. 회장은 객실부서의 대처방안에 추가하여 음주 승객은 아예 비행기 탑승을 못하도록 하는 강경한 지침까지 내려주었다.

당시로서는 승객의 항공기 탑승을 거부한다는 것은 상상하기 힘든 시절이었다. 이후 나는 전체 객실승무원을 대상으로 기내난동 현상을 알리고 대처하는 방법을 집중 교육하였다. 새로운 규정과 매뉴얼도 만들어냈다. 대한항공이 선도적으로 수립한 기내난동 대응 규정과 매뉴얼은 몇 년 후 국회와 정부에서 관련법과 규정을 만드는 기초가 되었다. 지금도 나는 그 당시 일본항공(JAL)이 기내난동에 대처하면서 만든 한 줄의 문장이 잊혀지지 않는다. '기내난동 승객을 더이상 고객으로 대하지 말라.' 이제는 이 말이 너무 당연한 세상이 되었다.

출처 : 진성현의 '비행 스케치'(2015)

7 No-Fly(비행금지 명단)

■ 테러리즘 No-Fly

No-Fly는 항공기에 탑승할 수 없는 사람들 명단이다. 미국에서 처음 시행된 No-Fly는 9.11 테러 이후 확립되었다. No-Fly는 "테러 활동에 연루된 것으로 알려져 있거나 합리적으로 의심되는 사람들"의 명단이다. 미국 연방수사국(FBI)은 공식으로 No-Fly

에 추가되려면 해당 개인이 항공기, 미국 영토, 미국 시설 또는 해외 관심 지역에서 테러행위를 한 적이 있거나 테러를 저지르려는 위협을 가했다는 정보가 있어야 한다. 사례로 대한항공은 방콕에서 탑승한 중동인 승객의 이름 철자와 미국 정보당국이 제공하는 No-Fly 명단과 일치하는지를 확인하지 않고, 미국행 항공기에 탑승시켰다가, 뒤늦게 미국 항공당국으로부터 기내에 No-Fly 승객이 있다는 연락을 받고 부랴부랴 기수를 돌려 인천국제공항으로 회항하는 일이 벌어졌다.

No Fly List의 취약한 점은 "긍정 오류(false positive)"이다. '긍정 오류'란 거짓(false)을 참(true)인 것으로 잘못 판단하는 것을 말한다. '긍정 오류'는 No Fly List에 없는 승객이 그 List에 있는 이름과 일치하거나 유사한 이름을 가질 때 발생한다. 긍정 오류 승객은 보통 중간 이름이나 생년월일이 표시된 신분증을 제시하여 잘못된 것임을 입증해야만 비행기에 탑승할 수 있다. 긍정 오류 승객이 탑승을 거부당하거나 No Fly List에 오른 사람이 아니라는 사실을 쉽게 입증하지 못해 비행기를 놓치는 경우도 있다.

2004년, 당시 미국 상원의원이었던 에드워드 케네디는 그의 이름이 No Fly List에서 발견된 가명과 비슷하다는 이유로 비행기 탑승을 거부당했다. 케네디는 "T 케네디"라는 이름이 한때 의심스러운 테러리스트의 가명으로 사용되었기 때문에 No Fly List에 추가되었다. 항공사의 No Fly List에 있던 사람이 비행기에 탄약을 가져오려고 시도하였는데 이 사람의 이름이 케네디 상원의원과 이름이 비슷해서 항공사가 실수로 케네디 상원의원의 탑승을 거절하게 된 것이다.

미국 국토안보부는 No Fly List의 '긍정 오류' 사례를 개선하기 위한 조치로 여행자 신원조회 프로그램(Traveler Redress Inquiry Program)을 운영하고 있다. 이 프로그램은 정부 감시 목록에 있는 이름과 비슷하다는 이유로 항공기 탑승이 거부되거나, 보안 검색대에서 추가적인 정밀 조사를 받거나, 미국 입국이 거부된 여행자를 위한 절차이다. 여행자는 국토안보부(DHS) 웹사이트에서 온라인 신청서를 작성하고 신청서를 인쇄 및 서명한 후 여러 개의 신원 확인 서류 사본과 함께 제출해야 한다. DHS는 기록을 검토한 후 해당 기록에 대한 데이터 수정이 정당화될 경우 여행자의 이름을 수정한다.

미국 GAO(Government Accountability Office) 자료에 따르면, No Fly List을 포함한 테러 감시 목록에 있는 사람들이 2004~2010년 사이에 1,400번 이상 총기와 폭발물을 구매하려 시도했고, 1,321번 성공했다(90% 이상)고 밝혔다. 미국 의회는 테러 감시 목록에 있는 사람들이 총기나 폭발물을 구매하는 것을 금지하는 법안을 도입하려 여러 차례 시도했지만 정파 간 의견차이로 아직까지 통과되지 못하고 있다.

■ 기내난동 No-Fly

테러 용의자 외에도, 기내에서 난동 등과 같은 불법행위로 인해 항공사의 No-Fly로 지정될 수 있다. 사례를 보면 호주 콴타스 항공은 멜버른 국제공항의 활주로에 뛰어들어 비행기 문을 열려고 시도한 남성 승객을 No-Fly로 지정해 평생 비행기를 탑승할 수 없도록 했다. 미국에서는 델타항공사가 기내에서 다른 승객에게 피해를 줄 정도로 정치적 발언을 하며 소란을 피우고 승무원의 제지에 따르지 않은 난동 승객을 평생 델타항공을 이용할 수 없도록 No-Fly에 이름을 올렸다. 델타항공은 코로나19로 기내 마스크 착용 규정을 위반한 1,900여 명의 승객들에게 No-Fly를 적용하기도 했다. 영국의 LCC항공사인 JET2항공은 기내에서 승무원에게 욕설을 하고, 과도한 음주로 고성으로 노래하며 언어폭력을 한 승객을 No-Fly 명단에 올려 자사의 항공기 탑승 금지령을 내렸다. 우리나라는 아직까지 항공사들이 적극적으로 시행하고 있지 않지만, 최근에 대한항공은 국내에서는 처음으로 공식적인 '난동 승객 No-Fly' 방침을 밝혔다. 대한항공이 밝힌 No-Fly는 신체 접촉을 수반한 폭력행위, 성추행 등 성적 수치심과 혐오감을 야기하거나 지속적인 업무 방해 등 형사 처벌 대상 행위의 전력이 있는 승객으로, 대한항공이 자체 심사를 해서 해당 승객에게 비행 전 서면으로 탑승 거부를 통지한다.

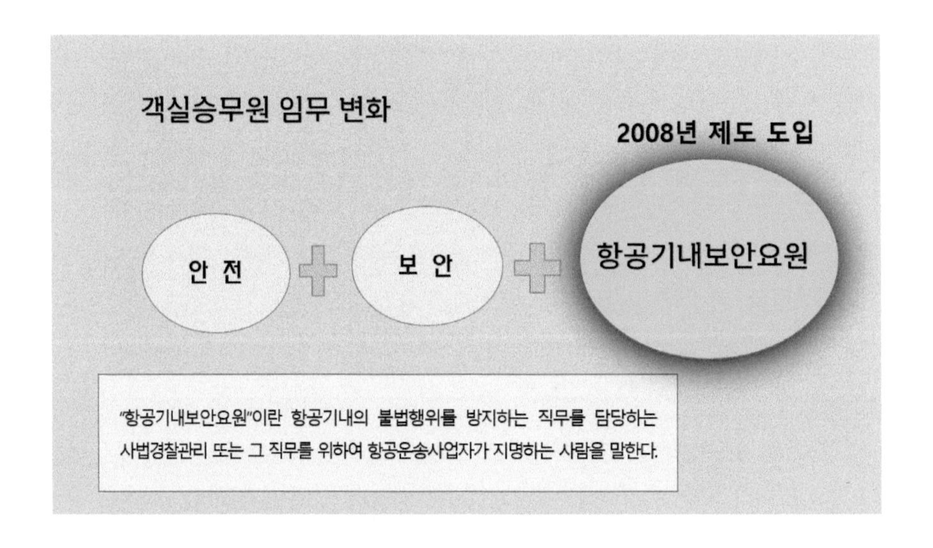

No-Fly 안내문

주식회사 대한항공은 고객님께 다음과 같이 안내 말씀을 드립니다.

- 다 음 -

1. 고객님은 대한항공 항공편에 대해 운송거절이 되었으며, 현재 동 기간 중에 있습니다.
2. 그러나 고객님은 이를 어기고 본 대한항공 항공편에 탑승하였으며, 당사는 이를 알고 있음에도 운항 지연을 막고 타 승객분들께 불편을 끼치지 않기 위해 하기 등 특별한 조치를 취하지 않았습니다.
3. 그러므로 기내에서 폭언이나 폭행 등 안전을 저해하거나 서비스현장질서를 해치는 행위를 하지 않을 것을 당부 드리며, 위반 시 항공보안법 등 관련 법령과 대한항공 약관에 의거 엄중한 책임을 지게 됨을 유의 바랍니다.

항공기내보안요원

5 항공기내보안요원

Chapter

항공기와 승객을 목표로 하는 항공범죄가 날로 진화하고 있다. 항공교통이 처음 시작된 1930년 이래 현재까지 항공범죄는 끊이지 않고 지구촌을 흔들고 있다. 항공운송산업이 번창할수록 항공범죄에 대한 대응 태세는 더욱 긴밀하게 유지되고 발전되어야 한다. 코로나 19 여파로 항공 이용 승객 수가 잠시 멈추었지만 다시금 전 세계의 항공기 이용 승객은 50억 명을 바라보며 더 늘어날 전망이다. 항공 여행객 수의 증가는 더 많은 항공기와 공항을 필요하게 만들고 있다. 급격하게 증가하는 항공기와 공항을 이용하는 승객에 대한 안전한 보호는 국가적으로 필수적인 중대 사안이다. 항공범죄로부터 국민과 승객을 보호하는 것은 국가의 의무이며, 항공사로서는 절대적인 책무이다. 항공기와 승객을 범죄로부터 보호해 주는 근본적인 장치는 국가가 수립한 법이다. 우리나라는 항공보안법을 마련하여 모든 각종 범죄로부터 법적인 보호수단을 강구하고 있다. 법에서 규정하는 항공범죄는 불법방해행위(unlawful interference acts)란 용어로 기술하고 있다. 불법방해행위의 대표적인 범죄유형은 항공기와 승객을 대상으로 하는 테러행위이다.

1 항공기내보안요원의 배경

항공기내보안요원이 기내에 탑승하도록 법적 근거를 마련하게 된 배경은 한국 정부가 미국으로부터 비자면제국가로 지정받기 위한 전제 조건을 충족시키기 위한 조치에서 비롯되었다. 미국 의회는 1986년 이민국적법 제217절의 제정을 통해 비자면제프로그램(VWP: Visa Waver Program)제도를 신설하고 운영을 행정부에 위임했다. 그 뒤 2007년 8월 이민국적법이 개정되어 새로운 비자면제프로그램 체계가 도입되었다. 미국 행정부는 이들 법에 근거해 비자면제프로그램를 운영하고 있다.

미국 이민국적법 217절에 따르면 미국은 ▲비자 거부율 10% 미만 ▲상호주의 ▲바이오정보 인식 여권 소지 ▲사법 협력 ▲도난·분실 여권 정보 공유 ▲전자여행허가제 도입 협조 ▲불법체류자·범법자 추방 협조 ▲여행자 정보 공유 ▲공항보안 강화 ▲항공보안요원 탑승 ▲여권 및 여행자 문서 기준 강화 ▲대테러 협력 등을 비자면제프로그램 가입 조건으로 내걸고 있다.

프린트하기 닫기

VWP 가입 협의를 위한 미국 국토안보부 장관 특사 방한 추진

보 도 자 료
(PRESS RELEASE)

국민과 함께
세계로 미래로

제07-442호 문의 : 영사서비스과(T.2100-8169) 배포일시 : 2007.7.9(월)

제 목 : VWP 가입 협의를 위한 미국 국토안보부 장관 특사 방한 추진

1. 「체르토프(Chertoff)」 미국 국토안보부 장관은 7.3(화) 송민순 외교통상부 장관 앞 서신을 통해, 지난 6.30(토) 부시 미 대통령이 발표한 우리나라의 비자면제프로그램(Visa Waiver Program; VWP) 가입 지지 성명문의 후속조치로서 VWP 가입 추진 협의를 위해 자신의 특사를 우리나라에 파견할 것을 제안하였다. 이에 대해 송 장관은 부시 대통령의 VWP 성명문 발표에 환영을 표하고 조속한 시일 내에 국토안보부 장관 특사가 방한하기를 희망한다는 내용의 답신을 금일 발송하였다.

2. 미 국토안보부 장관 특사 방한이 이뤄질 경우 한·미 양측은 VWP 기술협의회를 개최할 예정이며, 동 기회에 최근 미국 의회의 VWP 법안 개정 추진 동향에 대한 의견 교환과 함께 한국의 VWP 가입에 필요한 조건 충족을 위한 협의를 할 예정이다.

3. 미측 VWP 개정안은 기존 전자여권 발급 조건 이외에 비자거부율 조건을 3%에서 10%로 상향조정하는 대신 여행자 정보 공유 협정 체결, 공항 보안 강화, 항공기내 보안요원 배치, 분실여권 정보 상호 공유 등의 조건을 새로이 추가하였는 바, 우리로서는 전자여권 발급 조건을 충족하는 것이 가장 중요하다고 판단된다. 동 개정안은 대테러법안의 일부로서 미 하원('07.1.9)과 상원('07.3.13)을 통과하였으며 향후 상·하원 조정위원회 검토 및 상·하원 추인 의결 절차를 거쳐 미 대통령 재가를 받으면 최종 확정될 예정이다. 끝.

외 교 통 상 부 대 변 인

한국과 미국은 2008년 4월 18일 비자면제프로그램 양해각서를 체결하였다. 미국의회는 주요 동맹국과의 관계 개선을 강화하기 위하여 1986년 비자면제프로그램을 처음으로 도입하였다. 비자면제프로그램은 경제성장을 도모하고 관광산업을 촉진할 목적과 국가 간의 공동 이익과 가치를 공유하면서 국가 간 단합과 신뢰 구축을 위한 또 다른 목적으로 시행되었다. 이 프로그램은 비자면제 국가 여행객들이 비자 없이도 90일 동안 미국을 방문 여행할 수 있도록 하였다.

미국의 국토안보부는 의회와 국가보안에 대해 비자면제프로그램을 희망하는 국가들에게 몇 가지 보안사항을 강화하는 조건을 추가하는 데 협의하였다. 그중 항공보안과 관련한 것으로는 먼저 에어마샬 프로그램을 비자면제 대상 국가들도 이행하도록 하는 것이며 또 하나는 승객 짐 검색을 포함한 높은 수준의 공항보안 기준을 충족하도록 하는 것이다. 미국은 테러범들이 비자면제프로그램을 악용하여 미국으로 자유롭게 들어오는 것을 방지하기 위해 2007년 부시 행정부와 의회가 새로운 보안사항을 추가하는 법령(이민국적법 217절)을 제정하였다.

■ 전자여행허가제(ESTA: Electronic System for Travel Authorization)

미국으로 여행하고자 하는 사람은 미국 도착 24시간 전에 온라인으로 자신의 정보를 올려야 하며, 이 정보를 토대로 미국 이민당국이 미국 방문을 승인하는 제도이다. 이 제도는 혹시 모를 테러범이 탑승할 수도 있는 것을 미리 파악하기 위함이다.

■ 대테러 정보 공유

미국 의회는 비자면제 대상 국가들에게 국가보안에 위협을 가할지도 모를 미국행 여행자에 대한 테러 정보를 요구하고 있다.

이외에도 2007년에 새로 마련된 법령에는 잃어버리거나 도난당한 여권은 즉시 보고하도록 하고 있으며, 또한 에어마샬이 효율적으로 임무를 수행할 수 있도록 상대국가가 도움을 줄 것과 아주 높은 수준의 공항보안을 유지할 것을 요구하고 있다. 그리고 모든 비자면제국가들이 똑같은 보안기준을 적용할 것을 요청하고 있다.

비자면제프로그램은 국가 간 보안 동반자 관계(partnership)를 맺는 것과 같다. 비자면제 국가들은 불법방문하는 자의 미국 입국을 제한하고 테러범이나 범죄자의 미국 여행을 제지하는 등 보안에 관하여 공통의 기준과 정책을 갖고 있어야 한다. 미국의 안보 이익에 방해가 되는 국가는 비자면제국가 대상이 될 수 없다. 법으로 규정된 요구 조건을 충족하지 못하거나 중대한 항공보안문제가 발생한 국가는 비자면제국가 자격을 상실하게 된다. 미국 국토안보부는 2년마다 비자면제국가들을 대상으로 협상 조건들을 유지 · 충족하고 있는지 재평가하고 있다. 이미 이러한 재평가를 통해 아르헨티나와 우루과이 두 나라가 비자면제 국가로서의 자격을 상실했다.

항공보안의 역사를 돌이켜보면 항공범죄의 양상이 시대를 달리하며 변화되고 있다는 것을 알 수 있다. 최초의 항공기 납치는 1930년 미국 팬암항공의 우편배달 비행기를 페루 혁명운동가가 납치하여 페루 수도 리마 상공에서 삐라를 투하한 사건이었다. 이후 미국에서는 항공기 납치가 유행처럼 번졌다. 1961년에 미국에서 처음으로 승객이 탑승한 여객기가 쿠바로 납치되는 사건이 일어났다. 1969년 한 해는 미국에서 82건의 항공기 납치 사건이 발생했다. 급기야 당시 미국 대통령 닉슨은 항공기 납치 범죄를 타개하기 위해 항공기에 처음으로 무장한 보안요원(Sky Marshal)을 탑승토록 하였다. 항공기 납치는 항공기 테러로 진화하였다. 테러는 그 정의가 다양하여 하나로 단언할 수 없으나 대체적으로 보면 정치적 · 종교적 · 이념적인 목적을 이루기 위해 정부와 사회에 강요하고 위협할 의도를 갖고 공포감을 조성하기 위해 미리 계산된 불법적인 폭력을 사용하는 것 또는 정치적 · 사회적 목적을 가진 개인이나 집단이 그 목적을 달성하거나 상징적 효과를 얻기 위해 계획적으로 행하는 불법행위라고 정의하고 있다.

대표적인 테러 사건이 1988년 스코틀랜드 로커비 상공에서 미국 팬암항공기가 폭발하면서 승객과 승무원 모두 사망한 사고이다. 항공기 폭발 테러가 발생하면서 공항의 보안검색이 더욱 강화되었다. 승객의 몸과 짐 검색이 철저하게 이뤄지다 보니 시간이 많이 소요되어 항공기가 보안검색을 마친 승객을 기다리느라 출발하지 못하는 해프닝이 벌어지는 것이 오늘날 항공보안의 현주소이다.

항공보안 역사의 대전환은 2001년 9월 11일 미국 뉴욕의 무역센터 쌍둥이 빌딩에 두 대의 여객기가 충돌하는 대참사를 일으킨 9.11 테러 사건이다. 알카에다 테러조직이 일으킨 전대미문의 사건으로 민간항공에 대한 보안이 과거의 방식으로는 안 된다는 경각심을 불러일으킨 항공테러 사건이었다. 9.11 테러 공격은 항공보안을 새로운 모습으로 탈바꿈하게 하는 극적인 계기가 되었다. 항공기가 대량 살상 공격 수단으로 이용된 최초의 항공 테러 사건이 9.11 테러 공격이었다. 테러 범죄 집단은 승객과 승무원을 인질 삼아 요구 조건을 제시함으로써 목적을 이루려는 과거의 테러 수법으로는 한계에 이르자 9.11 테러와 같이 항공기를 대량 살상 무기로 삼아 무차별적으로 민간인을 살상하는 극단적인 테러 방식을 자행하고 있어 이제는 테러가 공포 조성을 뛰어넘어 국가안보 자체를 위협하는 수준에 이르렀다.

미국은 9.11 테러 공격을 계기로 정부 조직인 국토안보부를 신설하고 TSA(교통보안청 : Transportation Security Administration)를 창설하였다. TSA는 미국 전 공항에서 보안검색을 담당하고 항공기에 탑승하여 승객과 승무원을 테러 공격으로부터 보호하는 기내보안요원(Air Marshal) 임무를 수행하는 등 항공보안의 최일선에서 국가안보를 책임지고 있다.

미국을 포함한 세계 각국은 9.11 테러 이후 항공보안시스템을 강화하는 등 항공보안수준이 눈에 띄게 달라지는 양상을 보여주고 있다. 우리나라 역시 항공보안 관련 정책들이 수립되었고, 항공사와 공항운영자는 항공보안에 새로운 강화조치를 취하게 되었다. 항공기내 보안에 대한 국제협약의 큰 틀 속에서 국가 간 상호 협력을 유지하면서도 한편으로는 국가별로 항공보안에 대한 관심과 이행 수준은 그 방법과 절차 그리고 조직의 운영에 있어서 차별화되어 있다. 나아가 타 국적 항공기에 자국민이 탑승하고 자국의 영공을 자유롭게 드나들기 때문에 각국의 항공보안 규제는 국내법을 근거로 높은 차원의 보안 이행 수준을 요구하고 있기도 하다. 실례로 미국이 비자면제를 원하는 국가를 대상으로 협정 조건으로 내세운 항공기내보안요원의 항공기 탑승 요구가 바로 그러한 경우라 하겠다.

우리나라는 미국의 비자면제 협상 조건의 하나인 항공기내보안요원에 대한 요구를 충족하기 위해 2008년에 처음으로 항공기내에 항공기내보안요원이 탑승하는 법을 제정해 운영하고 있다. 우리나라의 항공기내보안요원은 객실승무원이 담당하고 있다. 다시 말해 객실승무원이 기존의 중요 업무인 기내 안전과 서비스뿐만 아니라 테러와 같은 중대 항공범죄를 차단하고 대응하여 조치하는 별도의 항공기내보안요원의 역할을 겸하고 있다. 항공기내보안요원이 처음 생겨난 배경은 미국의 요청에 의해서이다. 우리나라가 항공보안의 중대성을 인식하고 국민을 항공범죄로부터 보호하기 위한 수단에서 자발적으로 만들어진 것이 아니란 점이 주목된다.

미국은 한국인이 미국을 여행하거나 방문하는 데 필수적으로 필요한 비자를 면제해 달라는 우리나라의 요청을 수년간 거절해 왔다. 그러던 중 2007년에 이르러 미국은 드디어 우리나라를 비자면제 대상 국가로 지정하는 결정을 내린다. 다만, 비자면제 국가가 되는 조건 중의 하나로 미국 본토로 들어오는 우리나라 항공기내에 테러와 같은 범죄를 차단할 수 있는 역할을 담당할 기내보안요원이 탑승할 것을 요청하였다. 이러한 조건을 수용한 우리나라는 이듬해인 2008년 마침내 미국으로부터 비자면제 국가로 지정되었다. 미국 비자면제 국가가 되었으니 우리나라 항공기에 항공기내보안요원이 있어야 한다. 우리나라 국토부는 항공기내보안요원을 항공사의 객실승무원으로 지정하는 법령을 마련하였다.

항공기내보안요원 도입 계기

VWP 유지 조건 : whether the country assists in the operation of an effective air marshal program

한국

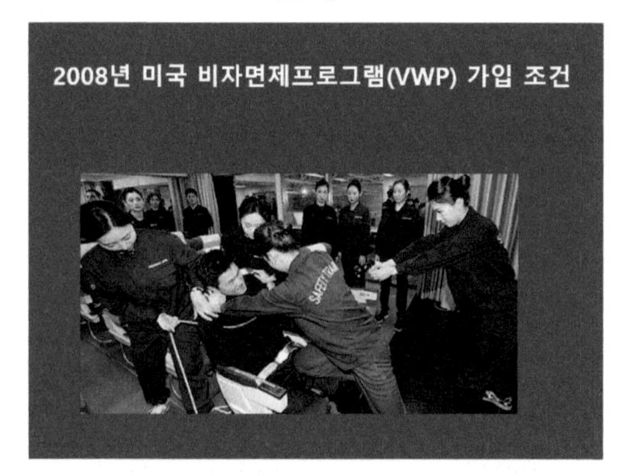

기타 국가

2 항공기내보안요원의 법적 사항

1) 항공기내보안요원의 정의

우리나라 항공보안법 제14조에 따르면, 항공사는 승객이 탑승한 항공기를 운항하는 경우 항공기내보안요원을 탑승시켜야 한다. 항공기내보안요원은 현행법에 의거 객실승무원이 담당하고 있다. 항공기내보안요원을 운영하기 위한 법적 근거로 "항공운송사업자의 항공기내보안요원 등 운영지침"(이하 운영지침)을 제정하였다. 운영지침 제2조(정의)에 항공기내보안요원이란 항공기내의 불법행위를 방지하는 직무를 담당하는 사법경찰관리 또는 그 직무를 위하여 항공운송사업자가 지명하는 사람을 말한다. 여기서 항공운송사업자 즉, 항공사는 객실승무원을 항공기내보안요원으로 지명하고 있다.

이 운영지침의 목적은 항공보안법 제14조 제2항 및 국가항공보안계획(7.6.1)에 따라, 항공운송사업자가 승객이 탑승한 항공기를 운항하는 경우 테러 등 불법행위로부터 승객의 안전 및 항공기의 보안을 위하여 탑승시키고 있는 항공기내보안요원 등의 운영에 관하여 필요한 최소한의 사항을 규정함에 있다. 이 법을 근거로 항공사에게 위임된 항공기내보안요원 임무는 미국의 연방 에어마샬과 동일하게 적용하였고, 추가적으로 승객 탑승 전 기내 보안점검을 하고, 운항 중에 기내 보안 순찰 임무를 하도록 규정하고 있다. 한국은 국제적으로 사례를 찾아보기 힘들 정도로 항공사의 객실승무원이 항공기내보안요원을 겸직하여 기내 보안 임무와 승객의 서비스 업무를 병행하는 특이한 형태를 유지하고 있다.

2) 항공기내보안요원의 권한 및 책임

이 운영지침의 제4조에서 규정한 항공기내보안요원의 권한 및 책임을 살펴보면 항공기내보안요원이란 "항공기내의 불법방해행위를 방지하는 직무를 담당하는 사법경찰관리 또는 그 직무를 위하여 항공운송사업자가 지명하는 사람"이라고 명시하였다.

즉, 객실승무원은 항공기내보안요원의 역할을 수행함에 있어 특별사법경찰로서의 신분을 부여받고 있는 것이다. 특별사법경찰제도는 형사소송법 197조에 따라 고도의 전문화·특수화된 업무의 경우 전문성이 낮은 일반 사법경찰이 수사하기에는 한계가 있기 때문에 전문적 지식에 정통한 행정공무원에게 사법경찰권을 부여하여 수사 활동을 할 수 있도록 한 제도이다. 사회의 전문화, 다양화에 따라 범죄의 내용도 전문화, 기동화되면서 밀접한 관계가 있는 전문적 지식을 가진 행정공무원에게 수사를 맡기는 것이 효율적이라는 이유로 확대되는 경향이다. 특별사법경찰은 크게 '사법경찰관리의 직무를 수행할 자와 그 직무범위에 관한 법률'에서 직접 사법경찰권을 부여하고 있는 경우와 검사장의 지명에 의해 부여되는 경우가 있다. 사법경찰관리는 사법경찰과 사법경찰관리를 총칭하는 말로 사법경찰관은 모든 수사에 관하여 검사의 지휘를 받으며, 사법경찰관리는 수사의 보조를 담당한다. 항공보안법에서 지정하는 기장 등에 관한 사법경찰권은 이 법을 근거로 이뤄지고 있다. '사법경찰관리의 직무를 수행할 자와 그 직무범위에 관한 법률(이하 『사법경찰관법』)'에서 규정한 항공기 승무원에 대한 사법경찰권은 동법 제7조(선장과 해원) 2항에 다음과 같이 규정되어 있다. "항공기 안에서 발생하는 범죄에 관해서는 기장과 승무원이 제1항에 준하여 사법경찰관리 및 사법경찰리의 직무를 수행한다." 풀어서 설명하면, 기장은 사법경찰관이 되는 것이고, 항공기내보안요원 또는 객실승무원은 사법경찰리가 되는 것이다.

이 밖에 항공기내보안요원은 항공기 안으로 무기를 휴대하고 탑승할 수 있다. 항공기내보안요원(일반 객실승무원 포함)은 객실 내 불법행위 및 항공안전을 해치는 범죄행위 등을 녹화할 수 있으며, 그 행위를 저지시키기 위해 필요한 조치를 할 수 있다. 아울러 항공기 내에서 불법행위가 발생한 경우 신속하게 대응하기 위하여 일반 객실승무원에게 임무를 부여해야 하며, 항공기 내 주변 승객에게 협조 요청 등 필요한 조치를 요구할 수 있다. 객실내 수상한 행동을 하거나 보안위반의 경우 운항승무원에게 긴밀히 알릴 수 있어야 한다.

항공기내보안요원은 항공기내에서 불법행위를 행한 자 및 항공안전을 해치는 범죄자를 현행범으로 체포(물리적으로 신체를 속박한 경우에 해당)한 때에는 기내에 비치된 현행범인체포서를 작성하여야 한다. 이 경우 피의사실의 요지, 체포의 이유와 변호인을 선임할 수 있음을 말하고 변명할 기회를 준 후 피체포자로부터 확인서를 받아야 한다. 항공사가 현행범인체포서 및 확인서를 작성할 경우에 원본은 도착공항 경찰관서에 피체포자와 함께 인계하고 그 사본을 사건이 종료된 날로부터 1년 이상 보존해야 한다. 항공기내보안요원은 기밀을 엄수하여 피의자·피해자 기타 관계인의 명예를 훼손하지 아니하도록 한다.

3) 항공기내보안요원 자격

항공기내보안요원은 객실승무원 중에서도 항공사가 선발하도록 되어 있다. 선발 기준 및 자격은 "항공운송사업자의 항공기내보안요원 등 운영지침(제5조)" 항공기내보안요원의 자격기준을 따른다. 지침에서 마련한 자격은 2년 이상의 선임객실승무원 또는 객실승무원 경력을 갖춘 자로서 정신적으로 안정되고 성숙된 자여야 하며, 연령 및 성별을 고려하도록 되어 있다. 항공사들은 자체 객실 승무원 현황을 고려하여 남녀 승무원 구별 없이 항공기내보안요원을 선정하고 있다. 이렇게 선정된 명단은 항공사가 지방항공청에 보내고 지방항공청에서 승인하면 정식으로 항공기내보안요원의 자격을 갖게 된다.

〈표 5-1〉 항공사별 항공기내보안요원 현황

구분	객실승무원 현황			항공기내보안요원 현황				비율
	남성	여성	총인원	남성	여성	총인원	교관	
대한항공	685	6,587	7,272	581	1,342	1,923	2	남 30% 여 70%
아시아나항공	190	3,640	3,836	150	585	735	32	남 20% 여 80%
제주항공	98	784	882	37	277	314	32	남 12% 여 88%
진에어	136	548	684	34	166	200	3	남 17% 여 83%
에어부산	32	386	418	13	107	120	6	남 11% 여 89%
이스타항공	73	343	416	17	104	121	7	남 14% 여 86%
티웨이항공	77	438	515	38	146	184	24	남 21% 여 79%
에어서울	4	130	134	0	34	34	4	여 100%
합계	1,301	12,856	14,157	870	2,761	3,631	110	남 24% 여 76%

출처 : 국토교통부 통계 자료(2018)

 항공기내보안요원 교육훈련

항공사는 항공기내보안요원의 교육과정을 초기·정기 교육으로 운영하는데 이론교육 및 실습훈련으로 구분하여 실시하고 있다. 테러정세 및 국제위협상황 등이 발생하는 경우에는 교육과정을 추가로 운영한다. 항공기내보안요원 초기교육은 실습훈련을 포함하여 최소 8시간 이상으로 운영한다. 초기교육을 받은 사람과 일반 객실승무원은 매 12개월마다 2시간 이상의 실습훈련을 포함한 최소 3시간 이상의 정기교육을 이수해야 한다. 정기교육은 객실승무원이 매년 정기적으로 받는 안전훈련에 포함되어 실시되고 있다.

〈표 5-2〉 항공기내보안요원 초기훈련 프로그램

구분	과목명
온라인 교육 (4시간)	테러정세 및 국가대테러활동체계
	항공기 성능 및 객실장비
	관찰 및 감시 기법
	최소폭발물 위치 및 상황전달방법
집체실습 훈련 (4시간)	무기훈련(Air-Taser)
	비무장 방어 기술
	체포 및 구금 기법

항공기내보안요원으로 선정된 객실승무원은 운항기술기준과 국가항공보안계획의 보안훈련 프로그램에 의거하여 보안훈련을 받고 있다. 문제는 객실승무원이라는 동일 교육 대상을 두고 운항기술기준과 국가항공보안계획이 각기 다른 훈련과목 또는 유사한 훈련과목을 두고 있어 혼선을 초래할 우려가 있으며 나아가 항공보안훈련 프로그램도 유사한 항목이 있어 객실승무원과 차별화되지 않은 측면도 있다.

■ 국가항공보안계획(7.6.14) : 보안프로그램 항목

국가항공보안계획은 법령에서 모두 규정할 수 없는 사항을 법령의 위임을 받아 공항운영자, 항공운송사업자 등이 자체 보안계획을 수립하는 데 세부적인 기준을 정하고 있다.

① 사건의 중요성 판단
② 승무원 간 통신 및 협력
③ 자기방어력(공포감 조절 능력, 심적 준비 등)
④ 사용이 승인된 무기의 사용방법
⑤ 승무원의 대처능력 촉진을 위한 테러리스트 및 승객의 행동양식
⑥ 각종 위험조건에 따른 상황별 연습 훈련
⑦ 항공기를 보호하기 위한 조종실 출입통제 절차
⑧ 최소한의 폭발물 리스크에 관한 점검절차 및 지침

■ 운항기술기준 : 보안교육 항목

① 항공기 보호를 위한 조종실 출입 등 보안절차
② 항공기 검색절차 및 점검표
③ 중대한 사건에 대한 위험 결정
④ 승무원 간 의사소통 및 협조
⑤ 적절한 자기방어 방법
⑥ 승무원에게 지급된 인가된 비살상용 방어무기에 대한 사용절차
⑦ 테러리스트 행동 경향 및 행동특성에 대한 이해
⑧ 다양한 상황을 고려한 실제 훈련 과정
⑨ 비행 후 승무원을 위한 보안 고려 사항

이와 같이 항공기내보안요원으로 선발된 객실승무원의 경우에는 보안교육에 관해 법 규정의 통일되지 못한 상이함으로 인하여 세 가지 다른 보안교육을 받아야 되는 불합리한 현상이 있는바, 이를 개선하기 위해 법령 간에 보안훈련 프로그램의 일관성 유지와 함께 항공기내보안요원만의 특성화된 교육과목 제정이 필요하다.

항공기내보안요원의 교육훈련을 담당하는 교관의 자격요건은 항공기내보안요원으로 지명된 객실승무원 중에 관계기관으로부터 테러정세 및 국가대테러활동체계 등 필요한 교육을 최소 연 1회 이상 받도록 규정하고 있다.

▲ 객실승무원 기내난동 승객 제압 훈련

항공기내보안요원은 불법방해행위 위협수준 유형 중 2단계(육체적으로 폭력적인 행위) 이상부터 기내난동 승객을 제압하고 구금시키기 위해 기내에 탑재된 보안장비를 활용한다. 항공기내에 비치된 기내난동 승객 제압용 보안장비로는 에어테이저와 타이랩 및 포승줄이 있다. 최근에는 신속한 포박을 위해 신규 포박장비인 Restraint cable 1개, Key Hand cuffs 2개, Emergency cutter 1개가 탑재되어 있다. 에어테이저는 국제선과 국내선 모든 항공기에 각 1정과 실탄으로 불리는 카트리지 3발이 탑재된다. 동 지침 제6조의 항공기내 보안요원의 교육훈련 내용을 살펴보면 사법경찰리로서의 교육훈련이 규정되어 있지 않아 서비스 위주의 업무만 하는 객실승무원이 사법경찰관의 직무를 제대로 수행할 수 없다. 따라서 항공기내보안요원에 대한 교육훈련 규정에 경찰관직무집행법에 의한 직무도 포함해야 할 것이며, 체포술, 제압술, 사격술, 포박술, 호신술 등의 실질적인 제압기법 훈련을 강화하는 방향으로 훈련이 진행되고 있다. 대한항공의 경우 객실승무원 훈련담당 교관이 대통령경호실 경호안전교육원의 '항공보안훈련 교관과정'에 입과하여 훈련을 받았다. 이번 과정은 기내난동 및 불법행위에 적극 대처하기 위한 기내보안 강화방안의 일환으로, 제압 대상자와의 대화법, 관찰기법, 효율적인 제압기법 및 호신술 기초과정을 전수받았다.

해마다 증가되는 항공기내 불법방해행위에 대한 효과적인 대응을 위해 항공사들은 교육훈련이 개선될 필요성을 갖고 있다. 객실승무원만으로는 효과적인 기내난동을 예방하고 대응하는 데 한계가 있음을 인정하고 운항승무원까지 포함하는 훈련 방식이 도입되었다. 사법경찰관리로서의 임무 수행을 위한 교육 강화와 기존에 안전훈련에 적용해 오던 CRM을 보안교육에 반영한 것이 대표적인 훈련 개선 사항이다. 2019년부터 대한항공은 항공보안 교육과정에 객실승무원의 사법경찰관리로서의 임무를 수행할 만한 수준의 사법 처리에 필요한 행정 절차 교육을 강화하였다. 기내에서 불법방해행위가 발생하였을 때 현장에서 객실승무원이 직접적으로 응대해야 하지만 모든 상황을 객실승무원 단독으로만 대처할 수가 없다. 기장 역시 사법경찰관의 역할을 수행하는 법적 권한이 주어진 만큼 항공기 안에서 발생하는 범죄에 관하여는 기장과 객실승무원이 상호 적절한 의사소통을 통해 상황을 정확히 인지하고 적법한 의사결정을 하는 협동체제로 대처해야 하는 것이다. 기장과 객실승무원뿐만 아니라 안전보안실, 운송 및 정비 등 유관부서와의 업무 협조가 중요하다. 이러한 변화된 보안 환경에 맞추어 안전훈련 시 해오던 CRM(Crew Resource Management) 과정에 항공보안을 포함하여 기내난동 승객 대처 훈련을 실시하고 있다.

CRM은 의사소통 및 팀워크 증진을 위한 훈련프로그램으로 기내에서 보안위반 사건 등 발생 시 객실승무원과 운항승무원 간에 분별 있는 의사소통(discreetly communication)이 가능토록 하는 효과를 가져다줄 것이다. 항공사는 안전훈련 때의 CRM 교육을 보안교육 시에도 적극 반영하는 새로운 보안교육 환경을 조성하고 있다.

■ 항공기내보안요원 교육 내용(지침 제6조)

- 항공기내 불법행위자에 대한 강력대응, 경찰인계 절차 및 구금기법
- 비무장 공격 및 방어 기술
- 관찰 및 감시
- 탑재된 무기의 사용방법 등 무기훈련
- 불법행위 유형별 대응절차 및 조치사항
- 최소폭발물위험위치 인지, 승무원의 임무와 책임, 항공기 성능 및 객실장비 등 일반적 교육
- 테러정세 및 국가대테러활동체계
- 운항승무원과 항공기내보안요원 간 객실 내 상황 또는 관련 정보의 신중한 전달방법 또는 방식 등

항공스토리

"사격훈련과 무술훈련은 이어져야…"

우리나라 보안승무원이 있던 시절, 항공사는 무술 유단자를 보안승무원으로 특별 채용하였다. 보안승무원은 기본적으로 무술을 익힌 사람들로 항공기에서 보안 역할을 맡기기에 제격이었다. 80년대에 기내 보안승무원은 베레타라는 소형 권총을 휴대하였다. 일 년에 서너 차례 권총 실탄 사격 훈련을 하였다. 사격장은 경찰대학 사격장, 예비군훈련장, 야산의 사격장 등 다양한 곳에서 이뤄졌다. 86아시안게임을 앞두고는 대테러부대인 공수특수전부대에 가서 특수부대원들에게 직접 테러 대응 훈련을 받았다. 실제 항공기가 훈련 장소였다. 기내 안에서 권총 실탄 훈련도 하였다. 폭발물 전문가인 부대원의 폭발물 종류와 실제 폭탄을 터뜨려 폭탄의 위력을 직접 경험하는 훈련을 받았다. 기내에 인질범을 타개하기 위해 항공기로 침투하는 특수부대원들의 훈련도 참관하였다. 훈련 후 그들과 대테러진압 시 승무원이 도와줄 게 있는지 대화를 나눴다. 그들은 항공기 door 주변에 승객 짐 같은 물건들이 있으면 안 된다고 말해주었다. 왜냐하면 외부에서 항공기 door를 열고 침투할 때 door 주변에 짐이나 어떤 물건이 있으면 그것이 방해물이 되어 door 여는 데 애를 먹는다는 것이다. 대테러 훈련에서 알아야 될 소중한 경험과 지식까지 갖는 훈련이 되었다.

무술훈련도 연중 여러 차례 이뤄졌다. 당시 남자 승무원은 유도복을 하나쯤은 다 갖고 있었다. 무술훈련은 유도, 합기도, 태권도를 위주로 이뤄졌다. 비좁은 기내 공간에서 효과적으로 상대방을 제압하는 기술을 익혔다. 보안승무원은 사격훈련, 폭발물 훈련, 무술훈련 등 실질적으로 반드시 알고 익혀야 할 대테러훈련을 필수적으로 받아왔다. 보안승무원 제도가 폐지되고 없어진 현재 모든 객실승무원이 보안요원화된 지금은 이러한 훈련들이 줄어들거나 없어졌다.

4 항공기내보안요원의 임무

세계 각 나라는 9.11 테러 공격 이후 자국 항공기에 항공기내보안요원(또는 에어마샬)을 탑승시키는 제도를 도입하는 등 항공보안을 강화하였다. 미국은 TSA(교통보안청) 소속의 연방 에어마샬 인원을 대폭 증원하여 국제선을 중심으로 테러 예방에 힘을 쏟고 있다. 미국 연방 에어마샬의 주된 임무는 테러, 항공기 납치, 승객과 승무원에게 폭력, 폭언, 난동 등 공항과 민간 항공기내의 보안업무를 전담하고 있다. 미국은 연방 에어마샬을 항공보안의 마지막 방어선으로 인식하고 있다. 연방 에어마샬은 무기를 소지하고 항공기에 승객으로 위장 탑승하여 테러 위협으로부터 승객과 승무원을 보호하는 것이다.

우리나라는 미국의 연방 에어마샬과는 다르게 국가 주도가 아닌 항공사에게 항공기내보안의 권한과 책임을 위임하여 현재 객실승무원이 항공기내보안요원으로 임무를 수행하는 것이 큰 특징이다. 항공보안법에 따르면 항공사는 승객이 탑승한 항공기에 항공기내보안요원을 탑승시켜야 한다. 국가가 제정한 지침에는 항공기내보안요원을 항공사가 객실승무원 중에서 지명하도록 하였다. 지침에 따르면 항공기내보안요원은 선임객실승무원 또는 2년 이상 객실승무원 경력을 갖춘 자 중에서 항공사가 자발적으로 선발한다.

항공기내보안요원은 운항 중인 항공기의 안전을 해치고 인명, 재산에 위해를 주며 항공기내의 질서를 문란하게 하거나 규율에 위반되는 행위를 하려고 하는 자 및 항공기내에서 발생되는 범죄자에 대해 체포 및 구금 등 필요한 조치를 할 수 있다. "항공운송사업자의 항공기내보안요원 등 운영지침(제3조 제3항)"에서 규정한 항공기내보안요원의 임무는 다음과 같다.

■ 항공기내보안요원의 임무

1. 승객 탑승 전 항공기 객실 내 보안 점검 및 수색
2. 최초 출발공항 또는 중간경유지 공항에서 항공기에 탑승하는 승객 또는 재탑승하는 승객과 휴대수하물에 대하여 의심스러운 경우 수색 및 점검
3. 운항 중 항공기 객실 내 보안 순찰
4. 운항 중 및 경유지에 있는 동안의 객실 내 보안감독
5. 항공기 불법 점거 또는 파괴행위 제지
6. 객실 내 폭발의심물체가 발견된 경우 최소위험폭발물위치 사용절차에 따른 수행
7. 불법행위 발생 시 녹화 실시 및 불법행위 승객 도착공항 경찰관서에 인도
8. 기타 승객의 안전 및 항공기 보안에 필요한 사항

〈표 5-3〉 항공기내보안요원과 일반 객실승무원의 보안업무 차이

구분	항공기내보안요원	일반 객실승무원
승객탑승 전 항공기내 보안점검	○	○
의심스러운 승객 휴대수하물 검색	○	○
운항 중 객실보안순찰	○	○
객실 내 보안 감독	○	X
불법점거 파괴행위 금지	○	○
폭발물 피해 최소구역위치 사용절차	○	○
불법행위 녹화	○	○

범례 : ○ - 수행하고 있음, X - 수행하고 있지 않음

항공기내에서 항공기내보안요원과 일반 객실승무원이 수행하는 보안업무의 차이점을 보면 크게 다르지 않다. 항공기내보안요원의 임무와 일반 객실승무원의 보안업무와 차이가 없는 점을 고려할 때, 항공기내보안요원은 객실승무원이 매번 항공기에서 일상적으로 수행하는 보안업무보다는 직접적으로 승객을 불안하게 하고 가해를 하는 등 신체적 부상을 입히거나 생명에 위협을 주는 기내난동 승객, 폭발물 소지 위협 승객, 기내농성 승객, 조종실 강제 진입 시도 승객, 항공기내 설비 파괴 승객 그리고 기타 예상할 수 없는 방법으로 항공기내에서 불안감을 조성하는 승객들을 집중적으로 예방하고 제압하는 임무를 수행하는 것이 실제적으로 항공기내보안요원으로서의 명칭에도 부합된다고 볼 수 있다.

항공기내보안요원과 일반 객실승무원의 보안업무가 크게 다르지 않은 문제점이 기내에서 발생한다. 불법방해행위자의 입장에서 보면 객실승무원 유니폼을 착용하고 있는 항공기내보안요원이 객실승무원으로 보이기 때문에 항공기내보안요원의 지시에 따르지 않거나 무시할 소지가 있다. 지금도 객실승무원이 기내난동 등의 위협을 하는 승객을 제지할 때 어려움을 겪는 고충 중에 하나가 객실승무원을 서비스하는 사람으로 널리 인식된 사회적 통념 때문에 난동 승객은 객실승무원의 지시에 쉽게 응하지 않는다는 것이다. 더구나 항공보안법 제23조 "승객의 협조의무"에 대한 규정은 물론 이 조항을 위반한 승객에 대해 처벌까지 하도록 하고 있음에도 불구하고 객실승무원의 지시에 따르지 않고 기내난동을 하는 사례는 여전히 존재하고 있다.

실제로 항공기내보안요원 제도가 시행된 지 15년이 넘었으나, 지금까지 대외적으로 알려진 항공기내 난동 승객 발생 사건과 관련하여 항공기내보안요원이 제지하고 제압하였다는 사실이 알려진 경우는 거의 없다. 여전히 객실승무원이 난동 승객을 제지하고 제압한 것으로 더 알려지고 있다. 국가가 항공보안의 중대성과 심각성을 정책에 반영하여 제정된 기존의 항공보안법에 더하여 별도로 항공기내보안요원 운영지침까지 법체계를 구축해 놓고도 항공기내보안요원의 역할이 대내외적으로 제대로 알려지지 않는다면 항공보안법 제14조2항의 "항공운송사업자는 승객이 탑승한 항공기를 운항하는 경우 항공기내보안요원을 탑승시켜야 한다"는 규정은 무색해질 수밖에 없다. 따라서 항공기내의 불법방해행위 및 보안규정을 위반하는 승객에 대하여 객실승무원의 유니폼을 착용하고 있는 항공기내보안요원이 항공보안의 본연의 임무에 충실하고 원활하게 때로는 강경하게 수행할 수 있도록 정부가 법적으로 그 권위를 인정하고 보장하는 의미에서 항공기내보안요원임을 나타내거나 알릴 수 있는 표식 또는 신분증(미국은 에어마샬에게 자격증을 줌)을 활용하는 방안을 개선할 필요가 있다.

항공사의 항공기내보안요원 미지칭 사례 (2016. 12월 대한항공 대국민 기자회견)

프라임경제 대한항공, 기내난동 진상고객에 강력대응

조기진압 위해 테이저·스턴건 사용절차 간소화·기내 보안훈련 강화

▲ **전 승무원 대상** 항공보안훈련 강화

▲ 관리자급인 **객실사무장 및 부사무장 대상**으로 항공보안 훈련 횟수를 현행 연 1회에서 3회로 늘릴 계획

"회견 내내 항공기내보안요원을 지칭하는 언급이 없음."

객실 승무원을 기내 안전/보안요원으로 인정하는 사회 분위기 형성에 역행.

 한국과 미국의 차이점

미국의 연방 에어마샬과 한국의 항공기내보안요원 간 운영상의 차이점은 〈표 5-4〉에서 보듯이 확연하게 드러나 보인다. 두 국가 간의 가장 큰 차이점은 신분과 소속이 다르고, 교육훈련 기간이 다르다는 것이다. 미국은 교통보안청(TSA) 소속의 국가 공무원이 에어마샬 역할을 담당하고 있으며, 한국은 민간기업인 항공사의 객실승무원이 항공기내보안요원 임무를 지니고 있다. 교육은 미국의 연방 에어마샬이 16주간의 장기적인 훈련체계를 갖춘 반면, 한국은 초기교육 8시간만 이수하면 항공기내보안요원 자격을 부여한다. 이 밖에도 연방 에어마샬은 21세에서 57세까지 근무 연령에 대한 규제를 갖고 있으나, 한국은 연령에 대한 제한이 없다. 항공기 근무 비행편의 경우, 연방 에어마샬은 특정하여 제한적이나 한국은 국제선, 국내선 모든 노선에 항공기내보안요원을 두고 있다.

〈표 5-4〉 한국과 미국 항공기내보안요원의 운영상 차이점

구분	미국	한국
명칭	연방 에어마샬 (Federal Air Marshal)	항공기내보안요원 (In-Flight Security Officer)
소속	국토안보부 교통보안청(TSA)	항공사
신분	공무원	객실승무원
재직기한연령	57세	제한없음
초기훈련	16주	8시간
근무복장	평상복	객실승무원 유니폼
담당업무	항공보안	보안 및 기내서비스
탑승항공편	특정 항공편	전 노선

6 ICAO 항공기내보안요원(IFSO : In-Flight Security Officers) 규정

국제민간항공기구(ICAO)가 마련한 민간항공기에 대한 불법방해행위 억제를 위한 지침 매뉴얼 7차 개정판의 첫 문장은 이렇게 시작한다. "민간항공기에 항공기내보안요원(IFSO)을 배치하는 것은 각 나라가 철저하게 대비해야 하는 중요한 보안조치 사항이다. IFSO는 잘 선발되고 훈련과 교육을 받으면 불법방해행위를 예방하고 억제할 수 있다. 반면에 IFSO를 적절하게 선발하고 훈련하지 않으면 심각한 사고로 이어질 수 있다. 따라서 각국은 IFSO의 법과 운영에 세심한 주의를 기울여야 한다."

ICAO는 항공기내보안요원은 특별히 선발되고 훈련받은 정부 인원으로 하여야 하며, 항공기내보안요원의 기내 배치는 철저하게 비밀을 유지해야 한다고 Annex17에 명기하고 있다. 미국의 연방 에어마샬은 항공기 테러, 납치 그리고 승객의 폭력, 폭언과 같은 난동 등 공항과 항공기내에서 보안을 규율하는 법 집행을 하고 있다.

Annex17(4.7.5)은 항공기내보안요원을 포함하여 무장한 보안요원이 항공기에 탑승하여 다른 국가로 비행근무를 원할 시에는 양국 간에 협정을 맺은 경우에만 가능함을 규정하고 있다.

〈기준 4.7.5〉 Each Contracting States shall consider requests by any other State to allow the travel of armed personnel, including in-flight security officers, on board aircraft of operators of the requesting State. Only after agreement by all States involved shall such travel be allowed.

한국을 제외한 영국, 호주, 캐나다, 일본, 중국, 싱가포르, 인도 등 세계 많은 국가들은 미국의 연방 에어마샬을 모델로 ICAO의 권고에 맞춰 항공기내보안요원을 항공사가 아닌 국가 주도하에 운영하고 있다.

■ **IFSO가 되고자 하는 지원자는 다음과 같은 선발 기준을 충족해야 한다.**

① 강력한 사회성 및 커뮤니케이션 기술

② 스트레스에 대처하는 능력

③ 신체적, 정신적 적합성

④ 좋은 기억력과 집중력

⑤ 팀의 일부로서 또는 독립적으로 효과적으로 일할 수 있는 능력

⑥ 적극적인 의사표명 능력

⑦ 좋은 매너와 적절한 외모

⑧ 신체적 위험 상황에 대처하는 기술

⑨ 총기 취급 및 비무장 전투의 기술

⑩ 약물 의존으로부터의 자유 및 뛰어난 자기관리

1) IFSO 훈련 프로그램

- 체포 및 구류 기술
- 비무장 공격 및 방어 근접 격투 기술
- 관찰 및 감시
- 항공기 검색 및 압수
- 비살상 무기 사용법
- 총기 훈련
- 항공기 내부 및 구조에 대한 지식
- 인적 요인 훈련, 특히 높은 고도에서 낮은 기압과 산소 감소로 인한 생리적, 심리적 영향
- 비행 중인 항공기와 같이 제한된 공간 내에서의 동작 기술
- 모형 항공기를 이용한 실질적인 훈련 시뮬레이션
- 제지 및 제압 교육
- 상황 인식 교육
- 신중하고 비밀스러운 의사소통 방법

IFSO 훈련 프로그램의 항공 관련 주제는 보안을 위한 적절한 기관이 개발해야 하며, 법 집행 측면은 국가 경찰의 책임이어야 한다. 따라서 전체 IFSO 훈련 프로그램은 항공보안 전문가에 의해 개발되었음을 보장해야 한다. 모든 IFSO는 다른 국가의 문화, 환경, 정치

및 위협 상황에 대한 교육을 받아야 하며, 외국 공항에 주재하고 있는 경찰, 군사 및 항공보안기관에 대한 사전 지식이 있어야 한다.

2) IFSO 임무 및 의무 사항

- 필요에 따라 최소한의 치명적인 수단을 사용하여 불법적인 기내점거 또는 파괴 행위를 억제하고 용의자를 체포한다.
- 항공기에서 폭발물로 의심되는 장치 발견 시 폭발물 피해최소구역 적용
- 조종실 보호
- 승객, 수하물, 화물 또는 우편물이 탑승하기 전에 항공기 보안 검색 및 검사
- 출발지 또는 중간 기착지에서 승객 및 수하물 검색 및 검사
- 위협받는 항공기의 비행 중 검색
- 기내 의심스런 승객 행동 감시 및 감독

IFSO는 사무장, 객실승무원 또는 안전업무를 전담하여 수행하는 다른 승무원의 역할과 혼용되어서는 안 된다. IFSO가 보안임무 외에 안전 등 다른 비행 임무를 동시에 수행하는 것은 현실적으로 가능하지 않다. 일반적으로 IFSO는 기내 소란 승객과 관련된 상황에 개입해서는 안 된다. 이러한 기내난동행위는 객실승무원이 처리해야 한다. IFSO가 그러한 기내난동 상황에 개입하면 IFSO임이 드러나기 때문에 주의해야 한다.

체약국 내 공항에서 항공보안업무를 수행하기 위해 IFSO를 사용하는 것은 국가가 결정할 문제이다. 기내에 배치되는 IFSO의 수와 운용 통제는 일반적으로 요구되는 보안 적용범위와 정도, 항공기 운영자의 비행 일정 및 경로의 범위에 따라 달라진다. IFSO는 최소 2명의 인원으로 구성된 팀으로 운영되어야 한다. 더 큰 항공기 또는 더 많은 위협받는 노선에서, 더 큰 팀이 매우 바람직하다. IFSO는 항공기 조종사의 지시와 통제에 따라야 하지만, 억제 및 제압 대응 규칙에 따라서는 독립적으로 행동할 수 있다.

 주요 국가의 항공기내보안요원 현황

세계 많은 국가들은 미국의 9.11 테러 사건의 영향을 받아 2001년 이후부터 중반에 이르기까지 자국의 민간항공기를 보호하기 위해 항공기내에 무장한 보안요원을 탑승 배치하는 프로그램을 도입하였다. 일명 스카이마샬 또는 에어마샬로도 불리는 항공기내보안요원은 미국의 연방 에어마샬 프로그램과 유사한 형태로 운영되고 있다.

1) 미국 연방 에어마샬 현황

미국에서는 항공기내보안요원으로 연방 에어마샬 프로그램을 운영하고 있다. 연방 에어마샬은 승객으로 위장하고 무기를 은밀히 소지한 채, 기내에 탑승하여 범죄나 테러로부터 승객과 승무원, 항공기의 안전을 위한 역할을 수행한다. 따라서 미국과 비자면제협정을 맺은 국가들 대부분은 미국의 연방 에어마샬과 같은 방식의 국가주도의 항공보안요원을 운영하고 있다. 이에 반해 우리나라는 에어마샬 운영을 국가주도가 아닌 항공운송사업자에게 위임하여, 오늘날 항공사의 객실승무원이 항공기내보안요원으로 역할을 담당하고 있다. 국가 주도가 아닌 항공운송사업자의 항공기내보안요원 운영은 법적 근거를 토대로 항공기내보안요원에 대한 선정과 훈련, 그리고 항공기 탑승 등 법적인 틀은 갖추었다고 볼 수 있다. 그러나 현재 국내 각 항공사가 항공기내보안요원으로 객실승무원을 지정하여 법이 요구하는 수준의 훈련을 이행하고 기내에 탑승하고 있지만 항공기내보안요원으로 지정된 객실승무원이 항공기에 탑승하고 있는 동안 테러와 범죄 등으로부터 승객을 보호하는 근본적이고 원천적인 목적인 항공보안에만 치중하여 있지는 않다. 이것부터가 미국에서 국가주도로 운영하고 있는 연방 에어마샬과 큰 차이를 보이고 있다.

가. 연방 에어마샬(Federal Air Marshal)의 역사

최초의 에어마샬 프로그램은 1963년 케네디 대통령이 항공기 위협이 고조되어 필요한 경우에만 세관보안관이 항공기 보안임무를 수행하도록 지시한 데서 비롯되었다. 1968년에 연방항공청(Federal Aviation Administration: FAA)에서 스카이 마샬 프로그램이 가동되면서 연방 에어마샬이라는 이름이 정식으로 사용되기 시작했다. 1969년 항공기를 대상으로 한 납치 범죄가 급증하자 닉슨 대통령은 항공기 납치에 대응하기 위해 무장한 연방 에어마샬을 미국의 민간항공기에 탑승하도록 지시하였다. 최초로 항공기에 탑승 배치된 연방 에어마샬은 당시에는 재무부 항공보안국 소속이었다. 그러나 1973년 이들 재무부 소속의 연방 에어마샬들은 미국의 전 공항에서 최초로 공항보안검색이 실시되는 것을 계기로 해체되었다가 다시 연방항공청(FAA) 소속으로 전환 배속되었다. 1985년 TWA 항공기 납치 사건을 계기로 로널드 레이건 대통령은 교통장관에게 국무장관과 협조하여 연방 에어마샬(Federal Air Marshal)을 국내선 항공기에만 제한 탑승하던 것을 국제선까지 확대 탑승하여 전방위적으로 항공기 납치 예방의 임무를 수행하도록 지시하였다. 이 같은 대통령의 지시에 따라 연방 에어마샬을 법적으로 지원하기 위해 미 의회는 국제 항공보안 및 발전협력에 관한 법률제정(International Security and Development Cooperation Act)을 승인하였다.

2001년 9.11 항공기 테러 공격 사건을 계기로 조지 부시 대통령은 당시 33명밖에 없던 연방항공보안요원을 수천 명까지 대폭 충원하여 강도 높은 훈련을 이수토록 하고 전 세계에 걸쳐 연방 에어마샬을 항공기에 탑승 배치하도록 조치하였다. 2005년 10월에 국토안보부는 연방 에어마샬을 교통보안청(TSA)으로 배속하도록 조직개편을 단행하여 오늘날에 이르게 되었다. 현재 미국에는 약 2,500명에서 4,000명의 에어마샬이 있으며, 이는 9.11 이전의 33명에서 늘어난 것이다.

〈표 5-5〉 미국 역대 대통령의 연방 에어마샬 관련 특별 지시현황

대통령	특별 지시사항	배경 및 사건
케네디(1963)	세관보안관이 위험도가 높은 특정 항공기에 탑승토록 지시	1961년 미국 최초의 항공기납치 사건 발생
닉슨(1969)	무장한 연방 에어마샬을 민간항공기에 탑승토록 지시	1968년 한 해에만 미국에서 27건의 항공기 납치 급증
레이건(1985)	연방 에어마샬이 국내선 항공기에만 제한 탑승하던 것을 국제선까지 확대 탑승 지시	TWA 항공기 납치(1985)
조지 W. 부시(2001)	당시 33명이던 연방 에어마샬을 수천 명까지 확충하고 전 세계에 걸쳐 연방 에어마샬을 항공기에 탑승 지시	9.11 테러(2001)
오마바(2010)	연방 에어마샬 인원을 대폭 증가 지시 (현재 인원 3200명 수준)	알카에다 요원 기내에서 속옷에 숨겨온 자살폭탄 점화 시도(2009)
트럼프(2020)	연방 에어마샬을 도시의 시위 진압에 투입할 것을 지시하는 행정명령을 내림	오리건주 포틀랜드에서 발생한 시위대 진압

나. 연방 에어마샬 관련 법규

● 2001 연방 에어마샬과 하늘의 안전에 관한 법률
(Federal Air Marshals and Safe Sky Act of 2001)

9.11 항공기 테러 공격이 있은 지 열흘이 지난 9월 21일 미국 의회는 법무장관 주도의 연방 에어마샬 프로그램을 수립하기 위해 '2001 연방 에어마샬과 하늘의 안전에 관한 법률(Federal Air Marshals and Safe Sky Act of 2001)'을 제정하였다.

① 연방 에어마샬 프로그램의 목적

동 법률에서 연방 에어마샬 프로그램의 목적은 항공 승객을 위한 모든 보안의 형태에 대한 책임을 연방정부가 갖고 공항과 민간 항공기내를 대상으로 최고의 보안을 제공하는 것임을 명시하고 있다.

② 연방 에어마샬의 근무 원칙

연방 에어마샬은 테러, 항공기 납치와 관련된 법과 항공 승객에게 폭력, 폭언, 난동과 관련된 법을 포함한 공항과 민간 항공기내에서 보안을 규율하는 모든 연방법들을 집행하는 목적으로 근무해야 한다.

③ 연방 에어마샬에 대한 증명, 교육, 신체검사의 책임

이 프로그램을 근거로 법무장관은 신분 증명의 일환으로 에어마샬 후보자에 대한 경력과 신체검사에 관해 정보를 제공할 뿐만 아니라 연방 에어마샬의 적절한 교육과 감독에 대한 책임을 갖는다.

④ 연방 에어마샬 프로그램에 대한 비용

이 프로그램과 관련된 비용은 항공사, 주정부, 연방정부가 지불한다.

다. 항공 및 교통안전법(Aviation and Transportation Security Act)

2001년 11월 19일 미국 의회는 동법을 제정하여 9.11 테러 공격사건을 계기로 항공보안의 책임을 지게 될 교통보안청(TSA: Transportation Security Administration)을 신설하였다. TSA의 총책임자는 5년 임기에 교통부의 보안담당 차관보가 수행하도록 동법은 규정하고 있다.

동법에서 연방 에어마샬과 관련된 주요 규정으로는 첫째, 연방 에어마샬은 보안에 가장 큰 위험이 있다고 판단되는 민간항공기에 탑승하는 규정을 두었으며 둘째, 연방 에어마샬에 대한 교육, 감독, 보안장비를 제공하는 규정과 셋째, 항공사는 좌석의 여유가 있든 없든 관계없이 연방 에어마샬에게 좌석을 제공해야 하며 비용은 정부 또는 연방 에어마샬 개인에게 요구할 수 없도록 하였다. 또한 근무를 마치고 복귀하는 연방 에어마샬에게도 같은 조건으로 좌석을 제공하도록 규정을 두었다. 넷째, 연방 에어마샬의 채용은 연령에 관계없이 경력과 체력검사에 문제가 없는 퇴직 법집행요원, 군경력자 그리고 9.11 사건 이후 1년 내에 일시 해고된 승무원 출신들을 대상으로 규정하였다.

라. 연방 에어마샬의 항공기 탑승에 관한 규정 (CFR49.1544.223-Transportation of Federal Air Marshals)

미국 연방정부 기관들의 각종 법규와 법령을 집대성한 연방규정집(Code of Federal Regulation : CFR) Title 49(Transportation)에 연방 에어마샬의 항공기 탑승 근무와 관련하여 준수되어야 할 규정이 명시되어 있다.

① 근무 중인 연방 에어마샬은 보안검색이 요구되는 항공기에 무기를 소지하고 탑승해도 된다.

② 항공운송사업자는 TSA가 규정한 인원과 방식에 따라 승객이 탑승하는 항공기와 TSA가 지정한 부정기 및 전세항공기에 반드시 연방 에어마샬이 탑승하도록 한다.

③ 연방 에어마샬은 탑승자 중 최우선순위의 탑승자가 되어야 하며 항공기가 출발할 장소로 이동하는 것을 포함하여 근무로 인한 탑승은 항공요금을 받지 않는다. 연방 에어마샬이 어떠한 이유로든 스케줄이 취소된 항공기에서 TSA가 지정한 항공기로 변경 탑승할 경우 항공운송사업자는 항공요금을 청구하지 않는다.

④ 항공운송사업자는 근무 중인 연방 에어마샬이 요청한 특정한 좌석에 앉도록 배정해야 한다. 만약 동일 항공기에서 다른 기관의 법집행요원(Law Enforcement Officer: LEO)이 같은 좌석에 배정되었다면, 항공운송사업자는 연방 에어마샬에게 반드시 알려주어야 한다. 연방 에어마샬은 법집행요원과 좌석 배정에 대해 조정을 할 수 있다.

⑤ 연방 에어마샬은 항공운송사업자에게 연방 에어마샬 사인(signature)과 TSA 청장의 사인이 있고 뚜렷하게 얼굴이 다 나오는 사진이 부착된 자격증(credentials)으로 자신의 신분을 알려야 한다. 연방 에어마샬은 자신의 신분을 알리는 데 있어 배지나 문장 또는 비슷한 장식품을 사용해서는 안 되며, 또한 받아들여져서도 안 된다.

⑥ 항공운송사업자는 자사의 어느 공항지점 또는 항공기에서 연방 에어마샬이 탑승한 목적과 탑승 여부, 좌석, 이름 등에 관한 어떠한 정보도 엄격히 제한해야 한다.

⑦ 무기 소지 허가를 받은 법집행요원과 동일 항공기에 탑승한 연방 에어마샬은 법집행요원과 비행 중 직접 대면할 수 있다.

마. 연방 에어마샬의 임무

연방 에어마샬의 총체적 임무는 "미국의 항공기, 공항, 승객, 승무원을 목표로 하는 적대적 행위를 감지(Detecting)하고 제지(Deterring)하며, 괴멸(Defeating)시킴으로써 미국의 항공시스템에 대한 국민적 자신감을 증진하는 데 있다."고 명시되어 있다. 연방 에어마샬의 핵심 임무(Core Mission)는 고도의 훈련을 받고 무장한 에어마샬이 특정 항공기에 탑승하여 근무하는 것이다.

미국은 연방 에어마샬을 항공보안의 마지막 방어선으로 인식하고 있다. 에어마샬의 임무는 무기를 소지하고 항공기에 승객으로 위장 탑승하여 테러 위협

☞ **항공기 에어마샬(Air Marshal)**

<임무(Mission)>

미국의 항공기, 공항, 승객, 승무원을 목표로 하는 적대적 행위를 감지(Detecting)하고, 제지(Deterring)하며, 괴멸(Defeating) 시킴으로써 미국의 항공시스템에 대한 국민적 자신감을 증진하는 데 있다.

에어마샬은 무기를 소지하고 항공기에 승객으로 위장 탑승하여 테러 위협으로부터 승객과 승무원을 보호하는 것이다.

으로부터 승객과 승무원을 보호하는 것이다. 연방 에어마샬은 신분 노출을 예방하기 위해 불과 몇 시간 전에 탑승할 항공기를 통보받으며 근무배치를 받는다.

연방 에어마샬의 임무 특징은 첫째, 독립적인 개체의 성격을 지니고 있다. 소속은 TSA로 하나 기내 테러 대응에 있어 판단과 조치 등은 전적으로 에어마샬에게 권한을 부여하고 있다. 둘째, 국가의 각 안보기관과 연계되어 협력체제를 갖추고 있다. 국가 안보에 위협을 주는 항공기 테러를 효과적으로 예방하고 신속히 대응하기 위해 사전 또는 사후에 국가 안보기관들과 긴밀한 협조를 할 수 있는 환경을 마련하고 있다. 셋째, 에어마샬의 임무로 인한 결과에 대해 신분을 보장한다는 것이다.

항공스토리

"연방 에어마샬 총격사건"

2005년 12월 7일 연방 에어마샬이 미국 마이애미 국제공항 탑승구에서 출발 대기 중이던 아메리칸에어 924편에서 폭탄을 소지했다고 위협한 한 남자 승객(44세)을 사살하는 사건이 발생했다. 이 승객은 출발하려던 항공기 기내 후방에서 뛰어나오면서 자신의 가방에 폭탄이 들어 있다고 위협하여 제지했으나 말을 듣지 않아 실제로 위협적인 행동을 할 가능성이 있다고 판단한 연방 에어마샬이 총격을 가한 것이었다. 연방 에어마샬은 승객에게 투항할 것을 명령했으나 오히려 공격적으로 달려들어 총격을 가하게 된 사건이다. 미국 당국은 승객의 짐 가방을 수거해 폭파시켰으나 폭발물이 들어 있었다는 징후는 포착되지 않았다. 동행한 사망 승객의 부인에 따르면 승객은 정신병력이 있었던 것으로 알려졌다. 사건 다음날 백악관 대변인은 대통령이 연방 에어마샬의 조치는 규정과 훈련에 따른 것이라는 입장을 밝혔다.

출처 : 뉴욕타임스

바. 연방 에어마샬의 훈련

연방 에어마샬이 되고자 하는 후보자들은 훈련받기 전에 철저한 신원조회와 신체검사 및 체력검사를 통과해야 한다. 훈련은 2단계로 나누어 집중적으로 받는다. 첫 단계 훈련 프로그램은 7.5주 동안 체포기술, 안전과 생존기술 등에 대한 교육을 받는다. 이 훈련을 마치면 2단계(7.5주)로 사격술, 체력단련, 행동인지관찰, 호신술, 응급의료처치훈련, 국제법

▲ 기내 현장에서 훈련 중인 연방 에어마샬

등 기타 기술적인 훈련을 받는다. 두 번째 단계에서의 훈련은 항공기 모형과 항공기내 현장에서 행해지는 실습훈련이다. 이 현장훈련은 사격술의 정확도를 높이기 위한 것이다. 이 훈련은 기내구조가 아주 좁은 환경이며, 많은 승객들이 지켜보는 상황에서 사격을 해야 하기 때문에 아주 실용적인 훈련이 된다. 이 훈련과정을 성공적으로 완수한 자는 자격증을 받고 연방 에어마샬로 현장에 투입된다.

● **미국 연방 에어마샬의 훈련 내용**

1) 훈련 기간(총 16주)
   - 기초훈련(36일) / 전문훈련(43일)
2) 훈련 내용
   - 신체단련(근력/유연성/민첩성/심폐지구력)
   - 총기 훈련(155시간)
   - 수사 및 체포 등 형사사법 훈련
   - 호신술, 항공기 전술훈련

2) 기타 국가별 항공기내 보안요원 현황

가. 호주

호주정부는 2001년 항공보안 개선책의 일환으로 호주연방경찰 책임하에 ASO(Air Security Officer) 프로그램을 도입했다. Sky Marshal로도 불리는 ASO는 처음 시행된 2001년 12월 국내선에만 탑승하다가 2003년부터 국제선으로 탑승근무를 확대하였다. 승객으로 위장하여 위협 가능성이 있는 국내선 또는 국제선에 무기를 소지하고 탑승 근무하고 있다. ASO가 어느 항공기에 몇 명이 타는지에 대해서는 승객의 안전을 위해 비밀로 하고 있다.

ASO는 위협수준에 맞는 대응 훈련을 받는다. ASO는 항공기 납치를 시도하는 테러 및 항공기를 장악하려는 또 다른 항공범죄행위에 대한 대응 훈련을 받으며, 고도의 무기훈련 이외에도 협상기술과 방어전략 등을 교육받는다. 2004년 5월 호주는 미국과 양국 간 항공기에 에어마샬 배치를 허용하는 협정을 맺었다. 이 협정은 항공보안과 대테러에 양국이 긴밀한 협조를 해온 오랜 역사적 배경에서 이뤄진 매우 중요한 항공보안 대책으로 받아들여지고 있다.

나. 캐나다

캐나다 항공기 보호프로그램(Canadian Air Carrier Protective Program: CACPP)은 미국 9.11 테러 공격의 영향을 받아 2002년 9월 캐나다연방경찰과 항공보안의 책임을 지고 있는 캐나다교통국 간에 양해각서를 체결하면서 도입됐다. 캐나다연방경찰이 항공기보안요원(In-Flight Security Officers: IFSO)으로서 항공기에 승객으로 위장하여 탑승 근무하고 있다. IFSO는 위협-위기 평가 프로그램(Threat-Risk Assessment)을 기반으로 위협이 있는 항공기에 배치하고 있다. 캐나다연방경찰에서 선발된 IFSO는 항공기내의 여러 상황을 가상하여 집중적으로 고도의 전문 훈련을 받고 있다. 무기는 마지막 방어수단으로 사용된다. 이 프로그램은 IFSO의 신분과 활동을 보호하고 나아가 국가안보 차원에서 비밀로 하고 있으나, 기장과 객실승무원에게는 IFSO 탑승에 대해 알려주고 있다. 이 프로그램에는 항공 승객들을 범죄와 테러로부터 보호하기 위한 여러 대책들이 갖춰져 있다.

다. 싱가포르

싱가포르 의회는 자국 항공기를 이슬람 극단주의자로부터 보호하기 위해 무장한 스카이마샬을 허용하는 법안을 통과시켰다. 싱가포르는 국적기인 싱가포르 항공기에 현실적이고 위급하며 심각한 테러의 위협에 적극 대응하기 위해 보다 많은 에어마샬의 배치를 결정했다. 싱가포르 정부는 미국의 테러와의 전쟁을 공식으로 지지하는 발표 이후 동남아시아에서 활동하는 테러범들의 가장 주된 테러 공격 목표가 될 수 있다고 보며, 미국이 주도하는 민간항공기의 에어마샬 증강 배치 움직임에 적극 동참하는 국가이다. 싱가포르는 경찰 및 특수전술구조대 출신자를 대상으로 스카이마샬을 선발하고 있다. 싱가포르 정부는 2003년 12월에 호주와 양국 간 항공기에 무장한 에어마샬 탑승을 허용하는 협정을 맺었다.

라. 중국

중국은 미국 9.11 테러의 영향을 받아 3년간의 준비기간을 마치고 2004년 새로운 2천여 명의 항공안전원을 국내선과 국제선에 탑승토록 하고 있다. 사복차림의 항공안전원은 1천 편이 넘는 항공기와 위협에 민감한 노선에 주로 탑승 배치하고 있다. 중국의 항공안전원은 테러의 위협에 대한 승객의 안전은 물론 기내흡연 승객 또는 휴대폰 사용 승객 제지와 같은 일상 안전업무도 맡아서 하고 있다. 중국의 최초 항공안전원은 항공사의 보안직원 출신과 경찰 경력자 중에서 선발하여 구성하였다. 항공안전원은 체포기술, 협상전략 그리고 위기관리와 같은 엄격한 훈련을 받고 있다. 중국은 북경올림픽의 안전에 대비하여 2006년 4월 미국과 에어마샬의 협조에 대한 양해각서를 체결하고, 중국의 항공안전원이 미국 연방 에어마샬 훈련프로그램에 참가하여 항공기 전술, 방어수법 및 조사기술 등에 대한 교육을 받았다.

마. 일본

일본은 9.11 이후 새로운 대테러 대책의 일환으로 2004년 12월에 스카이마샬 프로그램을 도입했다. 일본경찰청은 2004년 8월 일본에 대한 테러 위협이 급속히 커지고 있음을 인식하고 "대테러 행동계획안"을 수립하였다. 이 계획안에서 스카이마샬 도입을 강화해야 할 보안대책으로 제기하였고, 같은 해 12월에 일본 정부가 제정한 "테러리즘 예방을 위한 행동계획안(Action Plan for Prevention of Terrorism)"에서 즉각 시행해야 할 대책으로 스카이마샬 프로그램 도입을 명시하였다.

국가별 항공기내보안요원 선발

국가	선발 자격
호주, 캐나다, 독일, 영국, 일본	국가 경찰
미국, 이스라엘, 싱가포르, 중국, 인도	군 출신, 보안경력자
한국	객실승무원

ICAO Annex17 (4.7.7) 권고 사항

- 체약국은 항공기내보안요원을 특별히 선발하고, 훈련 받은 정부 인원(government personnel)로 하여야 한다.

국립경찰청은 자국 항공기를 보호하기 위해 경찰관을 항공기에 탑승시키는 스카이마샬 제도를 조속히 도입하기 위해 관련 부처 및 기관 그리고 항공사와 협의하는 데 주도적인 역할을 하였다. 국립경찰청은 자국 항공기의 미주노선에 무장한 스카이마샬을 탑승토록 하고 있다.

항공스토리

"항공기내보안요원 회의가 열리던 날"

2008년 어느 날, 대한항공 객실안전팀장으로 근무하던 시절. 안전보안실에서 예정에 없던 회의 참석 통보를 받았다. 회의 주제도 모른 채, 아무런 준비도 없이 회의실로 갔다. 회의에는 객실 대표인 나를 포함해, 운항부서, 운송부서, 법률부서 직원들이 참가했다. 안전보안실 주관의 회의 안건은 기내보안요원의 도입 여부였다. 회의는 미국행 항공기에 기내보안요원이 탑승해야 하는데 어떻게 운영할 것인지 항공사의 의견을 보내달라는 정부로부터의 요청에 의해서 열리게 되었음을 알게 되었다. 우리 회사 객실승무원을 항공기내보안요원으로 활용하자는 것이었다. 뜬금없이 사전 설명도 충분하지 않은 상태에서 객실승무원을 기내보안요원으로 활용하자는 안전보안실의 의견에 나는 반대할 수밖에 없었다. 그때는 기내보안요원이란 말조차 생소했다. 객실승무원의 기본 업무인 고객서비스 등 기내에서 해야 할 업무가 많은데 보안요원 역할까지 하는 것은 무리가 있다고 했다. 또한, 국가가 담당할 기내보안요원을 민간기업인 항공사의 객실승무원이 맡아서 기내보안 사고로 책임질 일이 발생하면 회사는 어떻게 할 것인가 되물었다. 더욱이 객실승무원 성별 구성상 여승무원 숫자가 90% 이상을 차지하는데 기내 범죄자들을 체력적으로 당해낼 수 있겠는가라고 반문하였다. 법률부서에서 온 직원도 거들어주었다. 법적인 문제로 이어질 시 항공사가 문제를 떠안게 되고 대내외에서 법적으로 부당한 영향을 받을 수도 있다고 하였다. 격론 끝에 결론 없이 그렇게 회의는 끝났다. 며칠 뒤 안전보안실에서 공문이 왔다. 객실승무원이 기내보안요원 역할을 맡기로 결정됐다는 내용이었다.

테러리즘

1. 테러리즘의 정의 및 개요
2. 우리나라의 항공테러 발생 추이
3. 항공보안 사건 사례
4. 미국 9.11 항공테러 사건
5. 한국의 테러리즘 대비태세
6. 국가별 및 국제기관의 테러리즘 대비태세

테러리즘

1 테러리즘의 정의 및 개요

'테러(terror)'는 라틴어 '놀라게 하다'라는 동사 terrere에서 나온 말로 프랑스혁명 이후 공포정치(Reign of Terror)를 하면서 테러란 단어가 처음으로 사용되기 시작했다. 테러리즘에 대한 정의는 많은 연구에서 100개가 넘을 정도로 일치된 정확한 정의가 없다. 테러 위협은 공개 집단, 개인, 심지어 국가 등 어디서든 발생할 수 있으며 테러리스트는 소속 테러단체에 따라 다양한 목표를 추구할 수 있기 때문에 모든 테러행위의 맥락상 단일 정의를 내릴 수가 없다. 국제법상 테러에 대한 정의는 확립되어 있지 않다. 대신, 어떤 행동이 테러리스트이고 어떤 행동이 억압적인 정부에 대한 합법적인 저항행위인지에 대해 많은 논쟁이 있다. 더 넓은 정의에 합의하지 못했음에도 불구하고, 테러는 정치적 목적을 위해 민간인에 대한 폭력의 위협을 사용하는 것을 포함한다는 압도적인 합의가 있다. 대중에게 공포를 주는 것은 테러행위로 분류하기에 충분하다고 주장할 수 있다. 그러나 테러에 대한 미 연방수사국(FBI)의 정의는 "사회적, 정치적, 종교적, 인종적 또는 환경적 성격의 극단주의 이데올로기에 영향을 미치려는 배타적인 개인적 동기와 시도를 넘어서는 동기에 의해 범해지는 것"이라고 하였다.

ICAO는 항공테러를 불법방해행위(acts of unlawful interference)의 범주로 여기고 있다. 불법방해행위는 "민간 항공 및 항공운송의 안전을 위협할 수 있는 행위 또는 행위의 시도를 포함한다"라고 ICAO는 규정하고 있다. 테러가 성립되기 위한 요건으로는 미리 계획된 고의적인 폭력행위이거나, 정치적 동기를 갖거나 민간인을 공격목표로 삼고 정규군대가 아닌 범죄단체에 의해 수행되는 폭력행위가 되어야 한다. 점점 더 많은 테러리스트들이 보안이 취약한 장소와 서양인들이 많이 몰려 있는 장소를 공격목표로 정한다. 여기에는 술집, 식당, 상점, 예배 장소, 관광지, 교통망 등이 포함된다. 중요한 날짜, 기념일, 공휴일, 종교 축제, 정치 행사가 표적이 되었다. 테러리스트 집단은 예측하고 방해하기 어렵고 거의 모든 나라에서 일어날 수 있는 소위 '외로운 늑대'에 의한 테러 공격에 영감을 주거나 지시하기 위해 소셜미디어를 계속 사용하고 있다. 테러리스트들은 때때로 소셜미디어, 출판물 및 기타 공공 메시지에서 특정 국가에 대해 테러를 자행할 것을 지시한다. 이러한 지시는 종종 동조자들이 공격을 수행하도록 동기를 부여하는 목적에서 이뤄지고 있다. 공항을 포함한 항공에 대한 위험은 최근의 테러 공격에 비추어볼 때 앞으로도 지속될 것으로 예측되고 있다. 어떤 나라도 공항의 보안 표준에 대한 절대적인 보장을 하기가 어렵다. 일부 공항은 다른 공항보다 테러 공격으로부터 취약하다.

테러리즘은 공포와 혼란을 모두 일으키는 부담이 많은 용어이다. 현재의 테러리즘 논의는 주로 중동에서 발생하는 이슬람 테러에 초점을 맞추고 있다. 그러나 역사를 통틀어, 전 세계의 테러리스트들은 다양한 정치적 이슈를 드러내놓고 있다. 테러는 한 집단, 지리적 지역, 불만, 목표, 테러수법 또는 시대에 국한되지 않는다. 지난 세기 동안 테러리스트들은 테러 국가를 세우고, 혁명을 수행하고, 인종차별적인 목표를 달성하는 등 모든 종류의 이유로 폭력을 저질렀다. 다양한 목표를 가진 다양한 테러리스트 집단의 한 가지 공통점은 강한 이념적 신념이 그들로 하여금 폭력을 저지르게 한다는 것이다.

부분적으로 테러리즘은 다양한 행위와 동기를 포함하기 때문에, 이 용어는 논쟁의 여지가 있는 긴 역사를 가지고 있다. 하지만 그것을 정의하는 것이 불가능한 것은 아니다. 일반적으로 테러는 정확한 정치적, 이념적 목표에 의해 동기 부여된 사람들이나 집단에 의해 자행되는 일반적인 민간인에 대한 폭력으로 이해된다. 테러리스트들은 희생자들과 방관자들에게 공포와 심리적인 두려움을 불러일으킴과 동시에 그들의 목표를 달성하기 위해 노력한다. 테러리스트 집단의 형성 과정과 목적을 분석하는 것은 테러리즘에 대처하는 첫 번째 단계이다. 연구가들은 테러 집단의 행동 패턴을 인식하고, 지리적 근거지와 잠재적 목표물을 찾고, 시간이 지남에 따라 그룹의 진화를 이해하기 위해 그룹을 분류하고 분석하는 다양한 접근 방식을 취한다. 한 가지 두드러진 테러리스트 분석 방법은 테러리스트 행동을 유발하는 지침, 원칙, 신념 및 동기에 근거하는 이념이 무엇인지 알아내는 것이다.

■ 테러리스트 집단은 크게 네 가지 이념적 범주로 나뉜다

- 민족 – 국가주의 단체(Ethno-nationalist groups) : 민족-국가주의 테러리스트들은 특정한 민족이나 문화 집단을 대표한다고 주장한다. 그들이 독립된 영토, 때로는 별개의 국가를 통제하려고 한다는 점에서 구별되는 민족주의 단체들은 그들의 소위 경쟁자들, 종종 다수에 속하는 개인들에게 폭력을 가하는 경향이 있다. 그들의 불만은 정부 또는 대다수 국민들의 억압적인 행동으로 특징짓는 것에서 비롯된다.
- 좌파 단체(Left-wing groups) : 반자본주의, 마르크스주의 사상에 의해 움직이는 좌파 테러리스트들은 일반적으로 부패하고 엘리트주의적이며 억압적인 것으로 보는 자본주의 정부를 전복시키는 것을 목표로 한다. 민족 국가주의 단체들과 달리, 좌파 단체들은 인구의 특정 부분을 옹호하지는 않지만, 자본주의와 국가에 대항하는 그들의 투쟁은 전반적으로 국민들에게 평등주의적 이익을 가져다줄 것이라고 주장한다.
- 우익 단체(Right-wing groups) : 우익 단체들은 그들이 파괴하려는 특정 사상과 사람들에 반대하여 스스로를 정의한다. 민족주의자, 인종차별주의자, 백인 우월주의자, 외국인 혐오주의자, 반민주주의자, 반유대주의자, 반공주의자, 반정부주의자의 조합인 경향이 있다. 종종 그들은 종교적 성향을 가지고 있고, 군대를 선호하며, 현상 유지를 위해 싸운다. 표면적으로 우익 단체들은 민족 국가주의 단체들처럼 보인다.
- 종교지향 집단(Religious-oriented groups) : 종교지향적인 집단은 신앙에 대한 극단적인 해석에 따라 운영된다. 열렬한 종교적 동기는 자신들이 특별하고 심지어 선택되었다고 믿는 경향이 있다. 종교적 동기를 가진 테러리스트들은 종종 신앙에 의해 폭력을 저지를 의무가 있고, 이 폭력이 구원으로 이어질 것이라 믿기 때문에, 폭력을 억제하는 것이 더 어려

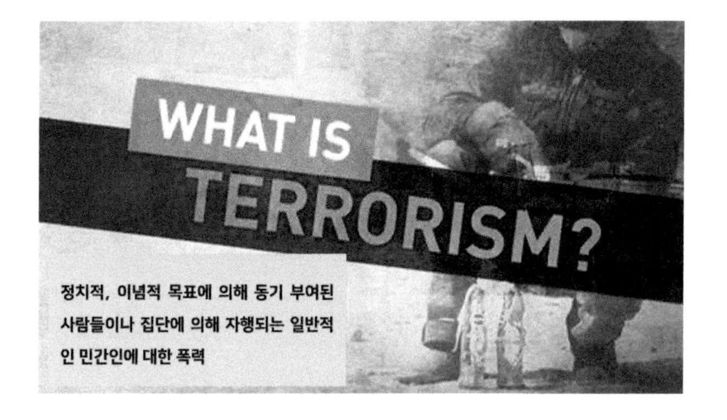

울 수 있다.

한편에서는 정치적 메시지를 주기 위해 한 사람의 무고한 시민이라도 살해한 개인 또는 집단을 묘사한 가장 정확한 단어가 테러리스트라고 말하고 있다. 미국 국토안보법은 테러리즘을 보다 세분화해서 행위와 의도로 나누어 정의하고 있다.

■ 테러리즘 행위

- 인명에 위험하거나 주요 기반 또는 핵심 자원을 파괴할 잠재성이 있는 행위
- 미국이나 미국의 모든 주 또는 기타 세부 행정구역의 형법에 대한 행위

■ 테러리즘 의도

- 일반 국민집단을 협박하거나 위협하려는 의도
- 협박이나 위압을 통해 정부 정책에 영향을 미치고자 하는 의도
- 대량 파괴, 암살 또는 납치 등을 통해 정부의 업무수행에 영향을 미치고자 하는 의도로 규정하고 있다.

우리나라는 '국가 대테러활동지침'(1982.1.21 제정, 대통령 훈령 제47호)을 통해 각국에서 규정하고 있는 보편적 정의를 준용하여 다음과 같이 정의하고 있다. "테러란 정치적, 사회적 목적을 가진 개인이나 집단이 그 목적을 달성하거나 상징적 효과를 얻기 위하여 계획적으로 행하는 불법행위"를 말한다.

테러 역시 범죄이나 이것은 통상적인 범죄와 다르다. 테러행위는 살인, 납치, 방화 또는 이와 유사한 폭력행위로 나타나나 여기에는 정치적 목적이 개입된다. 그리고 배경에는 정치 사회적인 뒷받침이 있다. 따라서 오로지 개인의 이해관계를 그 동기로 하는 범죄와는 전혀 다르다. 테러를 유발시키는 원인은 특정집단의 이해관계에서부터 개인의 소신에 이르기까지 다양하고 테러의 목적도 정치 사회적 변혁의 시도 등과 같이 테러집단에 따라 다양하다.

지난 80년 동안 국제 민간항공에 대한 테러리스트의 위협은 크게 3단계로 진화되어 왔다. 1단계로 볼 수 있는 기간은 1948년에서 1968년 초 사이로 이 시기에는 자국의 법망에서

도피하기 위한 수단으로 항공 테러를 야기했다. 이 시기 최초의 항공기 납치는 3명의 테러범이 프라하에서 출발하여 브라티슬라바로 향하던 체코슬로바키아 항공기를 당시 미군의 점령지역인 뮌헨으로 납치하였다. 납치범 모두는 정치망명을 원했다. 이들은 공산권 국가의 군조종사로 서방세계로 망명 시도 이후 영웅으로 대접받았다. 항공기 납치 시 소련 조종사를 살해했지만 이를 범죄로 보는 서방국가는 거의 없었다. 냉전시대였던 당시에는 정치적 망명을 위해 항공기 납치를 하는 사례가 많았다. 이렇게 자국의 법망을 회피하려고 시도했던 테러가 제트기 시대가 열리면서 사라져 갔다.

제트기 시대가 열리면서 사람들은 제트기가 경험 없이는 장악하기 너무 어렵기 때문에 테러행위가 점차 감소할 것이라는 일반적인 견해가 많았다. 항공업계는 테러를 예방하기 위한 개선 노력을 기울이지 않았다. 1959년 쿠바혁명이 일어나면서 항공기 테러 양상이 변하였다. 1960년에서 1969년까지 전 세계에서 발생한 91건의 항공기 납치 중 49건이 미국에서 쿠바로의 납치가 차지했다. 항공기 납치가 많은 개인들에게 자국에서 도망을 하기 위한 인기 있는 전략적 수단으로 활용되었다. 2단계 테러단계로 보는 1967년에서 2004년 사이에 1천여 건의 항공기 납치가 발생했다. 이 중 85퍼센트는 정치적 목적이었고 나머지 납치 건은 테러리스트에 의해 발생했다. 국제 민간항공업계의 항공보안에 대한 경각심이 높아지면서 X-ray 보안장비 설치 및 기내보안요원을 기내에 배치하고 국제적인 테러행위 퇴치를 위한 국가 간 공조체제가 공고해지는 등 테러에 대한 예방 수단들이 강화되었다. 그러자 테러리스트들은 항공기 납치에서 항공기 폭파로 방향을 전환하면서 강화된 항공보안에 대항하였다. 테러 전문가들이 보는 3단계 테러 양상의 특징은 종교적 이념을 동력으로 하는 테러이다. 알제리아 테러조직인 무장 이슬람 그룹(GIA)과 알카에다와 같은 급진적 이슬람 테러리스트 조직이 대표적이다. 항공기를 무기화하거나 항공기를 자살폭탄으로 폭파하는 것이다.

항공보안 역사의 대전환은 2001년 9월 11일 미국 뉴욕의 무역센터 쌍둥이 빌딩에 두 대의 여객기가 충돌하는 대참사를 일으킨 9.11 테러 사건이다. 알카에다 테러조직이 일으킨 전대미문의 사건으로 민간항공에 대한 보안이 과거의 방식으로는 안 된다는 경각심을 불러일으킨 항공테러 사건이었다. 9.11 테러 공격은 항공보안을 새로운 모습으로 탈바꿈하는 극적인 계기가 되었다. 항공기가 대량 살상 공격 수단으로 이용된 최초의 항공테러

사건이 9.11 테러 공격이었다. 테러 범죄집단은 승객과 승무원을 인질로 하여 요구 조건을 제시하여 목적을 이루려는 과거의 테러 수법으로는 한계에 이르자 9.11 테러와 같이 항공기를 대량 살상 무기로 삼아 무차별적으로 민간인을 살상하는 극단적인 테러 방식이 자행되고 있어 이제는 테러가 공포 조성을 뛰어넘어 국가안보 자체를 위협하는 수준에 이르렀다.

9.11 이전	9.11 이후
특정 공격 목표	불특정 공격 목표
요구조건 제시	공격 주체 미공개
극단적 의사소통 수단	무차별 인명 살상
수직적 조직체계	조직 중심의 다원화

주 : Soft Target : 테러 공격으로부터 비무장 상태로 보호받지 못하거나 취약한 상태에 있는 사람 또는 사물을 말한다. 이와는 반대로 Hard Target은 군사적 용어로 폭발 또는 외부 공격자로부터 보호하기 위해 여러 단계로 보호막을 형성한 주요한 군사시설 또는 사람을 말한다.

최근에는 테러 공격 대상이 변화하고 있다. 과거에는 공격 목표가 특정되어 있어 대통령, 국가원수, 정부 고위공무원, 군 고위인사 등 Hard Target을 대상으로 삼았으나 오늘날에는 공격 목표가 불특정 다수인으로 민간인(선교사, 기자, 기업인 등), 학교, 교회, 호텔, 지하철, 철도 그리고 항공기 납치 돌진 테러 등 Soft Target을 대상으로 삼고 있다. 이러한 경향은 9.11 이후 Hard Target에 대한 보안 강화로 인해 테러에 취약한 부문으로 선회하여 테러 성공률을 높이려는 저의가 깔려 있다고 볼 수 있다. 또한 테러 방식에도 변화가 있다. 고전적 방법으로는 폭파, 무장공격, 암살, 인질납치, 납치, 시설물 점거, 방화 및 약탈 등이었으나 현대적 방법은 사이버테러, 탄저균과 같은 생물작용제 테러, 사린가스 같은 화학작용제 테러, 방사능 테러, 항공기 납치 테러 등이 자주 발생하고 있다. 물론 현재도 고전적 방법과 현대적 방법을 병행하여 사용하고 있으며, 대량 살상, 무차별 공격을 선호하고 있다. 특히 항공기에 대한 테러는 테러리스트들이 선호하는 형태이다. 미연방수사국(FBI)과 국토안보부는 공동 보고서에서 "오늘날 우리가 직면한 국토에 대한 가장 큰 테러 위협은 온라인에서 급진화된 단독 범죄자들이 쉽게 접근할 수 있는 무기로 Soft Target을 공격하려는 것"이라고 경고했다.

2 우리나라의 항공테러 발생 추이

우리나라 최초의 항공기 납치사건은 1958년 2월 16일 부산 수영공항에서 서울로 향하던 대한국민항공(KNA) 소속여객기인 '창랑호'(DC-3 쌍발여객기)가 북한공작원에게 납치되어 평양 순안공항에 강제 착륙한 것이었다. 이후에도 우리나라에서 발생한 테러는 항공기뿐만 아니라 공항, 산업시설, 심지어 정부요인 등을 대상으로 한 납치, 폭파 등으로 북한공작원에 의한 것이었다. 9.11 테러 이후 미국 주도의 대테러전 수행으로 이슬람 원리주의 세력에 의한 보복 차원의 테러 위협이 상존하는 가운데 우리나라는 미국의 대테러전쟁 지원국으로 국내에 100여 개의 미군기지 및 공관이 위치하고 있어 테러 안전지대가 아니다.

9.11 항공기 테러의 배후 주동자로 지목되어 오던 오사마 빈 라덴이 2011년 5월 1일 미국 특수부대에 의해 사살되고 나서 우리나라 삼성본사에 폭발물을 설치해 폭파시키겠다는 위협 이메일이 발송되었다. 발신자는 아랍계 이름의 아이디를 썼다. 2004년 한국군의 이라크 파병을 계기로 국내 주요 시설물에 대한 테러 협박이 있어왔다. 항공교통관제소 항공정보과에는 한국에 오는 비행기에 알카에다와 연관된 테러리스트가 타고 있다는 이메일이 날아들어 경찰과 관계 당국을 긴장시키기도 하였다. 또 인도인 테러분자가 한국에서 미국으로 가는 항공기를 폭파할 것이라는 내용이 담긴 태국발 협박편지가 인천공항공사 문서 접수실에 배달되기도 했다.

북한이나 국제테러집단이 아닌 자국민이 테러를 저지르는 '자생적 테러리즘(homegrown terrorism)' 가능성도 커지고 있다. 외국인 근로자, 결혼이주민 자녀, 새터민(북한이탈주민) 등이 겪는 차별과 멸시, 좌절감은 테러로 분출할 우려가 있다. 최근 엄청난 인명피해를 낸 2004년 마드리드 열차 폭파와 2005년 런던지하철 폭탄테러 사건이 각각 모로코계 스페인인과 파키스탄계 영국인 등으로 자국민에 의해 일어났다. 소수자 차별과 멸시가 테러의 주원인이 된 것이었다.

1) 국내 사례

가. 항공기 납치

우리나라 항공 역사상 최초의 항공기 납치는 1958년 2월 16일에 일어났다. 우리나라 최초 민항사인 대한국민항공(KNA : Korea National Air) 여객기 창랑호 DC-3가 북한의 남파공작원에 의해 납북되었다. 승객 31명과 승무원 3명(기장: 윌리스 P. 홉스, 부기장 : 맥클레렌 미 공군 중령) 등 총 34명을 태우고 오전 11시 30분 부산 수영 비행장을 이륙하여 서울 여의도 비행장으로 가던 중 12시 40분경 평택 상공에서 김택선 등 남파공작원 5명에게 공중 납치되었다. 납치범들은 총기로 조종사를 위협하여 기수를 북으로 돌리게 했으며 군사분계선을 넘어 북한의 평양국제비행장에 강제로 착륙시켰다.

대한항공 YS-11기가 1969년 12월 11일 강릉을 출발해 서울로 향하던 중 대관령 일대 상공에서 승객으로 위장했던 북한 공작원에 의해 납치되어 함경남도 선덕비행장에 강제 착륙된 사건이 발생했다. 북한 공작원은 권총을 소지하고 육군 장군 복장으로 위장하여 보안 검색을 받지 않았다. 이 사건으로 항공보안관이 탑승하고, 조종사는 청원경찰 신분이 되어 권총으로 무장하게 된다. 또한 조종실 문은 반드시 잠그도록 조치했다. 승객과 승무원 50명 중 기장과 여승무원, 일부 승객 등 11명은 지금까지 돌아오지 못하고 납북된 상태에 있다. 이 사고로 기장에게는 권총을 지급하고, 항공기에 무기를 휴대한 보안요원을 탑승하는 조치를 취했다.

〈표 6-1〉 KAL 납북사건 대응조치 사항

담당 기구	조치 사항
내무부	• 각 비행장의 검색 업무 강화 및 용의자 사전 색출 • 승객의 신체와 수하물 검색 • 조종사의 무기 휴대 허가
대한항공	• 각 취항공항에 금속탐지기 배치 • 승객명부에 보안관의 서명을 받을 것 • 서류가방, 핸드백, 카메라 이외에는 위탁수하물로 취급할 것 • F-27비행기 조종실과 객실을 완전 분리시킬 것 • 비행보안 규정 시행 • 승무원에 대한 보안교육 실시 • 기장 등 승무원 신원조회 다시 실시 • 신입승무원 신원조회 강화

출처 : 1970년 당시 신문보도 재구성

대한항공 F-27 여객기가 1971년 1월 23일 승객 55명과 승무원 5명을 태우고 속초공항을 출발하여 김포국제공항으로 가던 중 홍천 상공에서 납치를 당할 뻔한 사고가 일어났다. 이 사건은 납치범이 기내에 폭탄 2개를 터트리면서 일어났다. 이 폭발로 기체 바닥에 20cm 가량의 큰 구멍이 나고, 조종실 문이 부서졌다. 폭발로 부서져 버린 조종실로 뛰어들어간 범인은 양손에 폭탄을 들고 북으로 기수를 돌리라고 협박했다. 기장은 납치범의 협박을 들어주는 척하며 기수를 북쪽으로 돌리는 시늉을 내면서 강원도 고성군에 비상착륙하기로 작정했다. 조종실이 어수선한 순간, 기내에 탑승해 있던 항공보안관이 범인을 향해 권총을 쏘고, 기장 역시 사격을 가해 범인을 사살하였다. 폭발로 기체가 손상되어 더이상의 운항이 불가능해진 비행기는 고성군 초도리 바닷가에 불시착했다.

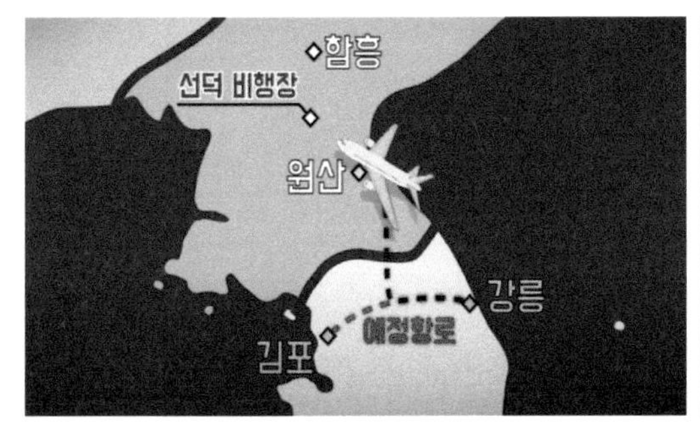

나. 항공기 폭발

대한항공 KE858편 B707 비행기가 1987년 11월 29일 이라크 바그다드에서 출발하여 UAE의 아부다비 국제공항을 거쳐 김포국제공항으로 오기 전의 마지막 중간 기착지인 방콕 돈므앙 국제공항으로 비행하던 도중, 인도양 상공에서 폭파되어 실종된 사건이 일어났다. 탑승자 115명 전원이 사망(승객 95명, 승무원 20명)하였다. 범인은 위조된 일본 여권을 사용한 북한공작원 2명으로 밝혀졌다. 범인들은 바그다드 공항에서 탑승하여 중간 기착지인 아부다비 공항에 내리면서 기내에 갖고 간 쇼핑백을 두고 내렸다. 당시에는 중간기착지에서 어떠한 승객의 짐도 검색하는 규정이 없었다. 쇼핑백 안에는 라디오와 술병이 있었다. 라디오에는 시한장치가 되어 있는 기폭장치가 들어있었고 술병은 다름 아닌 술로 위장한 액체폭탄이었다. 비행기가 인도양 상공 즈음에 도달하자 시한폭탄과 액체폭탄이 맞춰진 시간에 터지면서 비행기는 공중에서 폭파되었다.

다. 김포국제공항 폭탄 테러

1986년 9월 14일 김포국제공항에 폭탄 테러가 발생했다. 김포국제공항 국제선 청사 1층 바깥에 위치한 음료수 자동판매기 옆의 철제 쓰레기통에서 고성능 시한폭탄이 갑자기 폭발하여 지나가던 사람들을 살상한 사고이다. 이 사고로 국제공항관리공단 직원 1명 등 총 5명이 숨지고, 38명이 중경상을 입었다. 이 사건은 1986 서울 아시안게임 개막을 불과 1주일 앞두고 발생한 시점으로 미루어 아시안게임을 방해하려는 북한의 소행으로 충분히 의심하였음에도 테러범을 잡지 못한 사건이 되었다.

3 항공보안 사건 사례

2001년 9.11 테러 공격 사건은 항공보안의 새로운 대책들을 내놓게 한 전무후무한 사건으로 기록되고 있다. 항공기를 강탈하여 항공기와 탑승객은 물론 외부의 건물과 사람을 향해 항공기를 충돌시켜 수천 명의 인명을 살상한 테러 공격 사건으로 전 세계를 큰 충격에 빠지게 하였다. 이후 미국을 중심으로 전 세계 국가들은 항공보안에 일대 전환기를 맞게 되었다. ICAO(국제민간항공기구)는 2010년 북경에서 외교회의를 개최하여 북경협약과 북경의정서를 체결하였다. 북경협약에서 민간 항공기를 무기로 사용하는 행위를 범죄행위로 규정하였다. 그럼에도 9.11 사건을 모방한 새로운 형태의 테러리즘이 나타나기 시작했다. 항공기내에서 테러가 자행되는 항공보안 사건 사례에 대해 분석해 보면 현대 테러 양상이 확연하게 달라지고 있음을 알 수 있다. 점차 테러 양상이 9.11 테러 사건과 닮은 꼴로 변화되고 있다. 일명 9.11 테러 효과(9.11 effect)라 할 수 있다. 대표적인 형태가 강제로 조종실 침입을 시도하는 행위와 기내에서 자살폭탄 테러를 기도하려고 하는 행위이다. 과거의 대표적인 항공기 테러는 종교적, 정치적 목적을 달성하려는 의도로 승무원과 승객을 인질로 하여 항공기를 원하는 장소에 착륙시켜 요구사항을 전달하며 국가와 직접 협상하는 수법 또는 경유지 공항에서 가방, 술병 등 물건을 이용한 폭발물을 기내에 놓고 내려 항공기를 폭발하는 수법이라면 9.11 이후의 항공기 테러는 신발, 속옷 등 자신의 신체를 이용하는 과감하고 교묘한 방법으로 폭탄을 항공기내에 갖고 들어온 뒤 어떠한 사전 예고도 없이 폭발물을 점화하여 항공기를 폭발하려는 자살폭탄의 방식으로 바뀌고 있다. 항공기 납치에서 항공기 폭발이라는 극단적 형태로 테러가 진화하고 있으며 알카에다와 같은 무슬림 극단주의자(extremist)들은 아직도 항공기와 공항을 테러의 목표물로 삼고 있다.

아울러 이 같은 자살폭탄 형태의 기내 테러에 대응하는 방식 또한 바뀌어야 할 것임을 이 사건들은 보여주고 있다. 최근에 발생된 항공기내 사건에 대응하는 과정을 보면 승무원 단독의 판단과 행동으로 제압하는 것뿐만 아니라 승객의 도움이 절대적으로 필요하다는 것을 알 수 있다. 현재의 대응 절차인 기장에게 보고하고 기장이 승무원에게 위임하여 대응하는 등의 방법으로는 한계가 있음을 보여주고 있다.

1) 항공보안 사고 유형별 사례

① 유형 1 : 항공기 납치

1970년 9월 6일 대규모 하이재킹이 발생하였다. 테러범들은 제일 먼저 프랑크푸르트에서 뉴욕으로 가던 TWA707편을 납치하였고, 같은 날 팔레스타인 게릴라들이 취리히로 향하던 스위스에어 DC-8 항공기를 납치했으며, 암스테르담에서 이륙한 팬암의 747항공기를 납치하였다. 3일 후에는 영국 BOAC항공사의 항공기를 납치하였다. 며칠 사이에 4대의 항공기가 납치되는 사건이 발생하여 미국을 비롯한 전 세계가 경악에 빠져들었다. 팬암비행기는 납치 다음 날 카이로로 끌고 가 그곳에서 폭파시켜 버렸다. 나머지 3대의 항공기는 강제로 요르단으로 끌고 갔다. 500여 명의 승객과 승무원들은 6일 동안 비행기에 갇혀 끔찍한 시간을 보내야 했다. 항공기 3대는 결국 다 폭파시켜 버렸다. 이 사건을 계기로 미국 닉슨 대통령은 국제선에 특수훈련을 받은 무장한 기내보안요원이 항공기에 탑승하는 조치를 취하였다. 또한, 교통부와 재무부, 국방부 등 정부 기관과 CIA, FBI와 같은 국가 수사기관이 합동으로 항공보안 대책을 마련하는 데 전력을 다하였다. 그 결과 공항에 전자 검색장비를 설치하도록 하였다.

② 유형 2 : 조종실 진입 시도

- 2011년 5월 10일 미국 북부 캘리포니아 발레조시에 거주하는 예멘 남성(28세)이 시카고에서 샌프란시스코로 운항 중인 아메리칸에어 1561편 항공기에서 조종실 출입문을 어깨로 밀치며 강제로 진입하려는 사건이 발생하였다. 범인은 샌프란시스코 법원에 기소되었다.
- 2021년 12월 23일 호놀룰루에서 시애틀로 가던 델타항공 여객기에서 승객이 승무원의 얼굴을 가격하여 바닥에 쓰러트린 뒤에 조종실에 침입하려는 사건이 발생했다. 미국 연방항공청(FAA)은 승무원을 수차례 폭행한 혐의로 난동을 일으킨 승객에게 52,500달러의 벌금을 부과하였다.

③ 유형 3 : 항공기내 자살폭탄 테러

▷ 신발 폭탄

2001년 12월 22일 프랑스 파리의 샤를 드골 공항에서 미국 플로리다주의 마이애미 국제공항으로 비행하던 아메리칸 항공 63편에 탑승한 테러범이 신발 폭탄을 터뜨리는 사건이 발생했다. 비행기에서 객실승무원과 승객들은 비행기를 폭파하려는 명백한 시도로 성냥을 켠 지 불과 몇 초 만에 그의 운동화에 폭발물이 들어 있을 가능성이 있는 남자를 제압했다. 테러범은 짐도 없이 혼자 여행 중이었다. 테러범이 신발에 있는 퓨즈 같은 전선에 불을 붙이려고 했을 때 한 승무원이 유황 냄새를 알아차렸다. 승무원은 테러범의 행동을 제지하며 승객들에게 도와달라고 소리쳤다. 테러범은 승무원의 손을 세게 물었고, 승무원은 신발에 전선이 연결되어 있다고 소리를 질렀다. 승객들이 승무원의 도움 요청에 즉각 테러범을 제압하는 데 나섰다. 승객들은 테러범의 팔과 다리를 잡고 허리띠로 묶어버렸다. 승객 중 의사인 승객은 기내 의료키트에서 진정제를 찾아 테러범에게 주사를 놓았다. 승무원과 승객들이 테러범의 오른쪽 신발을 뜯어 전선이 붙어 있는 것을 보았다. 기내에 다른 테러리스트가 있는지 수색한 뒤 테러범의 여권을 압수했다. 비행기는 전투기의 호위를 받으며 보스턴의 로건 국제공항으로 우회하여 더이상의 사고 없이 착륙했다. 범인은 알카에다 소속으로 법원으로부터 종신형에 처해졌다. 이 사건을 계기로 모든 승객들은 공항보안검색 시 신발을 벗고 검색을 받는 절차가 새로 시행되었다.

▷ 러시아 항공기 공중 폭발

2015년 10월 31일 이집트를 떠나 러시아 상트페테르부르크로 가던 코갈림아비아항공사 에어버스 A321가 이륙 23분 만에 고도 9,000m 상공의 이집트 시나이반도에 추락해 승무원과 승객 등 탑승자 224명 전원이 사망하였다. 미국과 영국 정보 당국은 이슬람국가(IS) 조직원들의 통화 등을 감청한 결과, 기내에 폭발물이 있었을 가능성이 높다고 밝혔다. 최근에는 수니파 극단주의 무장단체 IS가 러시아 여객기의 폭발 원인으로 음료수 캔 안에 숨겨진 급조폭발물을 지목했다.

▷ 속옷 폭탄

2009년 12월 25일 나이지리아를 출발, 네덜란드 암스테르담을 거쳐 미국 디트로이트공항에 도착할 예정이던 미국 노스웨스트 항공 소속 에어버스 330 여객기에서 착륙 직전 기내에서 폭발음이 나고 수초 후 불꽃이 보였다. 사람들이 불을 끄려 했지만 불꽃이 커지면서 혼란이 계속됐다. 그 사이 한 젊은 남자가 테러 용의자를 제압했다.

비행기가 디트로이트에 접근했을 때, 승객들은 테러범 압둘무탈라브가 화장실에 들어가는 것을 약 20분 동안 본 것을 떠올렸다. 날개 쪽 19A 창가 자리로 돌아온 후, 그는 배탈을 호소했고 담요를 뒤집어쓰는 모습이 목격되었다. 착륙 20여 분 전 속옷에 꿰맨 플라스틱 폭발물로 구성된 작은 폭발 장치에 주사기의 산(acid)을 주입하여 화학 반응을 일으키려고 시도했다. 작은 폭발과 화재가 발생하는 동안 장치는 제대로 폭발하지 못했다. 승객들은 폭죽 같은 '펑' 하는 소리를 듣고 타는 냄새를 맡았으며 테러범의 바지와 다리, 기내 벽에 불이 붙은 것을 보았다. 비행 중에 폭탄이 완전히 터지지 않았고 승객들은 화재를 진압해야 했다. 이어 항공기 승무원들이 용의자를 기내 앞쪽으로 끌고 가 다른 승객들과 떼어놨다. 기내에서 제압된 용의자는 자신의 속옷에 숨겨온 폭발물을 터트리려다 실패해 3도 화상을 입었고, 승객 2명도 경미한 부상을 당했지만 승객과 승무원들의 신속한 대처로 참사를 면했다. 한편 폭탄 테러를 시도한 23세의 나이지리아 국적 압둘무탈라브는 당국에 넘겨진 뒤 자신이 알카에다 조직원이라고 밝혔다.

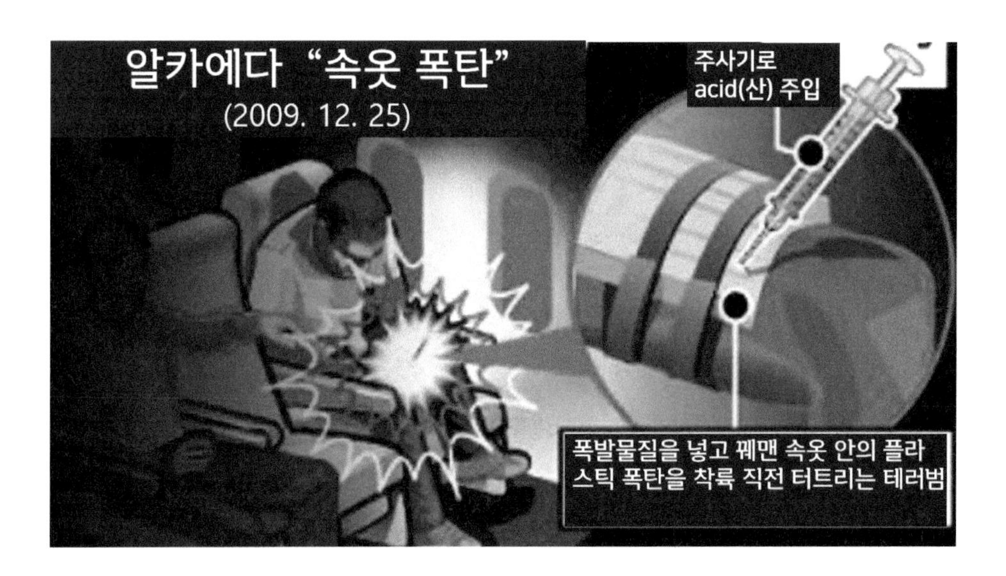

미국은 이 사건에 대한 후속 보안조치로 미국이 항공보안에 위협을 줄 수 있는 감시국가로 쿠바, 이란, 이라크, 알제리, 아프간, 시리아, 리비아, 나이지리아, 파키스탄, 사우디아라비아, 소말리아, 예멘, 수단, 레바논 등 14개 국가를 지정했다. 이들 국가는 항공보안에 위협을 줄 수 있는 감시국가로 지목되었다. 한편 국제민간항공기구(ICAO)는 이 사건을 계기로 동경, 멕시코시티, 아부다비에서 항공보안에 관한 일련의 장관급 회의를 갖고 최종적으로 몬트리올에서 개최된 37차 총회(2010.9.28~10.8)에서 이른바 "항공보안에 관한 선언(Declaration on Aviation Security)"을 만장일치로 채택하였다. 민간 항공기에 대한 항공기납치 및 그 밖에 불법방해행위를 규율하기 위한 노력에 있어서 ICAO의 역할은 절대적이라 할 수 있다.

항공보안에 관한 선언

1. Annex17 기준을 강화하고 개선하여 최근 나타나고 있는 테러에 대해 심도 있게 다룬 전략들을 개발한다.
2. 폭발물, 무기, 금지된 물건을 탐지하기 위한 보안검색 절차 강화, 보안검색요원의 능력 향상, 새로운 검색기술의 이용을 강화한다.
3. 공항시설물 보호를 위한 보안검색 절차의 개발 그리고 적절한 기술과 훈련 증진으로 항공기내보안의 개선을 꾀한다.
4. 항공화물보안을 위한 강화되고 법규화된 대책들을 개발하고 이행한다.
5. 분실 및 도난된 여권 및 여행관련 서류가 불법방해행위에 사용되는 것을 예방하기 위한 보안강화를 증진한다.
6. 보안평가프로그램(USAP)에서 드러난 문제 개선을 위한 체약국들의 능력을 증진한다.
7. 각국이 항공보안 위협 대처에 필요로 하는 자본, 기술이전 등에 대해 체약국 간에 협력을 제공한다.
8. 항공보안과 관련된 정보 즉, 사전 승객정보(API: Advance Passenger Information) 및 승객예약기록(PNR: Passenger Name Record)에 대해 체약국 간에 협력체제를 증진한다.
9. 체약국 간에 보안검색 및 검색기술에 대한 최상의 사례 및 정보를 공유한다.

테러리즘에 대처하는 ICAO의 역할은 단순히 주요 인프라 및 시설에 대한 보호를 넘어선다. UN 안전보장이사회 결의안 2309는 다른 중요한 요소를 포함하고 있으며 회원국들을 대상으로 승객정보 사전확인(API : Advance Passenger Information) 시스템 구현에 우선순위를 두도록 권고하고 있다. 표준 및 권고사항(SARPs)과 승객정보 사전확인 시스템 지침은 ICAO의 여행자 식별 프로그램을 구성하는 요소이다. 또한, 결의안에 따라 승객예약정보(PNR : Passenger Name Record) 데이터를 활용하여 타국대상 테러리스트의 이동을 억제하는 동시에 탐지능력을 향상시키기 위한 UN 테러방지 여행 프로그램을 가동하고 있다.

④ 유형 4 : 액체 폭탄

2006년 8월 9일 이른 아침 런던 동쪽의 한 아파트에서 영국 여권을 가진 급진 이슬람주의자 테러리스트들이 항공기 테러를 계획하던 중 모두 체포되는 일이 발생했다. 체포된 테러 용의자들은 음료수로 위장한 플라스틱 병에 든 액체 폭탄으로 런던에서 출발하여 미국과 캐나다로 가는 7대의 비행기 폭파 음모를 실행에 옮기던 중이었다. 영국 정보 당국은 이들을 감시하고 있었으며, 테러 용의자들이 플라스틱 음료수 병 바닥에 구멍을 뚫고 주사기를 이용해 음료수를 빼내고 액체 폭발물을 주입하는 것을 알아냈다. 소량의 폭발물이 주입되고 개봉되지 않은 병처럼 보이게 하는 등 테러 용의자들은 이 액체 폭탄병들이 보안 검사를 피할 수 있도록 제조하였다. 경찰은 체포 현장에서 38리터의 과산화수소와 소형 전구, 라텍스 장갑, 주사기, 측정 실린더를 발견했다.

테러 음모에 가담한 24명의 테러 용의자들을 체포할 수 있었던 것은 미국, 영국, 파키스탄 3국의 정보기관이 공조한 덕분이다. 파키스탄에서 훈련받은 영국인 용의자들을 잡기 위해 영국은 테러 모의자들의 동향 파악, 미국은 그들의 이메일 교신 분석, 파키스탄은 자국에 은신한 테러 지도부 위치 파악에 각각 주력했다. 다국적 정보기관의 합동 작전은 테러 위협을 제거하고 수많은 생명을 구했다. 9.11 테러 이후 최대의 테러 음모 사건인 2006년 액체 폭발 위협은 새로운 항공보안 규정이 도입되는 계기가 되었다. 기내에 액체, 젤, 에어로졸, 크림이 휴대용 짐에 들어가는 것이 금지되었다. 액체류는 100ml를 초과할 수 없으며 투명한 1리터 비닐백에 담아야 한다. TSA는 이 규정을 '3-1-1 rule'로 부른다. 3은 액체류가 3.4온스(100ml) 이하의 용기에 담겨 있어야 함을 의미하고, 1은 액체류 모두가 1리터를 넘지 말아야 하며, 마지막 1은 승객당 하나의 액체류 비닐백만 허용된다는 것이다.

▲ 보안검색 시 액체류는 1리터 비닐백에 담는다.

⑤ 유형 5 : 공항 테러

9.11 테러 공격 이후 테러범들의 공격 목표가 달라졌다(terrorists are shifting targets).

항공기에서 공항터미널로 테러 공격 방향이 바뀌었다. 항공기 납치 및 폭파 등을 해오던 테러행위가 공항으로 목표 대상을 전환한 것은 기내에 에어마샬 등 기내보안요원이 배치되어 있고, 보안검색 절차가 정교해지고 보안검색 기술이 첨단화되면서 항공기로의 접근이 어려워졌기 때문이다. 브뤼셀공항이 그렇게 당했다. 그래서 비행기를 타러 가기 전에만 하던 보안검색을 아예 공항터미널로 들어가는 입구부터 실시하는 것으로 보안대책을 강화하였다. 이미 여러 차례 테러 공격을 당한 러시아, 튀르키예, 이스라엘, 케냐는 공항터미널에 들어가기 전부터 보안검색을 하고 있었다.

공항터미널 입구에서의 보안검색은 공항이나 항공사에게 비용 부담을 주고 있다. 유럽공항위원회는 보안검색 강화 비용으로 48억 달러를 썼다고 예측하고 있다. 유럽 국가는 보안검색 강화냐 늘어난 비용부담을 안고 가야 하느냐 하는 고민에 빠져 있다. 어느 공항 당국자는 보안 강화로 승객이 불편해지고, 항공산업계에 경제적 손실을 입힌 자체가 테러 공격의 승리라고 못내 불편한 심정을 토로하기까지 하였다. 우리나라 국내공항에서도 터미널 입구부터 보안검색을 한다면 사람들의 반응은 어떨지 궁금하다. 그런 일이 벌어지기 전에 보다 선진화된 기술로 테러 정보에 민감하게 대처하여 사전에 테러 의도를 차단하는 고도의 공항보안대책을 세워야 할 것이다.

▷ 자살폭탄 테러

2011년 1월 러시아 도모데도보공항 청사 내부에서 35명이 사망하고 100명 이상이 부상을 입은 자살폭탄 테러 사건이 발생하였다. 사건을 일으킨 체첸공화국의 북부 코카스 반군은 2012년 대통령선거를 겨냥한 위협으로 테러를 자행했다고 밝혔다. 이 사건을 계기로 미국 TSA는 공항에 대한 보안을 강화하기 위한 차원에서 여행객들이 공항청사에 들어오기 이전부터 타고 온 자동차를 검색할 수 있는 보안 대책을 마련했다.

▷ 뉴욕공항 시설 폭파

2007년 6월 미국 뉴욕공항의 빌딩과 항공기 연료 저장고 등을 폭파하기 위한 음모를 꾸미다 적발된 가나 출신의 미국인 남성이 2011년 2월 법원으로부터 종신형 선고를 받았다. 이 남자는 9.11 사건에 버금가는 사건을 일으키려 했다고 진술했다.

▷ 튀르키예 이스탄불 국제공항 테러

2016년 6월 28일 튀르키예 이스탄불 아타튀르크 국제공항에서 자폭 테러 공격이 발생하였다. 이스탄불 공항 테러 용의자로 밝혀진 3명은 러시아, 우즈베키스탄, 키르기스스탄 출신으로 알려졌다. 이들은 테러에 사용할 자살폭탄 조끼와 폭탄을 가지고 튀르키예로 들어온 것으로 알려졌다. 테러범들은 택시를 타고 공항에 도착한 후 입국장, 출국장, 주차장으로 흩어져 동시 다발로 총격을 가하고 폭탄을 터트려 44명이 사망하고 부상자가 230여 명에 달하는 큰 인명피해를 냈다.

▷ 벨기에 브뤼셀 국제공항 테러

2016년 3월 22일 벨기에 브뤼셀 국제공항 출국장에서 자폭테러가 발생하고 브뤼셀 시내 지하철역에서 폭발이 일어나 34명이 사망하고 261명이 부상하는 테러 사건이 발생하였다. 공항 폭발의 원인이 자살폭탄으로 드러나면서 이슬람국가(IS) 조직원의 테러 가능성이 제기되었다.

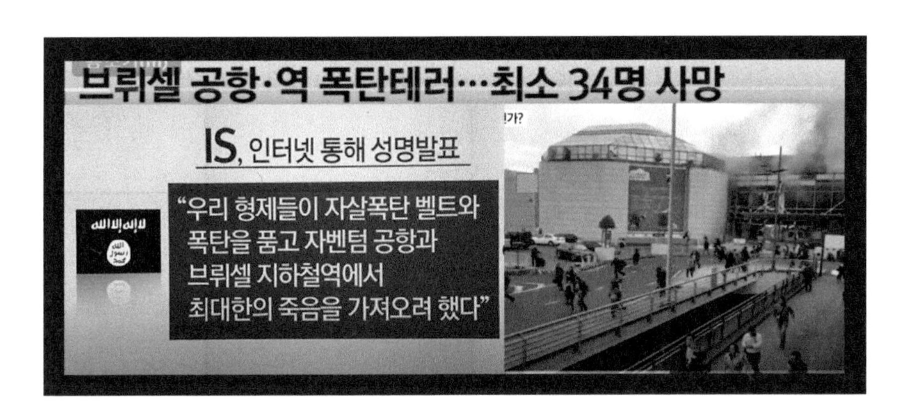

⑥ 유형 6 : 화물 테러

▷ 프린터 폭발물

2010년 10월 예멘에서 발송돼 미국으로 향하던 도중 발견된 '폭탄 소포' 가운데 하나가 여객기에 실렸던 것으로 밝혀져 하마터면 대형 참사로 이어질 수도 있었던 사건이 발생했다. 아랍에미리트의 두바이 공항에서 발견된 폭발물은 프린터용 토너 카트리지에 감춰져

X-레이와 탐색견 검색에서도 감지되지 않았으며, 알카에다 등 테러조직이 사용해 온 '펜타 에리트리톨 테트라니트레이트(PETN)'라는 폭약으로 밝혀졌다. 이 사건으로 영국, 프랑스, 독일 등 유럽 국가들은 예멘과 나이지리아에서 탁송되는 화물과 승객에 대해 공항보안 검색을 강화하는 조치를 취했다.

4 미국 9.11 항공테러 사건

2001년 9월 11일, 4대의 비행기가 19명의 테러리스트들에 의해 납치되었다. 테러를 실행한 19명의 테러리스트들은 네 대의 비행기를 격추시키기 위해 '팀'으로 나뉘었다. 아메리칸 항공 AA11편과 유나이티드 항공 UA175편의 두 항공편은 보스턴의 로건 국제공항에서 출발했다. 오전 8시 46분 아메리칸 항공 11편 비행기가 세계무역센터의 북쪽 타워를 향해 그대로 돌진했다. 잠시 뒤 오전 9시 3분에는 유나이티드 항공 175편 비행기가 남쪽 타워와 충돌했다. 세계무역센터가 충격과 공포에 휩싸여 있을 때, 납치된 다른 비행기 2대가 하늘을 날고 있었다. 오전 9시 37분 아메리칸 항공 77편 비행기가 바닥을 스치듯이 날아 미국 국방부 건물인 펜타곤의 서쪽 면을 뚫고 들어갔다. 당시 펜타곤 서쪽 면은 개축 공사가 진행 중이었던 터라 사상자들의 대부분은 민간인이었다. 유나이티드 항공 93편을 납치한 테러범들의 목적지는 국회의사당이었다. 하지만 그 비행기는 세계무역센터에서 벌어진 일을 알게 된 승객들의 저항으로 펜실베니아주 서머싯카운티의 들판에 추락했다. 9.11 테러로 총 2,977명이 목숨을 잃었으며, 희생자 대부분은 뉴욕 거주자들이었다. 4대의 비행기에 탑승한 승객과 승무원 246명 전원이 사망하였다. 펜타곤에서는 125명이 사망하였다.

백악관에서도 아메리칸 항공 77편 비행기가 워싱턴을 향해 날아온다는 소식에 딕체니 부통령을 비롯한 고위 관료들이 비상작전센터인 지하 벙커에 대피하였다. 연방항공국은 미국 상공에 떠 있는 4,000대가 넘는 민간 항공기의 운항을 전면 금지시키고 가까운 공항에 즉시 착륙하라는 명령을 내렸다. 또 해외에서 들어오던 비행기들은 캐나다나 멕시코의 공항으로 방향을 돌려야 했다.

9.11 테러는 알카에다로 불리는 이슬람 극단주의 세력이 일으켰다. 알카에다는 점조직

으로 구성되어 그 규모를 확실하게 알 수 없으나 40여 개 국가에 지부를 두고 있는 것으로 알려졌다. 알카에다는 오사마 빈 라덴이 1988년에 결성한 국제적 무장단체이다. 알카에다는 소련의 아프가니스탄 침공 때 소련군에 맞서 싸운 이슬람 의용군에서 시작되었다. 빈 라덴은 사우디아라비아 최대의 건설 회사를 세운 아버지 밑에서 17번째 자식으로 킹 압둘 아지즈 대학에서 경제학과 경영학을 공부하며 이슬람 근본주의자로 성장했다. 빈 라덴의 인생에서 커다란 전환점이 된 사건이 바로 소련의 아프가니스탄 침공이었다.

1978년 이슬람국가인 아프가니스탄에서 군인들이 쿠데타를 일으켜 공산주의 정권을 세우자 이슬람 세력의 반발이 시작되었다. 이에 소련은 같은 공산주의 정권을 지원하고 이슬람 반란을 잠재운다는 명분 아래 1979년 아프가니스탄을 침공했다. 그러나 그 사건은 오히려 이슬람 반군의 저항을 더욱 걷잡을 수 없게 만들었다. 세계 곳곳의 이슬람교도들이 알라신을 부정하는 공산주의에 맞서 지하드, 즉 성전(聖戰)에 참여하기 위해 아프가니스탄으로 몰려왔던 것이다. 빈 라덴도 그중의 한 명이었다. 그는 자기 집안의 배경을 이용해 이슬람 반군에게 자금과 무기를 제공하고 전투에도 직접 참여함으로써 지하드의 주요 인물로 떠올랐다. 결국 소련의 아프가니스탄 침공은 이슬람 반군의 끈질긴 저항으로 소련군이 철수함으로써 1989년에 끝을 맺었다.

소련이 아프가니스탄에서 손을 뗀 이후 빈 라덴은 사우디아라비아로 돌아왔다. 그런데 이듬해 이라크가 쿠웨이트를 침공하자 미국이 사우디 왕정에 보호를 약속하며 미군 주둔을 제안했다. 빈 라덴은 이교도인 미국의 개입에 반대했으나 사우디 왕정은 미군을 받아들이고 빈 라덴의 시민권을 박탈해 버렸다. 이후 빈 라덴은 수단으로 거점을 옮겨 반미 활동을 시작했고, 1996년 5월에 다시 아프가니스탄으로 건너가 그곳에서 테러리스트를 양성하는 데 힘을 쏟았다.

1998년 빈 라덴은 미국 ABC 방송 인터뷰에서 미국인을 죽이기 위해서라면 민간인에 대한 공격도 불사하겠다는 뜻을 밝혔다. 그보다 몇 달 전에는 '유대인과 십자군에 대항하는 지하드를 위한 세계 이슬람 전선'의 이름으로, 지구상에 존재하는 모든 미국인을 죽이는 일이야말로 이슬람교도라면 마땅히 해야 할 의무라고 주장했다. 9.11 테러 계획은 1993년 세계무역센터 폭파 사건을 지원했던 칼리드 셰이크 모하메드가 민간 항공기를 납치해 미국을 공격하자고 제안함으로써 시작되었다. 빈 라덴이 그 계획을 지원하기로 최종 승인한 것은 1999년 초였다.

파슈토어로 '학생'을 뜻하는 탈레반은 소련군이 아프가니스탄에서 철수한 후인 1990년대 초 파키스탄 북부에서 처음 등장했다. '파슈툰 운동'은 수니파 이슬람의 강경 사상을 전파하는 신학교에서 처음 등장한 것으로 알려졌다. 해당 학교는 사우디아라비아에서 재정 지원을 받는 곳이었다. 탈레반은 파키스탄과 아프가니스탄에 걸쳐 있는 파슈툰 지역에서 평화와 안보를 회복하고 엄격한 이슬람 율법인 샤리아법 재시행을 약속했다.

탈레반은 아프가니스탄 남서부에서 영향력을 빠르게 확장했다. 탈레반은 1995년 9월 이란과 접한 헤라트 지방을 점령했고, 정확히 1년 후 부르하누딘 라바니 대통령의 정권을 전복시키며 아프간 수도 카불을 장악했다. 부르하누딘 라바니 대통령은 소련에 저항했던 아프간의 반군 게릴라 조직 무자헤딘을 일으킨 인물 중 하나다. 그렇게 탈레반은 1998년까지 아프간 영토의 90%를 장악했다. 소련이 축출된 후 각종 내분과 무자헤딘의 지나친 행동에 지친 아프간인들은 처음엔 탈레반의 등장을 대체로 환영했다. 탈레반은 초기에 부패를 근절하고 불법을 억제하며 상업 번성에 필요한 안전한 도로와 지역을 개발하며 인기를 얻었다.

그러나 이후 살인범과 간통범에 대한 공개처형, 절도범에 대한 사지절단 등 샤리아법의 엄격한 해석에 따른 강력한 처벌을 도입하거나 지지했다. 탈레반 체제하에서 남성들은 수염을 기르고 여성은 몸 전체를 덮는 부르카를 입어야 했다. 탈레반은 텔레비전과 음악, 영화를 금지했고 10세 이상 소녀들이 학교에 가는 것도 반대했다. 탈레반은 각종 인권침해와 문화 파괴행위로 기소됐다. 악명 높은 사례 가운데 하나는 2001년 탈레반이 아프간 중부의 유명한 바미얀 석불을 파괴한 것이다. 당시 탈레반의 행위에 국제사회는 분노했다. 파키스탄은 사우디아라비아, 아랍에미리트와 함께 탈레반의 아프간 지배를 인정한 단 3개 국가 중 하나였다. 탈레반과의 외교관계를 가장 마지막에 단절한 국가이기도 하다. 탈레반은 한때 자신들이 지배하던 북서부 지역에서 파키스탄을 불안정하게 만들겠다고 위협했다. 9.11 테러를 주도했던 알카에다의 수장 빈 라덴은 미국의 정보망을 피해 파키스탄 국경지역에서 멀지 않은 지역의 3층 건물에 숨어 있었다. CIA는 이 건물에 빈 라덴과 가족들이 은닉하고 있다는 것에 확신을 가졌다. 2011년 CIA의 넵튠 스피어 작전명에 따라 헬리콥터 2대로 은닉처를 은밀하게 급습한 네이비실 특수부대원들은 빈 라덴을 사살하였다.

알카에다 또는 레바논의 시아파 이슬람주의자들로 구성된 헤즈볼라와 같은 지하디스트(Jihadist)들은 보통 꽤 지능적이고 세계적인 관심을 끌 수 있는 방법으로 테러행위를 전략적으로 계획한다. 그들은 알라의 이름으로 죽을 만반의 준비를 하고 있다. 그들의 목표는 전 세계를 이슬람으로 개종시키는 것이다.

5 한국의 테러리즘 대비태세

국가정보원은 이슬람 극단주의 테러단체인 이슬람국가(ISIL)가 국내 미 공군시설 및 우리 국민을 테러 대상으로 지목하고 시설 좌표와 신상정보를 메신저로 공개하면서 테러를 선동한 것으로 확인되었으며, ISIL은 우리나라를 '십자군 동맹국 · 악마의 연합국' 등으로 지칭하며 테러 대상으로 지목하였다며 내외국인에 의한 테러위협이 점차 현실화되고 있다고 밝혔다.

테러리즘에 대비한 국내 공항의 경우 한국공항공사가 관리하는 국내 14개 공항은 대테러 대응에 취약하며, 일부 지방공항은 대테러 공격에 사실상 무방비상태로 노출되어 있는 것으로 나타났다. 국민보호와 공공안전을 위한 테러방지법이 2001년 미국 9.11 테러 공격 사건을 계기로 대테러 활동을 위한 관련 기관의 권한 강화를 목적으로 처음 제기된 이후 15년 만인 2016년 국회를 통과하여 제정되었다. 테러방지법의 주요 내용은 대테러 활동에 관한 정책의 심의, 의결을 위해 국무총리를 위원장으로 하는 국가테러대책위원회를 설치하고 국무총리 소속으로 대테러활동 관련 업무를 수행하는 대테러센터를 설치하는 것이다. 국가정보원장은 테러 위험인물에 대하여 개인정보, 위치 정보를 위치정보사업자에게 요구할 수 있으며, 테러조사 및 테러 위협인물에 대한 추적이 가능하도록 규정하였다. 또한 테러를 선동, 선전하는 글 및 그림, 상징적 표현물, 폭발물 등 위험물 제조법 등이 인터넷, 방송, 신문, 게시판 등에 유포될 경우 해당 기관장에게 긴급 삭제, 중단 요청이 가능하다. 이 밖에 외국인 테러 전투원으로 출국하려는 내외국인에 대한 출국금지가 가능해졌다.

한국의 대테러에 대응하기 위한 관계기관별 임무는 대통령훈령 제47호 국가대테러활동 지침에 명시되어 있다. 예를 들어 국가안보실은 ① 국가 대테러 위기관리체계 기획 및 조정

② 테러 관련 중요사항의 대통령 보고 및 지시사항 처리 ③ 테러분야의 위기관리 표준 및 실무매뉴얼의 관리를 책임진다. 항공분야의 대테러 관리 부처인 국토교통부는 ④ 항공기 테러 사건 발생 시 항공기 대테러대책본부 설치 운영 및 관련 상황의 종합처리 ⑤ 항공기 테러 사건 발생 시 폭발물 처리 등 초동조치를 위한 전문요원 양성 및 확보 ⑥ 항공기 안전 운항관리를 위한 국제조약 체결 및 국제기구 가입 등의 업무지원 ⑦ 항공기 피랍상황 및 정보교환 등을 위한 국제민간항공기구와의 항공정보통신 협력체제의 유지를 담당하고 있다. 경찰청과 소방청을 포함한 안전행정부의 대테러 활동은 ⑧ 국내일반 테러 사건에 대한 예방, 저지, 대응대책의 수립 및 시행 종합처리 ⑨ 대테러특공대 및 폭발물 처리반의 편성, 운영 ⑩ 협상실무요원, 전문요원, 통역전문가의 양성 확보 ⑪ 중요인물 및 시설, 다중이 이용하는 시설 등에 대한 테러방지대책의 수립 운영 ⑫ 긴급구조대 편성, 운영 및 테러사건 관련 소방, 인명구조, 구호활동, 화생방 방호활동의 수립, 시행 운영 ⑬ 대테러전술, 인명구조 기법 연구와 개발 및 필요 장비의 확보 ⑭ 국제경찰기구 등과의 대테러 협력 체제 유지 등이 있다. 이 밖에도 외교부, 법무부, 환경부 등 정부 각 부처별로 테러에 대한 활동지침이 명시되어 있다.

테러방지법안이 국회를 통과했다. 테러방지법의 주요한 쟁점 가운데 하나였던 대테러 컨트롤 타워(Control Tower) 논쟁에 대해 살펴보고, 최종안으로 확정된 '총리실 컨트롤 타워 안'의 타당성에 대해 논의가 한창이다. 대(對)테러 컨트롤 타워의 핵심은 정보의 통합 또는 법집행 활동의 통합을 의미한다. 미국의 경우 정보통합을 위한 컨트롤 타워는 국가정보국(DNI)이며 여기에 국가대테러센터(NCTC)를 두고 모든 테러관련 정보를 통합하여 운용하고 있다. 흔히 잘 알려진 중앙정보국(CIA)은 정보공동체 구성기관의 하나로 국가안전보장국(NSA), 국방부정보국(DIA), 연방수사국(FBI) 등과 함께 DNI의 정보통합체제로 통합된다. DNI는 여러 정보기관의 정보를 일원화하고 국가급 테러리즘 관련 정보를 분석해 대테러 안보정책을 제안한다. 한편, 범죄수사 및 체포를 핵심으로 하는 법집행 활동은 논쟁의 여지가 있지만 국토안보부를 컨트롤 타워로 하고 있다. 흥미로운 점은 국토안보부와 같은 법집행 활동 컨트롤 타워는 DNI 등 정보 분야 컨트롤 타워 구성단위에 대한 지휘권을 가지며, 반대로 정보부문 컨트롤 타워는 법집행 부문 컨트롤 타워 활동을 지원하는 역할을 한다.

우리나라의 대테러 컨트롤 타워 구성 역시 미국과 유사하게 정보의 통합 또는 법집행의 통합을 의미한다. 21세기 테러의 본질은 테러 발생이 실제로 일어나기 전까지는 대체로 위법성이 발생하지 않는다는 점이다. 때문에 범죄 발생 후 대응이라는 일반원칙에 기반을 둔 기존 법제로는 오늘날 테러에 적용하기 어렵다. 또한 정보수집, 분석 측면에서도 20세기의 전통적인 테러나 적대국으로부터의 위협과 달리 오늘날 국제네트워크 형태의 테러위협은 테러행위에 대한 어떤 하나의 결정적인 범죄증거나 첩보가 거의 존재하지 않는다. 대부분의 증거나 정보는 무해하거나 의미 없거나 결정적인 단서로 보기 어려운 것들이다. 하지만 이러한 의미 없어 보이는 조각들을 묶어 분석할 때 결정적인 테러정황이나 증거가 나타난다. 이는 네트워크 형태로 진화한 오늘날 테러리즘의 실체적 진실이다. 때문에 각각의 기관들이 파악한 증거나 정보들을 묶어 그 속에서 의미를 찾아내는 컨트롤 타워의 운용은 필수적이다. 미국이 테러정보의 통합과 컨트롤 타워를 구성하여 운영하는 본질적인 이유다.

컨트롤 타워의 필요성을 받아들인다면, 법집행 활동의 컨트롤 타워를 구축할 것인지 아니면 정보 컨트롤 타워를 세울 것인지가 결정되어야 한다. 개인의 형사처벌을 위한 범죄수사 등을 뜻하는 '법집행 활동'과 정보의 수집과 분석을 통한 정책집행의 지원이라는 '정보활동'은 엄연히 다른 영역이다. 전자는 엄격한 형사소송법의 원칙을 따르지만 후자는 다소 완화된 정보수집의 원칙이 적용된다. 즉, 똑같이 영장 없는 자료수집이나 도·감청이라도 그것이 법집행 활동인지 정보활동인지에 따라 위법성 여부가 달라진다.

법집행 활동의 컨트롤 타워는 미국의 경우와는 달리 우리나라의 경우는 별도의 기관이 필요 없을지도 모른다. 이미 경찰청이라는 국가경찰과 수사권을 가진 국가검찰이 전국적 범위에서 거의 대부분의 범죄영역을 대상으로 한 법집행 활동의 주요 역할을 담당하고 있기 때문이다. 미국의 대테러 시스템에서 법집행 활동의 컨트롤 타워가 존재하는 이유는 국가경찰이 없는 미국의 특수한 상황 때문이다. 미국의 FBI는 국가경찰이 아니라 법집행기관이다. 미국의 치안활동은 기본적으로 시 경찰국, 보안관, 주 경찰, 인디언 보호구역 자치경찰 등으로 이루어진 지방자치 경찰에 기초하고 있다. 또한 연방 수사기관은 FBI 이외에도 마약단속국(DEA), 연방우편국, 국경경비대, 관세청 등 여러 거대 기관들이 경쟁적으로 작동하고 있다. 때문에 이러한 기관들을 통합할 필요가 제기되었다. 반면에 우리나라의 경우는 경찰청이 철도경찰이나 관세청, 출입국외국인 정책본부 등 다른 법집행 기관에 비해 규모나 역량 면에서 압도적이다. 또한 국가경찰로 지역단위까지 하부조직이 정비되어 일사분란하게 통합되어 작동할 수 있는 조건이 된다. 때문에 검찰과 경찰 사이에서만 대테러 법집행 활동과 관련된 업무를 조율하면 별도의 컨트롤 타워를 구성할 필요가 없을 수도 있다.

테러방지법의 실효적인 효과를 갖기 위해서는 테러방지법 시행령에 인권 침해 방지를 위한 인권보호관에 대하여 권한을 부여해야 한다는 의견이 대두되고 있다. 또한 테러방지법과 항공기 테러에 대한 다음의 규정에 대해서도 보완될 측면이 있다.

(1) 테러방지법 규정 항공기와 관련한 테러의 행위

가. 운항 중인 항공기를 추락시키거나 전복·파괴하는 행위, 그 밖에 운항 중인 항공기의 안전을 해칠 만한 손괴를 가하는 행위

나. 폭행이나 협박, 그 밖의 방법으로 운항 중인 항공기를 강탈하거나 항공기의 운항을 강제하는 행위

다. 항공기의 운항과 관련된 항공시설을 손괴하거나 조작을 방해하여 항공기의 안전운항에 위해를 가하는 행위

(2) 항공보안법에서 언급한 불법방해행위란 항공기의 안전운항을 저해할 우려가 있거나 운항을 불가능하게 하는 행위로 다음의 행위를 말한다.

가. 지상에 있거나 운항 중인 항공기를 납치하거나 납치를 시도하는 행위

나. 항공기 또는 공항에서 사람을 인질로 삼는 행위

다. 항공기, 공항 및 항행안전시설을 파괴하거나 손상시키는 행위

라. 항공기, 항행안전시설에 무단으로 침입하거나 운영을 방해하는 행위

마. 범죄의 목적으로 항공기 또는 보호구역 내로 무기 등 위해물품을 반입하는 행위

바. 지상에 있거나 운항 중인 항공기의 안전을 위협하는 거짓 정보를 제공하는 행위 또는 공항 및 공항시설 내에 있는 승객, 승무원, 지상근무자의 안전을 위협하는 거짓 정보를 제공하는 행위

사. 사람을 사상에 이르게 하거나 재산 또는 환경에 심각한 손상을 입힐 목적으로 항공기를 이용하는 행위

아. 그 밖에 이 법에 따라 처벌받는 행위

테러방지법의 항공기 테러행위와 항공보안법의 불법방해행위를 비교하였을 때 테러방지법은 법의 취지에 맞게 테러라는 용어를 사용하였으나 항공보안법은 테러라는 용어를 사용하지 않고 테러보다 큰 범주의 불법방해행위를 기재하였다. 두 법은 테러예방을 공동목표로 하고 있음에도 규정을 표현함에 있어 다르게 적용하고 있다. 더욱이 테러방지법에는 민간항공에 대한 테러리즘을 예방하는 규정이 자세하게 언급되어 있지는 않다. 다만 항공기와 관련한 테러행위에 대하여는 항공보안법과 연계하여 규정하고 있다. 거시적인 의미에서는 테러행위에 대해 규정하였으나 면밀하게는 항공보안을 예방하거나 보호할 만한 수준에는 부족한 면이 있다. 항공기의 테러행위를 운항 중이라고 제한해서 규정하는 것은 항공보안법에 치중한 결과라고 볼 수 있다. 테러방지법에서 규정하는 항공기의 테러행위는 운항 중이든 아니든 모두 적용되어야 할 것이다.

6 국가별 및 국제기관의 테러리즘 대비태세

서구와 아프리카, 중동을 중심으로 테러는 일상화되었다. 유럽에서 사회와 동화되지 못한 일부 이민자들이 테러단체의 선동에 현혹되어 탄생한 자생적 테러리스트들로서 이들이 런던 지하철 테러, 보스턴 테러, 샤를리 앱도 사건 등 각종 테러를 일으켰다. 자생적 테러리스트들은 프랑스 파리 테러를 계기로 벨기에 브뤼셀 테러, 미국 올랜도 총기난사 사건, 니스 테러 등 프랑스와 미국, 벨기에 등 대테러 연합국의 일상을 위협했다.

미국의 테러감시단체 인텔센터는 2016년 6월 이후 IS가 직접 개입하거나 IS를 추종해 벌인 테러가 84시간에 1번꼴로 발생했다고 밝혔다. 이는 이라크, 시리아, 이집트, 리비아 등 분쟁지역을 제외한 지역에서 발생한 테러만 집계한 것이다. 인텔센터는 2014년부터 2016년 9월까지 22개 국가에서 86번의 IS 테러 공격이 있었으며, 967명이 사망하고 2,831명이 부상을 당했다는 통계를 내놓았다. IS 테러가 잦아진 원인은 자생적 테러리스트인 외로운 늑대가 자행한 테러가 급속도로 증가했기 때문으로 분석된다. 테러 감시 전문 기관인 플래시포인트 글로벌파트너스는 미디어의 발달로 외로운 늑대 혹은 소규모 집단이 테러와 연계될 가능성이 높아졌다고 분석하고 IS에 직접 가담하지 않아도 IS의 메시지가 전파될 수 있음을 보여준다고 설명했다. 세계적인 싱크탱크로 알려진 경제평화연구소(IEP : Institute for Economics & Peace)는 2015 세계 테러리즘 지표 연구 분석에서 서양 국가에서 발생한 테러의 70%는 외로운 늑대에 의한 것이라는 자료를 내놓았다. 일상화되듯 끊이지 않는 테러리즘에 대해 여러 국가들은 테러리즘에 적극 대비하는 추세이다.

□ 외로운 늑대 테러리즘(Lone Wolf Terrorism)

단독범 테러, 즉 '외로운 늑대' 테러의 증가는 어제오늘의 일이 아니다. 연방수사국(FBI)과 국토안보부는 외로운 늑대를 "독단적으로 활동하는 폭력적인 극단주의 이데올로기에 의해 동기 부여된 개인"이라고 정의한다. 2017년 테러 보고서에 따르면 2006년 이후 미국에서 발생한 전체 테러 사망자의 98%가 단독 행위자에 의한 공격의 결과였다. 미국에서는 이슬람주의 테러와 극우 테러 모두 특정 집단과의 연대에서 특정 이념에 의해 움직이지만 공식적으로 특정 테러집단에 얽매이지 않는 단독 행위자로 전환하고 있다. 항공기에 탑승해 공격을 가하는 것은 테러단체들의 주요 목표로 남아 있지만, 항공보안은 지난 20년 동안 테러 방지에 주목해 왔고 이제 테러리스트들에게는 예전보다 훨씬 더 어려운 공격 목표가 되었다.

외로운 늑대 범죄자의 증가에 대한 우려는 9.11 테러 사건 이전에도 있었다. 2014년 미국 테러 및 테러 대응 연구 컨소시엄이 발간한 연구 보고서에 따르면, 사법 당국이 이러한 테러의 출현에 대해 우려하게 된 것은 1990년대 초였다. "극우 과격주의자는 1992년 이른바 '지도자 없는 저항' 모델로 이러한 '조정되지 않은 폭력' 접근을 옹호하기 시작했다. 인터넷의 등장으로 사이버 공간 환경이 테러리스트와 알카에다에서 영감받은 테러를 위한 급진적인 선동장의 주요 원천이 될 수 있었던 것은 이 무렵이었다"라고 밝혔다.

1) 미국의 테러리즘 대비태세

국내외 테러단체들이 여전히 미국 내에서 공격을 시도하고 있기 때문에 테러는 미국에게 중요한 관심사로 남아 있다. 미국은 1990년대에 테러사건들이 빈번하게 발생하자 이에 대한 항공보안의 문제점을 확인하고 개선을 시도하는 많은 연구가 활발하게 이뤄졌고 그 결과로 항공보안 관련법들이 제정되었다. 팬암 항공기 103편의 폭발사고는 1990년의 항공보안개선법을 제정하는 계기가 되었다. 이 법안은 보안검색원과 그 외의 공항보안요원들에 대한 고용, 교육 및 훈련 기준을 높였다. 1996년 TWA 800편 추락 사고로 백악관에 항공안전 및 보안위원회가 창설되었다. 2001년 9.11 테러 사건은 후속 조치로 국토안보부가 창설되고, 그 안에 교통보안청(TSA)이 신설되는 계기가 되었다.

미국 시라큐스 맥스웰 행정학과 대학교와 범죄 통계 싱크탱크인 뉴아메리 재단이 최근 공개한 통계자료에 따르면 2009~2015년 사이 미국 내 지하디스트 테러리스트는 31명에 달했다. 이는 과거 2002~2008년 사이에 적발된 지하디스트 테러리스트(14명)보다 2배 많은 수치다.

유럽에서의 테러리스트 공격이 심화되자 2015년 12월 미 의회는 비자면제프로그램(VWP) 강화 법률을 만장일치로 제정하였다. 이 법률은 비자면제프로그램에 가입한 국가의 국민이라도 지난 5년간 이란, 이라크, 시리아, 수단, 리비아, 소말리아, 예멘을 방문한 사람은 VWP를 이용해 미국에 입국할 수 없도록 하였다. 이슬람국가(ISIL)에 가입한 유럽여권 소지자가 비자면제프로그램을 이용하여 미국에 입국하는 사례가 늘고 있으며, 유럽 정부는 2천 명 이상이 시리아를 여행한 것으로 추정하고 있다. 또한, VWP 가입 국가는 미국에 입국하는 여행객의 정보를 제공하지 않는 국가에게는 VWP 자격을 박탈하는 등 미국 입국에 대한 조건을 엄격하게 적용하고 있다.

미국은 테러 용의자들에 대한 정보를 종합적으로 운용하는 TIDE(Terror Identity Datamart Environment)를 구축하여 활용하고 있다. TIDE는 알려지거나 의심되는 국제 테러범들에 대한 미국 정부의 중앙 데이터베이스이며 2017년 2월 기준으로 TIDE에는 160만 개의 이름이 있다. 이 데이터베이스는 TSA의 No-Fly 목록, 국무부의 영사관 감시 및 지원 시스템, 국토안보부의 국경 검사 시스템, FBI의 국가범죄정보센터(NCIC)와 같은 다양한 감시 목록을 작성하는 데 사용된다. 또한 하나의 정보 시스템인 테러리스트 선별 데이터베이스(TSDB: Terrorist Screening Database)를 구축하였다. TSDB는 미국 연방수사국의 테러 선별센터가 통합한 중앙 테러 감시 목록이다. TSDB는 FBI 테러리스트 선별센터가 감독한다. 2007년 미국 법무부 감찰관실 보고서는 TSDB가 "미국 정부의 테러 감시 목록"으로써 알려지거나 적절하게 의심되는 국내외 테러범에 대한 기본적인 정보를 포함하고 있다고 한다. 이 목록은 9.11 테러 이후 작성되었다.

미국의 공항보안조치로는 2차 보안 선별 선택(Secondary Security Screening)을 통해 1차 검색에서 의심스러운 사람을 대상으로 추가 검사를 위해 승객을 선별한다. No Fly는 미국 여행을 위해 민간 항공기에 탑승하는 것이 금지된 사람들의 명단이다. No Fly에 있는 사람들이 비행기 타는 것을 막기 위한 목적으로, 미국 공항들은 모든 승객들이 탑승 터미널에 들어가기 전에 탑승권과 함께 유효한 사진 ID(예: 여권 또는 운전면허증)를 보여주도록 요구하고 있다.

2) 프랑스의 테러리즘 대비태세

2016년 프랑스 의회는 테러리즘에 대비한 법률안을 통과하였다. 이 법은 경찰과 사법기관에 테러를 예방하기 위하여 대폭 강화된 권한을 부여하였다. 테러와 연관된 것으로 의심되는 사람의 신분을 확인하기 위해 변호인 없이도 4시간 동안 구금할 수 있도록 하였고, 혐의가 없어도 테러용의자로 지목된 사람은 114시간 동안 구금할 수 있도록 경찰에게 권한을 부여하였다. 또한 테러행위의 온상이 되는 시리아와 이라크를 다녀온 사람은 한 달 동안 가택연금을 할 수 있도록 하였다. 이 법률에 대해 일부 판사와 인권운동그룹이 비난하고 있지만 프랑스는 2015년 11월 테러리스트들의 공격으로 130명의 파리시민이 사망한 비상시국 상황에서 합법적인 예외 조치라고 설명하고 있다.

3) 호주의 테러리즘 대비태세

호주의 대테러법은 법무부와 내무부가 공유하고 있다. 대테러법의 대부분은 내무부가 정책적 책임을 지고 법무부는 행정적 책임을 진다. 이 법은 위협을 받거나 실제 테러행위에 대한 호주의 대응에 있어 중요한 요소이다. 이 법에서 규정한 위법행위로는 ① 테러행위 ② 테러행위 계획 및 준비 ③ 테러리스트에게 자금 제공 ④ 테러행위와 관련된 훈련 제공 ⑤ 테러행위와 관련된 것을 소유 ⑥ 테러행위를 용이하게 할 수 있는 문서 수집 등이다. 테러리스트 조직은 다음과 같은 조직을 가리킨다. 테러행위를 준비, 계획, 지원 또는 육성하는 데 직간접적으로 관여하고 있다고 법원이 판단하는 조직 또는 정부가 규정에 의거하여 List에 올라와 있는 테러조직을 말한다. 형법 103조에 따라 테러 자금을 조달하는 것은 불법이다. 테러행위를 조장하거나 관여하는 데 사용할 목적으로 의도적으로 돈을 모으거나 제공하는 행위는 처벌 대상이다. 국가 안보상황에서 누군가가 의도적으로 다른 사람이나 집단에게 무력이나 폭력을 사용하도록 촉구하는 경우는 폭력범죄로 다루고 있다. 인종, 종교, 국적, 민족 또는 정치적 의견으로 구별되는 단체 또는 단체의 구성원에 대한 헌법, 정부 또는 합법적인 권한을 전복하는 것은 범죄행위이다. 고의로 테러행위에 관여하고 다른 사람이 테러행위에 관여할 것인지 또는 테러 범죄를 저지를 것인지에 대해 신중치 못하고, 테러행위 또는 테러 범죄의 행위를 조언, 고취, 장려 또는 촉구하는 것은 범죄이다. 테러를 옹호한 혐의가 인정되면 5년 이하의 징역에 처해질 수 있다. 테러와 같은 적대 행위를 하기 위해 외국에서 테러집단에 가입한 혐의가 인정되면 최고형은 무기징역이다. 적대적 활동을 하는 단체에 가입할 사람을 모집한 혐의가 인정될 경우 최고 형량은 25년 징역에 처한다.

4) 영국의 테러리즘 대비태세

2017년 3월 21일 영국 정부는 튀르키예, 이집트, 튀니지, 요르단, 사우디아라비아, 레바논에서 영국으로 가는 항공편에 대한 새로운 항공보안조치를 발표했다. 새로운 항공보안조치는 대형 전화기, 노트북, 태블릿은 이들 나라에서 영국으로 올 때 기내 반입을 금지하고 있다. 이러한 전자기기들은 위탁수하물로 운송해야 한다. 영국 정보기관은 자국민의 안전한 항공여행을 위해 테러 정보를 수집하고 모든 자원을 활용하여 영국 국민에 대한 국제적 테러 위협을 지속적으로 검토하는 체제를 구축하고 있다. 영국에서 2022년 6월 30일까지 테러리즘 관련 활동으로 203명이 체포되었으며, 이는 이전 12개월보다 20명(11% 증가)이 증가한 것이다. 이 수치는 분기별로 영국에서 테러 및 후속 입법에 따른 경찰 권력의 사용 정도를 분석한 결과이다.

영국에서 테러의 법적 정의는 2000년 테러법 제1장에 규정되어 있다. 이 법에서 정의한 테러리즘은 심각한 폭력을 수반하고, 재산에 심각한 손해를 끼치며 타인의 생명을 위태롭게 하는 행위를 말한다. 영국은 4개의 주요 대테러법률로 구분되어 있다. 2000년의 테러법, 2001년 대테러범죄 및 보안법, 2005년 테러방지법, 2006년 테러법 등으로 나뉜다. 2006년 테러법은 현재 사전구속의 최대 기간을 28일로 연장하고 있다. 게다가, 한 사람이 의도적이거나 무모하게 테러행위를 하도록 부추기는 성명을 발표하는 것도 형사범죄로 취급하고 있다.

5) 캐나다의 테러리즘 대비태세

캐나다는 9. 11 테러에 대응하기 위해 테러방지법을 의회에서 통과하여 2001년 12월 18일에 발효되었다. 이 법안은 테러 위협에 대응하기 위해 정부와 캐나다 안보기관의 권한을 확대했다. 2012년 캐나다 정부는 테러 퇴치법(Combating Terrorism Act)을 도입했고, 테러단체에 가입하거나 훈련하기 위해 캐나다를 떠나는 행위를 범죄로 인정하는 새로운 규정을 마련했다. 이 법안은 또한 테러리스트 용의자들을 은닉하는 것과 관련된 일부 범죄에 대해 최대 징역형을 증가시켰다.

6) 일본의 테러리즘 대비태세

일본은 국제 테러와의 전쟁을 스스로에 대한 도전으로 인식하고, 국제 테러의 예방과 근절을 위해 적극적이고 주도적으로 기여해야 한다는 입장에서 헌법의 범위 내에서 가능한 한 많은 지원과 협력을 하고 있다. 일본은 테러 예방과 근절을 위한 국제적 연대를 강화하기 위한 외교적 노력에 집중하였다. 외교적 노력이란 특사 파견, 총리의 공식 서한, 양자회담, 다자간 회담, 전화 회담 등을 일컫는다. 2002년에 국회를 통과한 테러방지특별조치법에 따라 자위대 함정이 미국과 영국 함정에 연료를 공급하고 항공기는 협력 및 지원활동으로 수송지원을 실시하고 있다. 테러 예방 및 근절을 위한 국제법 틀을 강화한 일본 정부는 테러 공격 억제를 위한 국제 협약과 테러자금 지원을 위한 국제 협약을 체결했다. 2006년에는 테러자금처벌법을 제정하여 테러리스트들의 자금을 차단하기 위하여 탈레반 및 이와 관련된 사람들과 단체들의 자산과 테러를 동결하기 위한 조치를 취했다. 유엔안전보장이사회 결의 1373호 및 테러자금 지원 억제를 위한 국제협약을 이행하기 위한 법적 틀의 개선이 진행되고 있다.

7) 유엔의 테러리즘 대비태세

유엔안전보장이사회는 끊이지 않고 발생하는 민간항공에 대한 테러 공격을 예방하고 차단하기 위해 사상 최초로 민간항공보안을 강화하도록 촉구하는 결의안을 만장일치로 채택하였다. 최근 공항과 민간항공기를 표적으로 한 테러리스트들의 공격 추세가 증가하고 있다. 브뤼셀 공항과 이스탄불 공항 공격, 시나이반도 상공에서의 러시아 메트로제트 항공기 추락 그리고 모가디슈를 출발한 달라오 항공기의 기내 폭발 등이 대표적인 민간항공에 대한 테러 공격 사건이다. 이러한 비극적인 공격들은 전 세계를 보호하기 위한 안전이 확보된 항공환경을 마련해야 하는 시급한 필요성을 상기시켜 주고 있다.

엄청난 인명손실과 경제적 피해를 야기하기 위해 테러단체들이 민간 항공시설을 계속 목표물로 노리는 상황에서 이 결의안은 민간 항공에 대해 고조되는 테러리스트의 위협으로부터 모든 국가의 시민들을 보호하기 위한 명료하고 단합된 결의를 과시하고 있다. 만장일치로 채택된 이 결의안은 5가지 명확한 메시지를 전하고 있다. 첫째, 국제사회는 민간항공에 대한 테러리스트들의 공격을 강력하게 비난한다. 이러한 공격들은 국제 평화와 안보는 물론 경제와 무역 관계에까지 손실을 끼치는 심각한 위협을 드러내고 있다. 둘째, 모든 국가들은 테러리스트의 공격에 대해 항공보안에 대한 효과적인 보호장치 마련이 필요하다. 셋째, 모든 국가들은 국제 기준이 위협에 항상 상응할 수 있도록 국제 규정 기구체인 ICAO와 공동의 협력적인 일을 할 필요가 있다. 넷째, 모든 국가들이 효과적인 항공보안 대책을 수행할 수 있도록 능력 개발, 훈련, 다른 기술적 도움을 목표로 한 조항이 필요하다. 마지막으로 국제사회는 ICAO와 유엔 대테러기구체와의 관계를 포함하여 위협, 위험, 취약점을 다루기 위한 한층 개선된 협력이 필요하다.

■ 유엔총회 결의안(2018. 7. 26)

유엔 글로벌 대테러 전략 검토(The United Nations Global Counter-Terrorism Strategy Review)의 내용을 살펴보면 다음과 같다.

- 테러리즘과 폭력적인 극단주의를 예방하고 퇴치하기 위해 회원국은 관련된 국제협약과 의정서, 특히 인권법, 난민법 및 국제인도법 등의 의무를 준수해야 한다.

- 모든 형태의 테러행위는 인권과 기본적 자유 및 민주주의를 파괴하는 것이며, 합법적으로 구성된 국가의 안보를 위협하고 불안정하게 만드는 것을 목표로 하는 활동임을 재확인한다. 따라서 회원국은 테러를 예방하고 퇴치하기 위해 결단과 일관성으로 포괄적이며 투명한 방식으로 협력을 강화하는 데 필요한 조치를 취해야 한다.
- 회원국들은 테러행위의 자금조달을 방지하고 억제한다. 자금이 사용될 의도로 또는 사용되어야 한다는 사실을 알았을 때는 테러 지원자금 조달행위를 범죄화해야 할 의무를 실행한다.
- 회원국은 테러리스트가 사용하는 소형 무기 및 자동화 무기의 불법 사용을 예방, 퇴치 및 근절하는 것의 중요성을 인식한다.
- 회원국은 무고한 생명을 앗아가고 파괴를 초래하며 테러를 조장하는 폭력적 극단주의에 경각심을 갖는다.
- 정보공유, 국경보안, 수사, 사법 절차, 범죄인 인도 등 외국 테러리스트들의 위협을 해결하기 위한 국제 협력 강화의 중요성을 강조한다. 테러 확산을 예방하고 테러행위를 조장하는 선동을 방지한다. 또한 자국 내 테러리스트를 모집하는 행위를 금하도록 한다.
- 테러범들이 무기, 사람, 마약, 문화재 밀거래와 석유, 금, 귀금속, 광물 등의 천연자원의 불법거래를 포함한 초국가적 조직범죄로부터 이익을 얻을 수 있다는 것과 몸값을 노린 납치, 강탈, 돈세탁, 은행 강도, 일부 국가의 테러리스트 집단이 저지른 문화유산 파괴 등의 범죄에 대해 우려를 표명한다.
- 모든 회원국과 유엔이 테러리즘과 폭력적인 극단주의에 대항하여 연합할 것을 촉구하며, 테러리즘를 촉발하는 폭력적인 극단주의의 행동 유발 원인에 대해 지역사회 내에서 논의하고 이를 해결하기 위한 전략을 발전시키기 위해 지도자들의 노력과 국가, 지역 사회, 비정부기구들의 상호 협력 관계를 강화한다.
- ISIL(Islam State of Iraq and the Levant)과 알카에다가 테러와의 싸움에서 광범위한 도전을 계속하고 있다는 것을 인식한다.

Four deadliest terrorist groups in 2019

The Taliban were the deadliest terrorist group for the second consecutive year.

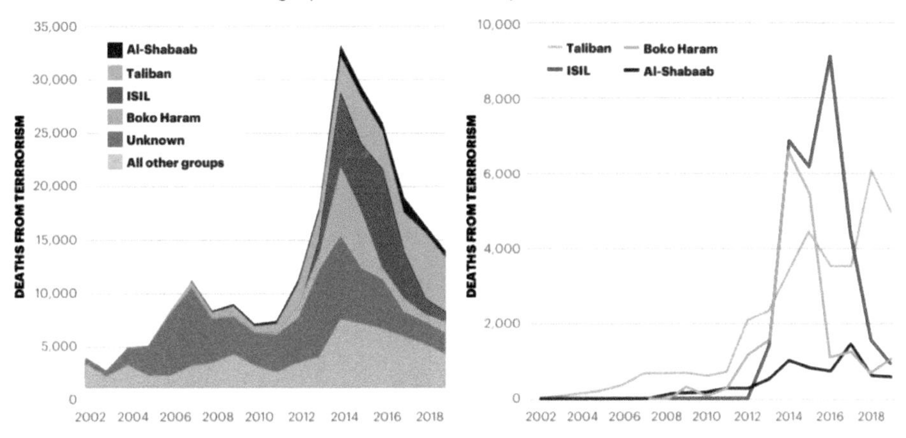

Source: START GTD, IEP calculations

승객 프로파일링

1. 승객 프로파일링의 개념
2. 미국의 프로파일링 시스템
3. 프로파일링 유형
4. 객실승무원 프로파일링

7 Chapter 승객 프로파일링

1 승객 프로파일링의 개념

항공보안의 가장 최선의 대응책은 항공범죄를 목적으로 하는 사람을 범행 이전에 탐지하고 식별하는 것이다. 현재의 정형화된 보안검색 절차만으로는 잠재적 항공범죄를 꾀하려는 사람을 탐지하고 식별하는 데 한계가 있다. X-ray 장비와 금속 및 폭발물 탐지기 등의 장비와 인력에 의한 전통적인 보안검색기법만으로는 지능화되고 진화하는 테러기법과 테러 위해물품을 사전에 파악하는 것이 어려워지고 있다. 실질적 위협을 사전에 감지하고 즉각적인 대응 조치가 더욱 중요시되고 있다. 승객의 심리적 요인을 기반으로 여러 신체적 징후 등을 인지하여 위험도를 파악하는 한층 정교해진 보안검색 기법이 프로파일링(profiling)이다.

항공보안의 프로파일링 기법은 범죄를 일으킨 범인을 검거하기 위해 개발되었다. 프로파일링이란 사람에 대한 인물평을 뜻하는 프랑스어 '프로필(profile)'에서 유래되었다. 프로파일링은 범인의 유형 및 행동 패턴의 유사성을 파악하여 범인을 체포하는 기법이다. 프로파일링에 대한 학자들의 정의는 다양하게 표현하고 있다. 라이더(Rider)는 심리학 측면에서 "개인의 특정한 심리적이고 행동적인 성격 특질의 묘사이다"라고 정의하였으며, 피니조토(Pinizzotto)와 핑켈(Finkel)은 "범죄자의 개인적 특성을 유사범죄를 저지른 다른 범죄자의 특성과 비교분석하는 수사기법이다"라고 하였다. 터베이(Turvey)는 "범죄자 행위에 대해 책임 있는 개인의 특성을 추론"하는 수사기법이라고 정의하였다.

항공보안 프로파일링은 항공기와 승객의 안전에 위협과 위해를 계획하여 실행에 옮기려는 잠재적 테러리스트 또는 불법행위자를 사전에 선별하여 심리 및 신체 행동 패턴을 기반으로 정밀 검색을 함으로써 항공범죄를 사전에 저지하는 것이라 할 수 있다. 승객 프로파일링은 기존의 위해물품을 탐지하는 보안장비만으로는 테러위험을 사전에 완전히 파악하기는 불가능하다는 테러 사례 및 연구에 의해 도입되었다. 보안기술은 공항보안에서 항상 중요한 역할을 해내고 있지만, 사람들의 긴장된 미세한 표정과 식은땀 흘림과 같은 미묘한 행동 징후들을 감지하는 데는 한계가 있다. 또한, 보안에 위험도가 낮은 승객에 대한 불필요한 검색을 지양하는 차원에서도 프로파일링은 효과적이다. 모든 승객을 대상으로 한 보안검색은 승객의 대기시간, 검색요원의 업무 피로도 등을 높여 실질적인 보안 활동에 비효율성이 늘어나는 현상을 피하게 해준다. 아울러 한정된 자원으로 최고의 효율성을 높이기 위해 선별된 고위험 승객에 집중하는 효과를 가져다준다.

승객이 비행기 탑승 수속을 할 때, 승객선별시스템은 승객을 저위험 또는 고위험으로 분류한다. 만약 승객의 위험성이 낮다고 여겨지고 추가적인 정밀조사를 받기 위해 무작위로 선택되지 않는다면, 승객은 금속탐지기를 통과하고 휴대수하물을 엑스레이 검색대를 통해 보내는데, 이 과정을 1차 선별이라고 한다. 그렇지 않으면 우선 1차 심사를 통과한 뒤 소지품과 복장 등에 대한 철저한 조사를 받아야 한다.

프로파일링 시스템의 지지자들은 승객선별시스템이 사실상 모든 테러리스트를 고위험으로 표시하거나 그럴 가능성에 매우 가깝다고 가정하고 있다. 예를 들어, 1차 심사만 받는 승객들은 분명히 테러의 위협이 되지 않는 무고한 여행객으로 판정한다. 그리고 실제 테러리스트라면 누구나 2차 심사를 받을 것임을 암시하고 있다. 게다가, TSA를 포함한 일부 사람들은 테러리스트들이 엄격한 검색으로 억제될 수 있다고 믿는다. 이러한 가정하에서, 비행기에 대한 공격을 고려하는 거의 모든 테러리스트들은 2차 선별을 받을 것이고, 2차 선별로 테러리스트들이 공격을 시도하고 성공할 확률은 전혀 없거나 매우 낮을 것이다.

이스라엘은 40년 이상을 항공기납치, 항공기폭발 등의 어떠한 테러공격도 받은 기록이 없다. 이것이 어떻게 가능했을까. 이스라엘의 텔아비브 벤구리온 공항에서는 보안검색대에서 신발을 벗지 않아도 되고, 물리적 또는 신체적 보안검색을 하지 않는다. 대신에 현명하면서 더 고도화된 기법으로 보안검색을 한다. 바로 보안검색요원에 의한 인터뷰방식의 프로파일링이다. 공항보안요원은 모든 승객을 대상으로 몇 가지 질문을 한다. 예전에 이스라엘 텔아비브 벤구리온 공항에서 보안요원으로부터 인터뷰 방식의 프로파일링을 경험한 적이 있었다. 대한항공 사보 〈창공〉지 편집위원이었던 나는 텔아비브 공항 특집 기사를 작성하기 위해 이스라엘을 방문하게 되었다. 특집 기사 인터뷰 대상은 텔아비브 공항 최고위급 책임자였다. 며칠간 모든 일을 마치고 다시 한국으로 돌아가기 위해 텔아비브 공항에 갔다. 짐을 부치고 탑승권을 받은 뒤 짐 검색대로 갔다. 공항보안요원이 여러 가지 질문을 하기 시작했다. 이스라엘에 오게 된 목적, 텔아비브에서 만난 사람, 텔아비브에서 했던 일, 다녀온 장소, 호텔에서 공항까지 타고 온 교통수단, 짐은 본인이 직접 들고 왔는지, 짐을 다른 어느 곳에 방치한 적은 없는지 등등 굳이 대답을 피할 내용도 아니지만 장황한 질문에 일일이 대답하기가 불편했던 경험이 있다. 이것이 이스라엘 공항의 프로파일링인지 당시에는 알지 못했다.

오늘날의 행동기반 프로파일링 아이디어는 이스라엘 공항보안에서 처음으로 유래되었다. 이스라엘 공항보안요원은 승객에게 간단한 질문을 끊임없이 하면서(거의 압박감을 느낄 정도임) 승객이 어떻게 답변을 하는지 내용보다는 표정과 행동 그리고 태도를 주의깊게 관찰하는 기법을 수행하고 있다. 이스라엘은 프로파일링을 안보체제의 필수적인 부분으로 사용하고 있다. 승객들은 공항 도착부터 터미널 진입, 실제 체크인까지 줄을 서고 보안 검색대에서 비행기 탑승까지 전 과정에 걸쳐 인터뷰와 질문을 받는다. 텔아비브의 벤구리온 공항은 이 과정 때문에 가장 안전한 공항 중 하나로 널리 간주되지만, 대기시간과 승객 경험에 미치는 부정적 영향이 크다고 볼 수 있다. 많은 승객들이 프로파일링 과정이 마치 심문을 받는 기분이라고 불평을 한다. 이스라엘의 국가 안보 환경을 고려할 때 효과가 있어 보이지만 이러한 프로파일링 기법이 전 세계 공항에 보편적으로 이전될 수는 없을 것으로 보인다.

가장 순수한 형태의 승객 프로파일링은 특별 훈련을 받은 보안 및 공항직원이 불법행위, 범죄 또는 테러 의도가 있는 승객을 식별하는 데 도움이 되는 관찰 및 질문을 통해 특정 행동 징후를 인식하는 기법이다. 이 기법은 긍정적인 면과 부정적인 면을 모두 갖고 있다.

■ 승객 프로파일링의 긍정적인 면

• 공격 식별 및 예방

승객 프로파일링의 가장 명백한 주장은 잠재적인 공격을 방해할 수 있다는 사실이다. 테러나 범죄를 일으킬 사람으로 보이지 않도록 고도로 훈련받지 않은 이상, 범죄 활동에 참여하거나 테러를 하려는 사람들은 누구나 긴장하고, 흥분되는 표정과 행동 등 의심스러워 보이는 특정한 징후를 숨길 수 없을 것이다.

• 예측 불가능

공항보안 절차가 진행되는 과정은 승객들에게 어느 정도 잘 알려져 있다. 그러다 보니 보안검색을 우회하는 방법을 알 수도 있다. 많은 공항에서 보완적인 검색이 시행되고 예정에 없이 무작위로 보안검색을 하고 있지만, 그러한 보안 절차와 행태가 오히려 공항보안의 잠재적 약점으로 악용될 수도 있다. 승객 프로파일링은 정해진 보안 절차 없이 하게 되는 예측 불가능성으로 테러리스트들이 공항보안을 뚫고 공항시설 및 항공기에 접근하려는 계획을 어렵게 하거나 와해시킬 수 있다.

• 공항직원의 보안 마인드 확산

프로파일링 프로세스가 보안검색대에서만 이루어지는 것으로 제한될 필요는 없다. 공항 전 구역에 즉, 항공사 체크인 카운터, 면세점, 식당 등에서 일하는 직원들, 또는 공항시설 관리직원들에게 의심스러운 행동을 식별할 수 있는 행동 분석 교육을 할 수 있다. 이를 통해 공항 전체에 훨씬 더 넓은 범위로 승객 프로파일링을 시행하여 잠재적 위협을 식별할 수 있는 보안 마인드를 갖게 된다.

■ 승객 프로파일링의 부정적인 면

• 시민 자유에 관한 우려

많은 시민단체들은 프로파일링이 인권을 침해한다고 주장하고 있다. 특히 개인정보 접근에 명백한 동의를 하지 않았는데도 강화된 보안검색과 승객정보 사용은 인권에 위배된다는 것이다. 보안과 시민의 자유 사이의 균형을 찾는 논쟁은 여전히 지속되고 있다.

- 인종 및 민족 프로파일링의 오명

승객 프로파일링은 인종, 민족 및 종교에 영향을 받아서는 안 된다. 올바른 프로파일링은 의심스러워 보이거나 유별난 행동을 하는 승객을 선별하는 것이다. 프로파일링이 특정 집단 또는 인종을 당연한 프로파일링 대상으로 여기는 고정관념이 우려되고 있다.

- 오차의 여지가 큼

현재 승객 프로파일링이 효과적이거나 비효과적이라는 것을 입증할 만한 정확한 데이터가 없다. 프로파일링 오류의 여지가 있는 보고서를 보면 승객들의 부당한 대우와 질문이 나온다. 공항은 종종 스트레스가 많은 환경이므로 승객들은 다양한 여러 요인들 때문에 불안해 보이는 행동을 할 수 있다. 신경질적인 비행기 조종사도 있고, 몸이 불편하거나 도착 시간에 늦는 사람도 있다. 다른 정상 참작이 가능한 상황이 있을 수 있다. 그런 사람들에게 의심을 갖고 추가적인 보안 검색과 질문을 하는 것은 오히려 스트레스를 가중시킬 수 있다. 프로파일링이 얼마나 효과적인지는 아직 입증되지 않았다.

- 승객의 여행 경험 불편 초래

전 세계의 주요 공항들은 더 많은 고객서비스를 제공함으로써 승객 경험을 개선하고 충성도를 높이며 항공 이외의 부가수익을 증가시키기 위해 고객 중심 서비스에 상당한 투자를 하고 있다. 공항의 수익 증대와 성장은 긍정적인 승객 경험에 달려 있다. 장시간 걸리는 보안검색 대기줄과 스트레스가 많은 보안검색은 이와 모순되고 있다. 승객프로파일링이 법적 의무사항이 아니라면 공항 운영자나 항공사가 받아들이지 않을 것이다.

행동으로 보여주는 비언어적 징표가 공항보안요원으로 하여금 조사를 더 하게끔 만들어 준다. 이상한 행동을 하는 사람은 보안상의 경고를 주기 때문이다. 항공보안의 문제가 사람에게 있지 않고 물건(무기류, 폭발물 등)에 있다고 생각하는 공항보안요원들이 많다. 따라서 모든 보안의 위협을 해결하기 위해 보안검색 기계에 의존하고 있다. 세계적인 항공보안에 있어서 행동기반 보안 시스템은 새로운 개념이 아니다. 그러나 의심스런 행동을 탐지하기 위해 승객을 관찰하는 방식인 프로파일링이 전 세계 대부분의 공항에서는 주요 보안검색 기법으로 다루어지고 있지 않다. 신발폭발, 속옷폭발 등 테러리스트들이 폭발물을 몸에 숨긴 채 보안검색대를 통과하는 보안검색 실패가 일어나고 있다. 이들이 보안검색대를 통과하기 전의 행동을 보면, 식은땀을 흘리고, 보안검색대 주변을 이리저리 살펴보고, 꼼지락거리는 행동을 하고, 보안요원과 눈을 피하려고 하는 등의 행동에 이상 징후가 있었다. 하지만 어느 보안요원도 이러한 행동을 알아채지 못했고 무심히 넘겼다.

2 미국의 프로파일링 시스템

미국은 1960년 후반 항공기 납치 사건이 빈번하게 발생하는 것에 대응하기 위해 수상한 승객에 대한 프로파일링을 연구하기 시작했다. 1974년에 이르러 항공기 납치 대응 방안의 일환으로 승객 프로파일링 시스템을 도입하였다. 현재는 국토안보부(DHS : Department of Home Security) 소속의 TSA가 주도적인 프로파일링을 시행하고 있다. 미국은 프로파일링을 항공사 체크인 카운터 직원이 하고 있다. 카운터 직원은 먼저 승객의 항공권 및 여권을 확인하고 해당 승객의 성명을 시스템에 입력한다. 컴퓨터 프로그램상의 위험요건이 있음을 알게 되면 선별 승객으로 분류된다. 선별 승객의 수하물은 폭발물탐지기로 정밀검색을 하고, 필요시 승객이 탑승할 때까지 수하물을 항공기에 탑재하지 않는 조치를 취한다.

2006년 TSA는 처음으로 '관찰기법에 의한 승객검색(SPOT : Screening Passengers by Observation Technique)' 프로그램을 시작했다. 이스라엘 모델을 토대로 훈련받은 행동탐지요원(BDO : Behavior Detection Officers)을 공항에 배치하였다. 행동탐지요원은 의심스런 행동을 하는 수상한 사람을 관찰하고 분석하여 탑승여부를 가려낸다. 관찰기법에 의한 승객 프로파일링으로 수상한 행동을 하는 사람을 적발한 사례가 있다. 미국 LA공항에서 땀을 흘리며 불안한 표정으로 사람들의 시선을 피하는 등 매우 수상한 행동을 보인 승객을 관찰한 세관직원이 그 승객의 가방을 정밀 수색하여 가방에서 폭발물을 발견하였다. 이 수상한 승객은 LA공항을 폭파하려고 했다. 관찰기법에 의한 승객검색은 미국 내 공항에서 집중 활용되고 있다. 공항보안이 상당히 취약한 공항에는 행동탐지요원을 배치하여 프로파일링을 실시하고 있다. 해가 거듭될수록 관찰기법에 의한 승객검색 사례가 증가하고 있어, 이 기법의 효용성이 입증되었다고 볼 수 있다. 9.11 테러를 겪은 이후 10년 동안의 보안검색의 과학적인 기술로 얻게 된 정보 노하우를 갖게 되었다. 현재 행동탐지프로그램은 금지품목 검색기술과 융합하도록 고안되었다.

〈표 7-1〉 행동탐지요원(BDO)에 의해 체포된 현황(2004~2008)

체포 원인	인원수(명)
불법 입국자	427
체포 영장	209
위조서류 소지	166
의심스러운 약물 소지	125
위조화폐	8
의심스러운 문서	4
기타	128
합계	1,067

출처 : 미회계감사원(hwwp://www.gao.gov)

TSA는 승객들이 스트레스, 두려움, 속임수를 나타내는 행동을 보일 경우, 추가적인 검사를 위해 승객들을 조사할 수도 있다고 말한다. 행동탐지요원들은 인종이나 민족성과 같은 이유로 승객을 선별하는 것은 금지되어 있다. TSA는 선별자의 행동탐지활동을 모니터링하기 위한 지침과 체크리스트를 가지고 있지만, 불법 프로파일링은 해서는 안 되는 사항이므로 지양하고 있다.

미국 회계감사원(GAO)은 TSA가 불법 프로파일링을 금지하는 정책을 준수하기 위해 행동탐지활동을 모니터링하는 데 중점을 둔 추가적인 감독을 개발할 것을 권고했다. 교통보안청(TSA) 정책은 관리자들이 인종이나 민족 등과 관계없이 행동탐지가 수행되도록 보장할 것을 요구한다. TSA는 7개 항목의 감독 체크리스트를 사용하여 행동탐지 훈련을 받은 검사자가 승객을 올바르게 관찰하고 개입하는지 여부를 모니터링하는 등 TSA 정책에 따라 행동탐지활동이 수행되고 있는지를 평가한다. 그러나 이러한 체크리스트는 감독자에게 프로파일링의 징후를 모니터링하도록 지시하지 않는다. TSA 관계자들은 행동탐지요원들이 받는 훈련, 운영 절차 준수 및 일반적인 감독 등을 통해 감독자들에게 불법 프로파일링이 발생할 수 있는 상황에 대해 경고하기에 충분하다고 말했다. 그러나 불법 프로파일링을 금지하는 정책을 준수하기 위해 행동탐지활동을 모니터링하는 특정 메커니즘을 개발하면 행동탐지요원이 그러한 정책을 준수하고 있다는 확신을 TSA에 제공할 수 있다.

2015년 10월부터 2018년 2월까지 TSA에는 승객 심사와 관련된 시민권 및 시민 자유 침해를 주장하는 약 3,700건의 불만이 접수되었다. 이러한 불만 사항은 행동탐지활동에 국한되지 않는다. 이들 민원을 접수하는 TSA 컨택센터(TCC) 민원자료에 따르면 51%(약 1,900건)의 민원은 시민권과 시민자유 침해를 주장하고 있다. 이 센터의 다문화지부가 검토한 불만사항의 약 절반(1,066건)에 대해 인종이나 기타 요인을 포함하는 잠재적 차별 및 비전문가적 행위의 징후를 발견하고, 불만사항에서 확인된 공항 또는 개별 공항의 선별자를 대상으로 일련의 재교육을 권고했다. 미국 시민자유연맹(ACLU)은 인종, 종교 또는 민족에 기반한 프로파일링 사용을 반대한다는 공식적인 입장을 표명했다. 프로파일링은 일부 승객에 한하여 항공보안을 강화하는 차원에서 시행되기를 바라고 있다. 승객 개인정보를 기초로 한 프로파일링은 불공평할 뿐만 아니라 누가 범죄자인지 판단하는 비효율적인 수단이기 때문에 반대하고 있다.

2016년에 TSA는 스트레스, 두려움 또는 속임수를 나타내는 특정 행동을 보이는 잠재적 고위험 승객을 식별하고 추가 선별을 위해 행동탐지를 더 제한적인 방법으로 사용하기 시작했다. TSA의 정책과 절차는 불법 프로파일링을 금지한다. 즉, 행동탐지요원은 인종, 민족 또는 기타 요인에 따라 추가심사를 위해 승객을 선택하는 것이 금지된다.

미 회계감사원(GAO)은 행동탐지활동이 불법 프로파일링을 초래하지 않도록 TSA의 조치사항을 검토하였다. GAO보고서는 무엇보다도, ① TSA의 행동탐지활동에 대한 감독과 ② 승객선별과 관련된 시민권 및 시민 자유 침해를 주장하는 불만 건수와 이를 해결하기 위해 TSA가 취한 조치를 검토하였다. 검토 결과, TSA는 불법 프로파일링을 금지하는 정책 준수를 위해 행동탐지활동을 모니터링할 수 있는 특정 감독 메커니즘을 개발해야 한다는 GAO의 권고사항이 나왔다. 국토안보부는 GAO의 권고에 동의했다.

▶ GAO 권고사항

TSA 관리자는 불법 프로파일링을 금지하는 국토안보부 및 TSA 정책을 준수하기 위해 행동탐지활동을 모니터링할 수 있는 특정 감독 메커니즘을 개발한다.

▶ TSA 조치사항

2019년 10월 TSA는 불법 프로파일링을 금지하는 국토안보부 및 TSA 정책을 준수하기 위해 행동탐지활동을 모니터링하기 위한 감독 메커니즘을 구현했다. 특히, TSA는 불법 프로파일링에 대한 모니터링을 위한 용어와 단계를 포함하도록 관리자와 감독자가 사용하는 기존 지침과 체크리스트를 수정했다는 문서를 제공했다.

3 프로파일링 유형

1) 순수(purest)형 프로파일링

이 방식은 공항 체크인 시에 승객에게 특정 질문(interview)을 하여 정보를 얻어 분석하는 것이다. 보안 관련성 질문 기법을 훈련받은 직원이 승객들에게 다양한 질문을 하여(거의 공세 수준) 의심되거나 특정한 징후를 나타내는 승객을 선별한다. 선별된 승객을 다른 장소로 이동시켜 추가적인 몸수색과 소지한 짐을 정밀하게 수색한다(범죄자 취급당하는 인상을 받게 됨). 이스라엘이 처음으로 시도한 프로파일링 기법으로 1970년 이후 실시되어 현재까지 유지되는 아주 고전적이고 전형적인 프로파일링 방식이라 할 수 있다.

순수형 프로파일링 기법의 장점은 첫째, 최고의 보안성을 확보할 수 있다는 것이다. 승객 개별로 세세한 질문을 하여 수상한 행동징후를 보이는 사람을 선별할 수 있다. 둘째, 보안검색 장비의 효능을 보완해 준다. 보안장비만으로는 확인될 수 없는 사람의 표정, 행동, 태도 등을 통해 의심스런 승객을 선별할 수 있다. 이에 반해 이 기법의 단점으로는 첫째, 승객 불편 초래이다. 승객에게 일일이 질문하는 데 평균 20분~30분 정도 걸린다. 승객에게 심리적 부담감과 불편을 초래함은 물론 장시간 소요되는 프로파일링으로 항공기가 지연되는 사례까지 발생되고 있다. 이러한 승객 불편과 항공기 지연으로 다른 국가의 항공사들이 프로파일링을 꺼리는 이유가 되기도 한다. 둘째, 인력과 교육비용이 많이 소모된다. 프로파일링을 위한 질문기법을 교육하는 데 최소 3개월에서 6개월까지 소요된다. 교육과정에 참여한 인력의 현장 공백과 교육비용은 프로파일링 효능 대비 여전히 부담으로 작용하고 있다. 셋째, 언어의 장애이다. 질문은 영어로 이뤄지는데 승객들 중에는 영어를 할 줄 모르는 경우가 더 많다. 소통되지 않는 상황 속에서 영어로만 진행되는 질문은 시간이 더 소요되고 정확한 정보를 얻는 데 장애가 되고 있다. 공항직원과 승객 간의 언어적 소통 문제로 정보의 오류를 가져다주는 해프닝들이 자주 발생하고 있다. 넷째, 승객의 인종 및 민족에 따라 편견이 작동될 수 있다. 프로파일링 훈련을 받은 공항직원일지라도 개인적인 편견이 승객을 오판하는 오류를 범할 수 있다.

2) 시스템 프로파일링

이 방식은 대표적으로 미국이 사용하고 있으며, CAPPSII(Computer Assisted Passenger Prescreening System) 프로그램을 활용하고 있다. 현재 교통 및 정보 관리들은 컴퓨터기반 승객사전 선별시스템의 줄임말인 CAPPSII가 항공보안의 새로운 핵심 틀을 형성할 것이라 믿고 있다. 수하물보다는 사람에 훨씬 더 집중하는 것이다. TSA는 CAPPSII가 승객들을 보호할 뿐만 아니라 승객 심사가 더 효율적일 것이기 때문에 공항에서 여행객들을 더 편하게 해줄 것이라고 말한다.

CAPPSII 네트워크의 핵심 요소는 테러범들 및 비행을 허용해서는 안 되는 범죄 용의자들의 이름을 보다 신속하게 전달할 수 있는 전자 감시 목록을 운영하는 것이다. 동시에 시민 자유 운동가들은 개인정보 보호 문제가 시스템이 가동되기 전에 공개적으로 해결되지 않으면 CAPPSII를 논란에 휩싸이게 하고 실효성을 해칠 수 있다고 경고한다.

TSA는 모든 승객 예약을 전산화하여 여행자의 신원을 인증한 다음 그들이 누구인지에 대한 프로필을 만드는 사실상 새로운 데이터 기반 시스템을 고안하고 있다. 이 계획에 따르면, 승객들은 예약을 할 때 이름과 주소, 여권, 주민등록번호와 같은 식별 정보를 제공해야 한다. 이러한 세부 정보는 신원 확인 및 개인 데이터 서비스에서 개인에 대한 더 많은 정보를 제공하는 데 사용된다. TSA 컴퓨터는 정보기관이 개발한 행동 모델과 함께 인공지능과 기타 정교한 소프트웨어를 사용하여 승객이 온전한 시민인지 판단하고 아니면 테러리스트일 수 있는 다른 사람들과 연결되어 있는지를 판명할 수 있게 된다.

TSA가 추구하는 슈퍼컴퓨터를 활용한 승객사전 선별시스템의 목표는 정부, 산업 및 민간 부문의 수많은 데이터베이스를 통합하고 동시에 분석할 수 있는 자동화된 시스템을 만드는 것이다. 이 시스템은 모든 항공사 승객, 공항 및 항공편에 대한 위협 및 위험 평가를 설정한다. CAPPSII는 승객이 예약할 때 항공사에 제공한 개인정보(PNR)를 저장한 컴퓨터를 기반으로 승객의 위험여부를 판정하는 방식이다. 항공사의 예약시스템에 저장된 승객 개인정보 즉, 국적, 나이, 성별, 항공권 구매방식, 연락처, 일행 명단 등을 통해 해당 승객의 개인정보와 TSA가 확보하고 있는 No Fly 명단과 컴퓨터 베이스로 대조하거나 연방수사국(FBI)의 수배자 명단 정보와 연동하여 승객의 위험 여부를 사전에 선별하는 방식이다. 시스템 프로파일링의 장점은 첫째, 신속한 보안절차이다. 시스템으로 이미 확보된 승객의 개인정보를 이용하여 추가적인 질문 몇 가지로 승객의 위험 정도 여부를 확인한다. 둘째, 소요비용이 적다. 많은 인력 대신 시스템 기반으로 프로파일링에 활용되어 인력 소모 및 교육비용이 적게 소요될 수밖에 없다. 단점으로는 첫째, 신체 및 휴대수하물의 정밀 검색이 어렵다. 시스템 기반으로 하다 보니 시스템에 나타나지 않는 승객의 개인정보에 휴대수하물과 신체에 대한 정보는 확인하기가 어렵다. 둘째, 인종차별이 심하다. 미국인의 특성상 이슬람 민족계 승객에 대한 인종차별적인 대응이 문제가 되고 있다. 미국에서의 승객 프로파일링은 인권차원에서 심각한 사회적 후유증을 안고 있다.

3) 혼합형 프로파일링

이 기법은 순수형 프로파일링 기법과 시스템 프로파일링 기법의 단점들을 완화시키기 위해 통합되어 이뤄지는 프로파일링이다. 일차적으로 시스템상에 예약되어 있는 승객의 특정 정보와 정보기관에서 보유하고 있는 범죄자 및 테러리스트 명단이 저장된 데이터베이스를 대조하여 해당 승객의 위험여부를 가려낸다. 이 같은 방식은 시스템 프로파일링과 유사하다. 다음으로는 해당 승객이 체크인 시 공항직원의 질문으로 수상한 행동을 하는 승객을 선별하고 필요시 추가적인 정밀검색 대상자로 분류한다. 이는 순수형 프로파일링 기법을 따르고 있다.

혼합식 프로파일링의 장점은 첫째, 단순히 데이터에 의존하는 방식보다 더 정확하게 의심스런 승객을 선별할 수 있다. 둘째, 승객의 사전정보 없이 현장에서 바로 실시되는 순수형 프로파일링의 단점을 보완하고 있다. 단점으로는 첫째, 전문인력 양성에 시간과 비용이 많이 소요된다. 시스템에 의존하다 보니 시스템 판독능력을 배양해야 하고 승객을 직접 대면하면서 시행되는 질문기법을 훈련하는 이중의 교육체제를 갖춰야 한다. 따라서 비용과 시간이 많이 소모될 수밖에 없다. 둘째, 승객의 인종과 국적에 따른 오류가 발생한다. 시스템과 질문을 혼합하면 인종차별적 요소가 개입될 소지가 높다.

프로파일링 시스템이 누가 테러리스트인지 또는 테러리스트가 될 가능성이 있는지 확실하게 예측할 수 있는지는 의문이다. 테러리스트들은 여러 출신 배경에서 나올 수 있다. 나이, 성별, 민족성, 교육, 그리고 경제적 지위는 프로파일링과 무관한 고려사항이 되고 있다. 예를 들어, 2006년 8월 액체 폭탄 음모로 체포된 용의자 중 3명은 런던의 부유한 교외에서 온 종교인이었다. 영국 보수당 활동가의 아들이었고 영화 '팀 아메리카'를 좋아했다. 그렇다면, 프로파일링을 통해 테러리스트를 식별하는 것은 불가능할 수도 있지만, 그렇지 않을 수도 있다. 단지 직관에 반하는 것일 뿐이다. 법적으로도 항공사 승객 프로파일링은 공항에서 더 많은 보안이 필요하다는 이유만으로 무시되어서는 안 되는 중요한 헌법적 고려사항을 제기한다. 자유와 사생활은 이러한 고려사항들 중 가장 중요하다.

현재 항공보안 정책 입안자들이 항공보안의 취지상 자유와 사생활을 제한하고 있다. 테러리스트의 위협은 매력적이다. 효과적인 승객 프로파일링 시스템을 설계하고 구현하는 것은 한편으로는 자유와 프라이버시, 다른 한편으로는 국가 안보를 상호 배타적인 정책 선택으로 제시할 필요가 없다. 자유주의자들과 프라이버시 옹호자들의 출발점은 1759년 벤저민 프랭클린이 "기본적인 자유를 포기하고, 약간의 일시적인 안전을 구매하는 사람들은 자유도 안전도 받을 자격이 없다"는 말을 인용하며 프로파일링에 반감을 드러내고 있다. 반대로 한 유명한 항공사 CEO는 비장한 어조로 반문하고 있다. "항공기를 타고 여행하고 싶으세요? 그렇다면 프라이버시를 포기해야 합니다. 포기하고 싶지 않나요? 비행기를 타지 마세요. 당신의 사생활은 나머지 사람들의 안전과 동등하지 않습니다"라며 항공안전을 위한 프로파일링의 중요성을 역설했다.

보안은 자유와 프라이버시를 희생해야만 가능하다는 개념을 거부하고 프로파일링이 필수적이고 합법적인 역할을 하는 항공보안 정책을 추천한다. 특정 정부 및 민간 부문 프로파일링 이니셔티브를 상세히 설명한 후, 항공사 승객 프로파일링을 세 가지 광범위한 질문의 관점에서 평가한다.

- 항공보안 정책이 식별하고자 하는 적은 누구인가?
- 프로파일링은 이성적인가, 인종차별적인가?
- 항공사 승객 프로파일링 시스템은 자유와 사생활 권리보다 국가 안보를 선호하는 정책 선택을 반드시 필요로 하는가?

유럽연합과 미국 사이의 국제 항공사 보안조치의 개요와 함께 궁극적으로 나쁜 행위뿐만 아니라 나쁜 사람들에 초점을 맞춘 항공사 승객 프로파일링이 9.11 테러 사건 이후 국가 항공보안정책의 중심축이 되어야 한다는 것은 의심의 여지가 없다. 우리나라의 경우는 국가정보원에서 자동방식의 정형적인 프로파일링 정보를 활용하여 보안검색에 활용하고 있을 뿐이다. 우리나라 공항보안 현실에 맞는 프로파일링 기법을 항공사 및 관계기관의 공동관심사항으로 도입하여 시행하는 데 보다 많은 연구와 개발에 힘써야 할 것이다.

▲ 인천국제공항 미국행 승객 프로파일링(보안 인터뷰)

■ Secure Flight Program

TSA는 CAPP프로그램에 이어 2004년에 새로운 보안프로그램 Secure Flight를 추진하였다. Secure Flight는 미국에 이착륙하는 국내외 모든 항공편에 대한 민간 항공기의 보안강화를 목적으로 도입된 프로그램이다. 즉, 미국으로 들어오는 항공기에 탑승한 사람 중에 혹시 미국이 갖고 있는 감시대상자(watch list)에 해당되는 사람인지 사전에 파악하기 위함이다. 한마디로 TSA가 항공사의 탑승자 정보와 워치 리스트를 예약 단계에서 대조하는 것이다. 이 프로그램 도입에 따라 항공사는 승객 예약 시 Secure Flight 프로그램에 필요한 탑승자 정보를 확인하고, 출발 72시간 전까지 예약기록에 등록하는 것이 의무화되어 있다. TSA의 Secure Flight 비행 프로그램에 따라, 항공사는 ① 승객 성명(정부발급 신분증에 기재된 이름과 동일해야 한다.) ② 생년월일 ③ 성별 ④ Redress Number[1](해당자만) ⑤ Known Traveler Number[2](해당자만) 등 승객의 정보를 제공한다. 항공사가 제공한 승객 정보를 받은 TSA는 No-Fly 리스트에 해당되는 사람을 식별하여 항공기에 탑승하지 못하도록 사전 조치를 한다. 이와 같은 사전선별시스템은 실제 테러 시도를 좌절시킬 뿐만 아니라 테러리스트들이 항공기 공격을 시도하는 것조차 저지할 것으로 평가받고 있다.

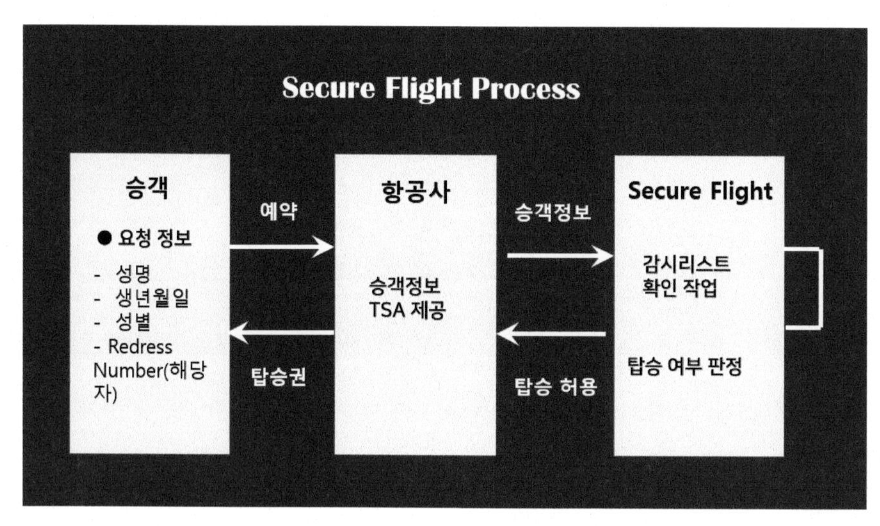

출처 : TSA 홈페이지

Secure Flight는 여행객들에게 많은 혜택을 제공한다. Secure Flight는 보안요원들이 항공 여행을 더 안전하게 유지하면서 보안 위협에 더 빨리 대처할 수 있도록 한다. 이 프로그램은 하나의 감시 목록 일치 시스템을 구현함으로써 모든 항공사에 공정하고 일관된 프로세스를 제공하고 잘못 식별될 가능성을 줄여준다. 개인정보의 프라이버시는 안전한 비행의 초석이다. TSA는 효과적인 감시 목록 일치를 수행하는 데 필요한 최소한의 개인정보를 수

1) Redress Number: 테러리스트와 동성동명이라는 등의 이유로 인해 잘못해서 워치 리스트의 인물로 식별된 여객에 대한 구제수단으로서 미국 국토안보부(DHS)에서 부여되는 번호를 말한다.
2) Known Traveler Number : TSA PreCheck(TSA 사전 심사 프로그램) 유자격자에게 부여되는 Pass ID이다.

집한다. 또한, 개인 데이터는 엄격한 지침과 적용 가능한 모든 개인정보 보호 법률 및 규정에 따라 수집, 사용, 배포, 저장 및 폐기된다.

■ 탑승권에 'SSSS'라고 기재된 글자의 의미

▲ 미국 항공사 탑승권에 표기된 'SSSS'

탑승권을 받을 때 가장 먼저 알 수 있는 정보는 어떤 좌석 배정을 받았는지, 몇 번 게이트로 가야 하는지, 몇 시에 탑승을 시작하는지 등이다. 하지만 전문가들에 따르면, 만약 탑승권에 'SSSS'라는 글자가 찍힌 것을 발견한다면, 탑승하기 전에 추가적인 보안 검색을 받게 될 것이다. 'SSSS'는 2차 보안 검색 선택(secondary security screening selection)의 약자로 이 코드는 미국 교통보안청(TSA)이 보안을 강화하기 위해 사용하는 탑승 전 승객 점검이다. 디지털화된 세계에서 항공권을 예약할 때 항공사는 승객의 이름, 성별, 생년월일을 TSA에 제출한다. 항공사들은 미국행 비행기 출발 전에 TSA의 승인을 받는 보안절차를 따라야 한다. 탑승권에 'SSSS'가 표시된 승객은 누구나 15분~45분이 소요되는 추가 보안 검색을 받는다. 추가 검색에는 ① 개인 소지품 검색 ② 모든 개인 수하물 수동 검색, 폭발물 또는 마약에 대한 수하물 검사 ③ 여행 일정에 대한 강화된 질문 ④ 보안요원에 의한 추가 신원 확인이 포함된다. TSA는 추가 검색을 받을 사람을 어떻게 선택할까? 전문가들에 따르면, ① 편도 티켓 구매자 ② 출발 직전 예약을 하는 사람 ③ 테러 위험이 높은 나라를 여행한 사람 등 특정한 예약 행동이 TSA의 관심을 끌어 선택될 수 있다. 또한, 이름이 연방 항공 감시 목록(watch list)에 있는 이름과 매우 비슷하거나, 다른 경우에는 향상된 검색 프로세스를 위해 임의로 선택되었을 수도 있다.

 객실승무원 프로파일링

9.11 테러 사건 이후 기내에서의 불법방해행위를 대하는 방식이 학습효과로 인해 변하고 있다. 즉, 과거에는 항공기 납치와 같은 테러행위를 범하는 자에게 일단 대화를 시도하고 협상하는 방식으로 사태를 해결하였다. 9.11 테러는 이러한 기내에서의 대화 및 협상이 무의미하다는 사실을 일깨워줬다. 항공기를 무기화하거나 기내에서 폭발물을 신체에 은닉하고 있다가 자살폭탄테러를 벌이는 유형의 테러가 횡행하고 있기 때문이다. 테러의 진화가 상상 이상의 현실로 나타나고 있는 현상에 반응하여 이제는 기내에서 테러를 자행하는 경우, 대화와 협상보다는 승객과 승무원이 일치되어 테러범과의 즉각적인 대항으로 선제적 반항을 가하는 방식으로 변화하였다. 이것은 9.11 테러 사건이 가져다준 교훈이었다. 실례로 9.11 사건의 전모를 알게 된 승객과 승무원은 기내에서 벌어지는 자살폭탄 테러에 맞서 대항하였다. 승객과 승무원이 합심하여 테러범을 제압한 신발폭탄 사건과 속옷폭탄 사례가 승객의 저항이 효과적이었음을 보여주었다.

항공사 보안규정에는 객실승무원이 비행 중 기내 순찰을 하도록 되어 있다. 기내에 수상하거나 의심이 가는 승객이 있는지 파악하고 있다. 일종의 기내에서의 행동탐지요원의 역할을 수행하고 있는 것이다. 기내에서 객실승무원에 의한 승객프로파일링은 자살폭탄 테러와 같은 유형의 테러행위를 미연에 방지할 수 있는 중요한 수단이 된다. 실례로 신발폭탄을 기도한 테러리스트는 기내에서 식사를 전혀 하지 않았고, 개인 휴대수하물도 없었고, 화장실에 들어가서 오래 시간을 보냈다. 폭탄테러를 자행하기 전에 이미 이와 같은 이상하고 수상한 행동과 태도를 보여주었던 것이다. 따라서 이러한 사례들을 기반으로 하는 승객프로파일링 기법이 객실승무원을 대상으로 집중적인 교육훈련이 시행되어야 할 것이다. 현재 객실승무원이 비행 중에 시행하는 기내 순찰의 중요성에 대하여 객실브리핑 시에 강조하고 있다.

■ 객실승무원의 기내 순찰 시 행동탐지 요령

- 비행 중 전혀 식사를 하지 않는 승객
- 개인 휴대수하물이 없는 승객

- 화장실에서 장시간 있는 승객
- 화장실 이용 시 가방을 들고 가는 승객
- 대화 시 눈을 피하는 승객
- 전혀 어울려 보이지 않는 동행 승객
- 입국거절(INAD) 및 불법체류(DEPO)로 추방되어 탑승한 승객

객실승무원이 기내에서 의심스러운 승객을 관찰하는 데 최적의 시점은 기내식 서비스가 종료되고 승객들이 개인적인 휴식을 취할 때이다. 승객 관찰 시 의심스런 행동이 감지될 경우에는 동료승무원 간에 승객 정보를 공유하고, 지속적인 관찰을 유지한다. 지금까지 발생한 기내 자살폭탄 시도 사례를 분석하면, 테러를 시도하는 시점은 항공기 착륙 직전에 주로 발생했음을 알 수 있다. 객실승무원은 착륙 직전의 Approaching 단계 때에는 각별하게 승객의 의심스러운 행동 및 태도에 대해 면밀하게 관찰함으로써 기내보안을 강화해야 할 것이다.

공항보안

1. 공항보안의 개념 및 기능
2. 보안검색의 정의 및 운영
3. 공항보안검색 절차
4. 공항에서의 보안 규정
5. 공항보안검색요원
6. 보안검색 시스템 및 장비

8 Chapter 공항보안

1 공항보안의 개념 및 기능

공항은 항공산업을 위한 물리적 인프라의 중요한 구성 요소이다. 공항보안은 승객, 직원, 항공기 및 공항 재산을 악의적인 불법위해, 범죄, 테러 및 기타 위협으로부터 보호하기 위해 사용되는 기술과 방법을 포함한다. 공항보안은 공항에서 발생되는 위협 및 위험으로부터 공항과 이용객 그리고 중요 시설을 안전하게 보호하기 위해 행해지는 제반 조치로 정의할 수 있다. 공항보안은 공항과 국가를 어떠한 위협적인 사건으로부터 보호하고, 여행하는 대중들에게 그들이 안전하다는 것을 안심시키고, 나라와 국민들을 보호하는 것을 목적으로 하고 있다. 공항보안의 역사를 들여다보면 한쪽 분야의 보안을 강화하면 테러리스트들은 또 다른 약점과 취약한 다른 쪽 분야를 찾으려고 시도했다. 공항보안의 모든 잠재적 허점을 막으려는 시도는 이미 과도하게 스트레스를 받고 있는 공항과 항공 교통 시스템에 부담을 주고 혼란을 일으켜 테러리스트들에게 굴복당하는 결과를 초래하였다. 9.11 테러범들은 기내 반입이 허용된 작은 종이박스 커터만으로 항공기를 탈취했다. 따라서 보안 위협 시 적시에 적절한 대응을 할 수 있도록 한쪽으로만 치우치는 경직된 보안체계에서 유연한 보안 시스템이 필요하다. 유연한 시스템은 통합되고 조정된 요소로 구성되어야 한다. 그러기 위해서는 다음과 같은 요건을 충족해야 한다.

- 항공보안에 대한 확고한 동기가 부여되고 선발된 인력으로 구성된 보안 팀이 적절한 임무를 수행하며, 성과에 대한 지속적인 측정과 피드백을 수행한다.

- 발생 가능한 위협에 대처하기 위해 신속하게 적용될 수 있는 기술 및 절차를 확립한다.
- 보안요원에게 잠재적인 적과 위협 시나리오에 대한 정보를 적시에 지속적으로 제공한다.

공항보안은 위협과 위험을 가할 수 있는 의심스러운 사람과 물품을 제어하고 통제하며 공항으로의 접근을 차단하는 기능을 유지하고 있다. 불법행위를 의도하는 사람이 공항에 접근하는 것을 통제하기 위하여 이뤄지는 보안 기능에는 ① 비인가자(승객의 경우 여권 미소지자) 공항 Airside 출입 통제 ② 공항시설 및 항공기 경비 ③ 보안검색 및 위험물품 반입 통제 ④ 항공기 안전관리 ⑤ 화재 및 안전사고 예방 대응 ⑥ 시스템 및 개인정보 유출 방지 및 전자 공격 제어 등이 있다.

공항보안을 위한 보안조치란 보안인력, 보안장비 그리고 보안시스템 등과 같은 인적, 물적 자원을 활용하여 불법행위를 예방하고 차단하는 것이라 할 수 있다. 보안인력은 공항보안 최고의 방어 수단이 된다. 항공보안의 인식이 투철하고, 보안의 전문지식과 스킬을 갖추어야 하며, 책임과 임무를 성공적으로 완수하려는 기본자세가 갖춰져 있어야 한다. 역량 있는 보안인력을 양성하고, 훈련하는 것이 일차적인 공항보안의 최우선 정책이 되어야 한다. 보안장비는 기술이 발전함에 따라 정교한 컴퓨터 시스템 기반의 최첨단 보안검색이 가능해지는 시대로 접어들고 있다. 보안검색 장비의 기술적 진보는 앞으로도 계속 이어질 것이다. 최근의 테러 등 불법방해행위 기법이 IT 또는 인터넷 등 전자정보통신을 활용하고 있어 보안시스템에 의존하는 보안 수단이 급부상하고 있다. 인공지능(AI)형 최첨단 보안시스템 구축으로 정보 확보 및 데이터 수집, 국가 간 정보 공조 체제 유지 등 테러 및 불법행위를 예방하고, 차단하는 데 가장 효율성이 높은 것이 최첨단 전자 보안 시스템 구축이다. 공항보안의 기능이 약해지면 사람과 물자에 대한 위협과 위험이 고조될 뿐만 아니라 일상에서의 항공기 이용에 대한 사람들의 불편이 가중된다. 보안검색 기능의 오류와 인적 실수 그리고 보안장비의 오작동 등으로 항공기 운항 취소 및 지연 등을 유발하는 사례가 늘고 있다. 공항보안 위험은 항공편 취소의 명백한 원인이 된다. 테러 공격 또는 터미널화재 발생 등으로 수많은 항공편이 결항될 가능성이 높아진다.

최근의 테러행위를 살펴보면 테러공격 목표가 항공기에서 공항으로 바뀌었다. 이는 항공기에 에어마샬 등 기내보안요원이 배치되어 있고, 보안검색 절차가 정교해지고 보안검색 기술이 첨단화되면서 항공기로의 접근이 어려워졌기 때문이다. 2016년 한 해에만 공항을 목표로 한 테러사건이 연이어 발생했다. 가장 대표적인 공항 테러는 튀르키예 이스탄불 아타튀르크 국제공항에서 발생한 자폭 테러 공격과 벨기에 브뤼셀 국제공항 출국장에서 발생한 자폭테러이다. 공항을 목표로 한 테러가 발생하자 러시아, 튀르키예, 이스라엘, 케냐 등 일부 국가의 공항들은 사람들이 아예 공항터미널에 들어오는 것을 통제하기 위해 터미널 입구에 보안검색대를 설치하고 공항에 들어오는 모든 사람을 검색하는 등으로 보안 체계를 강화했다.

2 보안검색의 정의 및 운영

'보안검색'이란 불법행위에 사용될 수 있는 무기 또는 폭발물 등 위험성이 있는 물건들을 탐지 및 수색하기 위한 행위를 말한다. 공항은 여전히 테러조직, 범죄활동을 꾀하는 사람들이 가장 선호하는 공격 목표 대상이다. 최고 수준의 보안 기술과 혁신적인 보안 솔루션에 대한 투자가 증가함에 따라 공항 전반의 보안이 강화되고 있다. 보안검색은 항공보안법에 근거규정을 두고 있다. 즉, 항공기에 탑승하는 사람은 신체, 휴대물품 및 위탁수하물에 대한 보안검색을 받아야 한다. 승객이 기내로 반입하려는 휴대수하물은 보안검색요원의 육안검사와 신체 검색 및 검사 장비를 이용하여 기내 반입 가능 여부를 심사한다. 승객이 비행기 탑승 수속을 할 때, 승객선별시스템(PSS: Passenger Screening System)은 위험 수준의 고저로 승객을 분류한다. 위험성이 낮다고 여겨지면 금속탐지기를 통과하고 휴대용 가방과 짐은 X-ray 검색기를 통과한다. 이 과정을 1차 선별이라 한다. 차크라바티(Chakrabarti)와 슈트라우스(Strauss)와 같은 보안 연구자는 승객선별에 적용되는 프로파일링이 오히려 테러리스트들의 성공 가능성을 향상시키는 데 도움이 될 수 있다는 의견을 제시하였다. 테러단체들은 승객선별시스템(PSS)이 어떤 사람의 경우에 낮은 위험으로 선별하는지 알아보기 위해 공격할 의도 없이 시험적으로 테러조직원들을 공항에 보내 사전에 PSS를 테스트해 보게 한다. 테러조직은 선별시스템을 통과하는 조직원을 테러공격에 가담시키는 방식으로 테러를 계획할 수 있다고 주장한다.

공항보안검색 절차

항공기에 탑승하는 사람은 보안검색을 받아야 한다. 공항보안검색 절차는 국토교통부의 국가항공보안계획에 규정으로 명시하고 있다. 보안검색은 다양한 검색 장비를 사용하여 사람(승객)과 물건(휴대수하물, 소지품)을 구분하여 실시한다. 공항에서의 보안검색은 항공보안에 있어 최고의 보안시스템이자 한 치의 오차도 허용이 되어서는 안 되는 상징적인 의미를 갖고 있다. 테러리스트들은 공항보안의 허점을 파고들어 보안검색을 뚫고 항공기에 접근한다. 공항은 복잡하고 거대한 구조물이다. 공항에 따라 이용객은 최고 일일 수십만 명에 이른다. 보안검색이 진행되는 시간에 따라 보안검색을 받으려는 탑승객의 대기 줄이 길게 늘어서기도 하고, 심지어 항공기가 지연되는 원인이 되기도 한다. 보안검색 장비 사용은 기계의 크기와 공간의 문제를 낳고 이로 인해 승객들의 검색대기 줄이 길게 늘어서는 문제점이 있다. 항공사들은 승객들이 장시간의 보안검색 대기로 인한 항공기 탑승 지연과 불편을 겪는 것에 대해 우려하는 점은 개선해야 할 당면 과제이다.

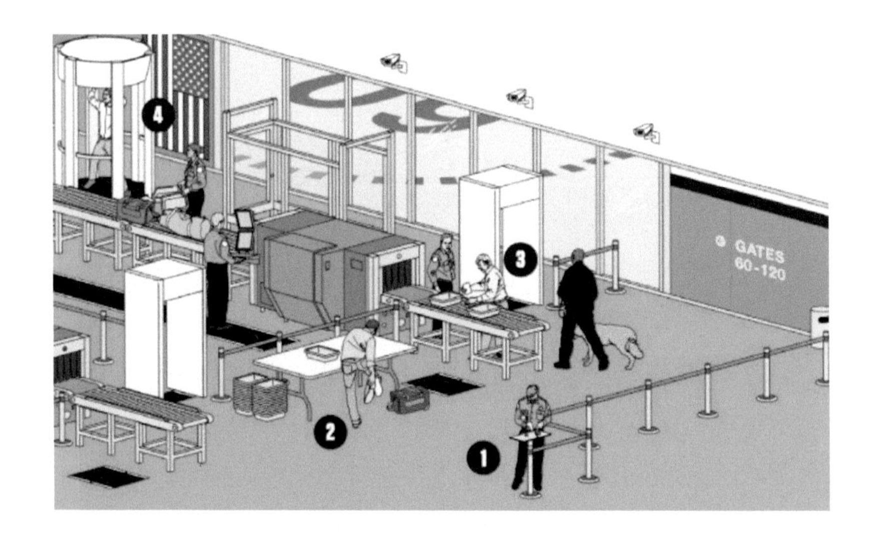

① 보안검색 구역에 들어서면 여권과 항공기 탑승권을 보안요원에게 제시한다.

② 재킷, 허리띠, 신발을 벗어 검색용 바구니(bin)에 담는다.

③ X-ray 검색기 컨베이어 벨트 위에 짐과 바구니를 올린다.
(노트북, 태블릿도 따로 꺼내 놓는다)

④ 원형 탐지기 안으로 들어가 몸 검색을 받는다.
(일부 공항은 보안요원이 직접 금속탐지기로 신체검색을 한다.)

4 공항에서의 보안 규정

1) 공항 시설(항공보안법 제11조)

- 공항운영자는 공항시설과 항행안전시설의 보안에 필요한 조치를 취한다.
- 공항운영자는 보안검색이 완료된 승객과 완료되지 못한 승객 간의 접촉을 방지한다.
- 공항운영자는 보안검색을 거부하거나 무기 · 폭발물 또는 그 밖에 항공보안에 위협이 되는 물건을 휴대한 승객 등이 보안검색이 완료된 구역으로의 진입을 방지한다.[1]

2) 보호구역에의 출입허가(항공보안법 제13조)

공항운영자의 허가를 받아 보호구역에 출입할 수 있는 경우는 다음과 같다.

- 보호구역의 공항시설 등에서 상시적으로 업무를 수행하는 사람
- 공항 건설이나 공항시설의 유지 · 보수 등을 위하여 보호구역에서 업무를 수행할 필요가 있는 사람
- 그 밖에 업무수행을 위하여 보호구역에 출입이 필요하다고 인정되는 사람

1) 1차 검색과정에서 의심스러운 물품은 액체폭발물 탐지기 또는 폭발물흔적탐지장비로 2차 추가 검색을 받는다.

3) 승객의 안전 및 항공기의 보안(제14조)

- 공항운영자 및 항공운송사업자는 액체, 젤(gel)류 등 국토교통부장관이 정하여 고시하는 항공기내 반입금지 물질이 보안검색이 완료된 구역과 항공기내에 반입되지 아니하도록 조치한다.
- 항공운송사업자 또는 항공기 소유자는 항공기의 보안을 위하여 필요한 경우에는 「청원경찰법」에 따른 청원경찰이나 「경비업법」에 따른 특수경비원으로 하여금 항공기의 경비를 담당하게 할 수 있다.

4) 생체정보를 활용한 본인 일치 여부 확인(제14조2항)

공항운영자 및 항공운송사업자는 다음 각 호의 어느 하나에 해당하는 목적에 한정하여 관계 행정기관이 보유하고 있는 얼굴 · 지문 · 홍채 및 손바닥 정맥 등 개인을 식별할 수 있는 신체적 특징에 관한 개인정보(이하 "생체정보"라 한다)를 이용할 수 있다.

- 공항운영자 : 보호구역으로 진입하는 사람에 대한 본인 일치 여부 확인
- 항공운송사업자 : 탑승권을 발권, 수하물을 위탁하거나 항공기에 탑승하는 승객에 대한 본인 일치 여부 확인
- 생체정보를 이용하려는 경우 공항운영자 및 항공운송사업자는 관계 행정기관에 생체정보 제공을 요청할 수 있으며, 행정기관은 정당한 이유 없이 그 요청을 거부하여서는 아니 된다.
- 공항운영자 및 항공운송사업자는 제1항 및 제2항에 따른 생체정보를 「개인정보 보호법」에 따라 처리하여야 한다.
- 제1항 및 제2항에 따른 생체정보를 활용한 본인 일치 여부 확인방법 및 생체정보의 보호 등에 필요한 사항은 대통령령으로 정한다.
- 공항운영자 및 항공운송사업자는 본인 일치 여부가 확인된 사람의 생체정보를 대통령령으로 정하는 바에 따라 파기하여야 한다.

5) 승객 등의 검색 등(제15조)

항공기에 탑승하는 사람은 신체, 휴대물품 및 위탁수하물에 대한 보안검색을 받아야 한다. 공항운영자는 항공기에 탑승하는 사람, 휴대물품 및 위탁수하물에 대한 보안검색을 하고, 항공운송사업자는 화물에 대한 보안검색을 하여야 한다. 다만, 관할 국가경찰관서의 장은 범죄의 수사 및 공공의 위험예방을 위하여 필요한 경우 보안검색에 대하여 필요한 조치를 요구할 수 있고, 공항운영자나 항공운송사업자는 정당한 사유 없이 그 요구를 거절할 수 없다. 공항운영자 및 항공운송사업자는 보안검색을 직접 하거나 「경비업법」 제4조 제1항에 따른 경비업자 중 공항운영자 및 항공운송사업자의 추천을 받아 국토교통부장관이 지정한 업체에 위탁할 수 있다. 항공운송사업자는 공항 및 항공기의 보안을 위하여 항공기에 탑승하는 승객의 성명, 국적 및 여권번호 등 국토교통부령으로 정하는 운송정보를 공항운영자에게 제공하여야 한다.

항공기에 탑승하는 사람은 주민등록증, 여권 등 대통령령으로 정하는 신분증명서를 지니고 있어야 한다. 항공기에 탑승하는 사람은 공항운영자 및 항공운송사업자가 본인 일치 여부 확인을 위하여 신분증명서 제시를 요구하는 경우 이를 보여주어야 한다. 다만, 생체정보를 통하여 본인 일치 여부가 확인되는 등 대통령령으로 정하는 경우에는 그러하지 아니하다.

6) 통과 승객 또는 환승 승객에 대한 보안검색(제17조)

항공운송사업자는 항공기가 공항에 도착하면 통과 승객이나 환승 승객으로 하여금 휴대물품을 가지고 내리도록 하여야 한다. 항공기에서 내린 통과 승객, 환승 승객, 휴대물품 및 위탁수하물에 대하여 보안검색을 하여야 한다.

5 공항보안검색요원

'공항보안검색요원'이란 승객, 휴대물품, 위탁수하물, 항공화물 또는 보호구역에 출입하려고 하는 사람 등에 대하여 보안검색을 하는 사람을 말한다(항공보안법 제2조 정의). 공항보안 분야의 최근 관심사는 무기 소지 및 항공기의 다른 잠재적 위해요인에 대한 공항보안 검색요원의 역할이라고 할 수 있다. 검색요원의 직무는 운반되는 수하물의 X-ray 이미지에서 수상하거나 위험한 물건이 있는지를 탐지하고 검사하는 것이다. 공항보안요원은 항공 분야의 보안 전문가로서 공항직원과 여행객 모두의 보안을 보장하기 위해 여러 보안 관련 정보기관과 공조하며 임무를 수행한다. 보안 위험으로부터 승객을 보호하고 국내외에서 야기되는 보안 위협을 식별하고 제거하는 데 있어 법적 근거를 기반으로 한 보안 원칙과 규정을 집행한다. 일반적으로 공항보안검색요원은 활주로 및 유도로, 그리고 공항시설 주변 구역을 포함한 공항 내부 및 비행장의 보안 검사 구역에 배치되어 활동한다. 또한, 보안 카메라에 포착된 이상 활동을 감시하고, 승객의 가방과 짐에서 금지되거나 통제된 물품을 확인하고, 공항으로 들어오는 차량에서 보안 위협 물품을 검색한다.

공항보안은 위협이나 잠재적으로 위험한 상황이 발생하거나 테러리스트의 입국을 방지하기 위해 노력한다. 공항보안이 성공하면 위험한 상황, 불법 물질 또는 테러행위자가 항공기 탑승 나아가 공항과 국가에 들어오는 가능성을 크게 줄일 수 있다. 공항을 이용하는 승객의 안전과 편의성 모두를 고려하여 보안검색요원은 보안 관련 법규 및 검색지식과 경험 등 검색의 전문성을 확보한다. 또한, 승객의 불편이 발생되지 않고 특히 신체 검색에 뒤따르는 인권 소지의 문제가 발생되지 않도록 서비스 마인드도 중요한 스킬로 갖추고 있어야 한다. 공항보안은 공항과 국가를 어떠한 위협적인 사건으로부터 보호하고, 여행하는 대중들에게 그들이 안전하다는 것을 보장하고, 국가와 국민들을 보호하는 목적으로 중요시되고 있다.

■ 공항보안검색요원의 주요 책임

- 안전 또는 보안 위험을 식별하기 위해 공항 순찰 실시
- 검색장비로 수하물 검사를 수행하여 무기, 폭발물, 마약 및 제한 품목 등 불법 또는 위험한 물품 적발
- 화재, 폭탄 위협, 테러 공격, 항공기 또는 공항 파괴, 인질 상황 및 정전과 같은 비상 및 재해 시 승객 및 공항직원 대피 실시
- 항공기 탑재 물품에 적절한 포장 및 라벨이 부착되어 있는지 확인하기 위한 화물검색
- 의료 전문가의 도움을 받아 의료 응급상황에 대응

- 보안 위반 또는 기타 범죄를 조사하는 동안 보안직원 및 법 집행 기관과 협력
- 잠재적인 위협 또는 위험한 동작을 감지하기 위한 보안 카메라 모니터링
- 탑승권 및 신분증 또는 여권 검사
- 보안조치 개선을 위한 의견 제시

공항보안 주체 인력은 국가마다 다양하게 운영되고 있다. 국가적 차원의 공항보안을 책임지는 정부기관이 공항에 상주하는 경우가 대부분이다. 국가별 공항보안을 책임지는 인력 구조를 살펴보면 ① 공항에 고용된 경찰력(예: 아일랜드 공항 경찰 서비스) ② 공항에 상주하는 지방경찰청의 지부 ③ 공항에 일반 순찰 구역으로 지정된 지역 경찰 부서 ④ 국가의 공항 보호서비스 회원 ⑤ 폭발물 탐지, 약물 탐지 및 기타 목적을 위한 경찰견 서비스 등 다양한 형태로 공항보안 인력을 운영하고 있다.

▲ 미국 공항보안요원(TSA)

미국은 9. 11 테러 이후 그동안 민간 보안업체에서 해오던 공항보안 검색을 국가 정부 소속의 보안요원에 의한 검색체계로 바꾸었다. 미국은 항공보안개선법이 발효됨에 따라 항공여객 및 수하물 보안 시스템의 공식적인 통제 주도권은 신설된 국토안보부의 교통보안청(TSA)에게 맡겨졌다. TSA의 설립은 항공 승객과 수하물 책임을 정부에 직접 집중시키고 항공운송회사와 독립적인 관계가 되어 더욱 견고한 보안체계가 구축되었다. 우리나라는 종전의 '항공안전 및 보안에 관한 법률' 체계에서 안전과 보안을 분리하여 항공보안에 보다 집중하고 전문화된 보안체계를 구축하기 위해「항공보안법」으로 개정하여 항공보안의 법적 실효성과 효율성을 확보하였다.

 보안검색 시스템 및 장비

현재의 위협 탐지 시스템은 1970년대 초에 늘어나는 민간 항공기 납치에 대응하여 공항에서 구현되었다. 이 시스템들은 그 이후로 비교적 변화가 없었다. 예를 들어, 선별 절차는 계속해서 사람이나 승객의 휴대 수하물에서 금속 물체를 탐지하는 데 초점을 맞추고 있다. 보안요원은 X선 이미지를 검사하고, 금속탐지기 경보를 해결하고, 금속탐지 막대로 신체 스캔을 수행하고, 수하물의 물리적 검색을 수행하고, 검색대에서 질서를 유지하는 등 탐지 과정에서 계속 핵심적인 역할을 한다. 이상적인 검색 시스템은 다음과 같은 금속 및 비금속 위협 물체를 6초 이내에 높은 수준의 정확도로 모두 탐지하는 것이다. 감지 경보를 신속하고 정확하게 해결할 수 있도록 검색 시스템 운영자에게 충분한 정보를 제공하는 것이다. 공항보안검색은 기술과 인적 한계를 뛰어넘는 과학기반의 실용적인 접근법으로 위협 물품(무기 및 폭발물)에 대한 승객, 휴대 수하물 및 위탁 수하물의 선별을 가능케 한다.

승객과 수하물만이 민간 항공보안에 위협이 되는 유일한 원인은 아니다. 항공보안 위협은 기내식, 정비보수, 기내 청소, 공항 티케팅, 수하물 처리, 항공 교통 통제, 주차 등 공항과 승객 그리고 항공기를 지원하는 여러 형태의 지상 작업 프로세스에서 발생할 수 있다. 예를 들어 1985년 17일간의 테러로 이어진 TWA 847편 납치사건이 발생했다. 이 테러사건은 기내 청소직원들이 비행기 화장실에 총과 수류탄을 숨겨두는 지원활동이 있었기 때문에 가능했다. 따라서 승객과 수하물에 적용되는 완벽한 위협 탐지조차도 반드시 허용 가능한 수준의 보안을 초래하지는 않을 것이다. 승객과 수하물을 완벽하게 검색하였다 해도 이것이 허용 가능한 수준의 보안으로 받아들이기에는 예측을 뛰어넘는 보안사고의 한계가 있다.

1985년 6월 14일 아테네에서 로마로 가는 TWA847편이 시아파 헤즈볼라 테러리스트들에 의해 납치되었다. 139명의 승객들이 비행기를 타기 위해 아테네 국제공항의 보안검색대를 통과했다. 그들 중에는 테러범 2명도 있었다. 테러리스트들은 그리스 공항보안의 취약한 틈을 교묘하게 이용하여 공항의 환승 라운지를 통해 들어갔다. 보안 검사나 적절한 여권 통제를 거치지 않았다. 옷차림이 단정한 두 테러리스트는 무기가 든 가방을 들고 비행기에

▲ TWA 847편 권총으로 기장을 위협하는 테러리스트(출처 : AP)

올랐다. 이륙 약 20분 후, 두 테러리스트는 좌석에서 일어나 승객들에게 항공기를 장악했다고 소리치며 통로로 뛰쳐나왔다. 테러범 1명은 안전핀이 뽑힌 수류탄을, 다른 한 명은 자동 권총을 휴대했다. 테러범들은 조종실의 잠긴 문을 발로 찼다. 강제로 조종실에 침입한 테러범은 처음에 알제리로 갈 것을 강요했다. 하지만 조종사는 비행기를 베이루트에 착륙시켰다. 베이루트 공항에서 일부 여성과 어린이들이 연료를 받는 대가로 풀려났다. 급유 후, 비행기는 알제리로 날아갔다. 그 비행기는 5시간 동안 알제리 공항에 머물렀다. 납치범들은 이스라엘이 700명의 시아파를 석방하지 않으면 나머지 승객들을 처형하겠다고 위협했다. 테러범은 또 다른 인질들을 석방했다. 납치범들은 베이루트로 돌아가기로 결정했다. 17일 동안의 테러는 미국을 포함한 관련 국가들과의 협상 끝에 막을 내렸다. 테러범은 1985년 11월 14일 인터폴에 기소되었다.

항공보안은 불법적인 방해행위로부터 민간 항공을 보호하기 위한 조치와 인적, 물적 자원의 결합이다. 불법적인 방해는 테러행위, 파괴행위, 생명과 재산에 대한 위협, 거짓 위협의 전달, 폭발위협이 될 수 있다. 많은 사람들이 매일 공항을 통과한다. 이것은 한 장소에 위치한 사람들의 수 때문에 테러와 다른 형태의 범죄에 대한 잠재적인 목표를 제시한다. 마찬가지로, 대형 여객기에 사람들이 많이 집중되면 항공기에 대한 공격을 통해 잠재적으로 높은 사망률이 증가하고, 납치된 비행기를 치명적인 무기로 사용할 수 있는 능력은 테러리즘에 대한 매력적인 목표를 제공할 수 있다.

우리나라 항공보안법 및 ICAO 부속서17(항공보안)은 보안검색을 민간항공에 대한 불법방해행위를 하는 데 사용될 수 있는 무기 또는 폭발물 등 위험성이 있는 물건들을 탐지 및 색출하기 위한 행위로 정의하고 있다.

우리나라 최초의 공항보안검색은 1969년 12월 북한공작원에 의한 대한항공 YS-11기 강제 납북사건의 후속조치로 이뤄졌다. 납북 사건이 발생하자 내무부 치안국은 김포공항에

외사 분실을 두고, 공항첩보수집 및 보안검색에 참여하였다. 경찰관 주도의 보안검색은 1971년 7월에는 항공사운영협의회(AOC: Airport Operation Committee)가 민간 보안검색요원 7명을 처음으로 선발하면서 보안검색은 점차 민간주도로 전환되어 갔다. 민간 보안검색요원의 투입과 더불어 X-Ray 판독기를 처음으로 도입하여 보안기술까지 적극 활용하는 보안검색이 추진되었다. 1986년 9월 14일 김포공항 국제선 1청사 바깥에 있던 쓰레기통 안에 시한폭탄이 폭발하는 테러사건이 발생하자 경찰은 보안검색 강화 및 시설경비인 공항 방호 책임까지 맡게 되는 등 역할이 강화되었다. 인천국제공항이 개항될 때까지 경찰 중심의 보안검색 체계는 지속되었다.

인천국제공항이 개항되면서 공항보안검색에 변화가 일어나기 시작했다. 기존에 경찰이 주관하던 보안검색과 X-ray 판독업무를 항공사운영협의회(AOC)로 변경하고, 보안검색 업무의 감독권도 경찰에서 인천국제공항공사로 변경되었다. 다만 경찰은 수사목적상 또는 특정정보가 있을 경우 경찰관이 경찰관직무집행법과 항공법에 따라 여객의 신체 또는 물건을 직접 검색하는 것이 가능하도록 하였다. 또한 정기적으로 X-ray 판독 등 보안검색 업무 전반에 대하여 감독·감사권을 행사할 수 있도록 하였다.

항공보안법 제19조(보안검색 실패 등에 대한 대책)에 따르면 공항운영자, 항공사 및 화물터미널운영자는 다음 사항이 발생하면 즉시 국토교통부장관에게 보고해야 한다.

- 검색장비가 정상적으로 작동되지 아니한 상태로 검색을 하였거나 검색이 미흡한 사실을 알게 된 경우
- 허가받지 아니한 사람 또는 물품이 보호구역 또는 항공기 안으로 들어간 경우
- 그 밖에 항공보안에 우려가 있는 것으로서 국토교통부령으로 정하는 사항

공항운영자 및 항공사는 보안검색 실패가 발생한 경우 필요한 조치를 취하여야 한다. 항공기가 출발하기 전에 보고를 받은 경우는 즉시 해당 항공기에 대한 보안검색 등의 보안조치를 취하며, 항공기가 출발한 후 보고를 받은 경우는 해당 항공기가 도착하는 국가의 관련 기관에 통보하여 항공기가 착륙과 동시에 보안검색을 할 수 있는 여건을 조성한다. 또한, 필요시 해당 항공기를 격리계류장으로 유도하여 보안검색 등 보안조치를 한다.

1) 보안장비

■ X-ray 검색기

항공기에 탑승하려는 승객들의 휴대품을 검색하는 데 가장 널리 사용되는 장비가 X-ray 검색기이다. 1970년대 중반 폭발물을 이용한 항공기 공중 폭파사건이 발생한 이후 국내외 공항에서 승객의 휴대물품 및 수하물에 대한 검색 강화를 위해 도입되었다. 공항, 항만, 보안시설 등 보안검색이 필요한 장소에서 운용 중인 가장 보편적이고 필수적인 장비이다. X-ray 검색기는 대상 물질의 밀도 차이를 구분하여 판독하는 방법과 물질의 성분을 구분하여 판독하는 방법이 있다. 예를 들어 물질의 특성에 따라 색상으로 구분되어 표시한다. ① 오렌지색 : 의류, 비누, 종이 등 유기물질 ② 파란색 : 철, 구리 등 금속소재 ③ 녹색 : 유리, 알루미늄 등 유기물과 무기물이 혼합된 물질 ④ 흑색 : 물질의 실체를 알 수 없을 경우이다. 국토교통부가 제시하는 장비 주요 성능 기준은 화면의 확대 기능이 2배, 4배 또는 그 이상 조절 가능해야 하고, 확대 비율은 고정하여 사용할 수 있어야 한다. 또한, 이미지는 최소 10개 이상 가장 최근에 저장된 순서대로 다시 검색할 수 있어야 한다. 그리고 유기물질과 무기물질 제거기능이 있고, 유기물과 무기물로 혼합된 물질은 색상으로 서로 구분되어야 한다.

▲ X-ray 검색장비

■ 금속탐지장비

금속탐지장비는 1960년대 항공기 납치 사건이 빈발하던 핀란드에서 최초로 도입되었다. 우리나라는 1969년 강릉에서 서울로 운항 중이던 대한항공 YS-11 여객기가 북한에 납북되는 사건을 계기로 국내 모든 공항에 설치하게 되었다. 금속탐지장비는 보안검색요원이 휴대하면서 사용할 수 있는 휴대용 금속탐지장비와 보안검색이 필요한 장소에 고정 설치하여

▲ 휴대용 및 문형 금속탐지기

승객이 문형 모양의 장비를 통과하는 방식 등의 2가지 형태가 있다. 공항에서는 승객이 문형 금속탐지기를 통과하여 신체 검색을 하고, 금속물질이 탐지될 경우 보안검색요원이 휴대용 탐지기로 재차 승객을 검색한다. 휴대용 탐지기에서 울려나오는 소리(청각)와 승객 신체에 이상한 물건을 보고(시각), 추가 검색이 필요할 때 촉수 검색을 실시한다. 국내 보안 규정에 의거하여, 공항운영자는 랜덤으로 일정 비율 촉수 검색을 실시해야 하며, 문형 금속탐지장비 통과 시 금속물질이 탐지되지 않은 승객이라도 촉수 검색을 할 수 있다. 문형 금속탐지장비는 24시간 연속으로 작동되고 장비에 내장된 자체고장 진단기능과 회로보호장치 기능이 있어야 한다. 또한, 탐색된 위치와 경고위치가 동일하게 표시될 수 있는 기능과 탐지장비에 감도의 수준을 조정할 수 있고 감지상태를 시각 및 청각으로 표시하는 기능을 갖고 있다.

■ **폭발물 추적 탐지기**(Explosive Trace Detector)

1996년 TWA800편 B747 여객기가 뉴욕 상공에서 공중 폭발한 사건을 계기로 폭발물 탐지기가 도입되었다. 폭발물 추적 탐지기는 기존의 X-ray 검색장비가 검색할 수 없는 물질에 대한 보완책으로 검색 가능한 장비가 필요하다는 인식에서 개발되었다. TSA는 의심 승객으로 선별된 사람에 대하여 폭발물 추적 탐지기로 2차 검색을 하도록 절차를 만들었다. 이 장비는 탐지물질의 입자를 방사성동위원소로 이온화하여 장비 내 전자파 공간에서 이온

▲ 검색 중인 폭발물 추적 탐지기

의 이동시간을 측정, 분석하여 폭발물질을 탐지하는 방식이다. 이 장비에는 탐지된 폭발물에 대한 폭약 종류를 표시할 수 있는 기능이 있다. 이 장비에는 새로운 폭발물 또는 폭약까지 탐지하는 기능과 마약을 탐지하는 데 사용된다. 폭발물이 탐지되면 상태표시와 경보음을 울리게 된다.

■ 신발 검색 장비

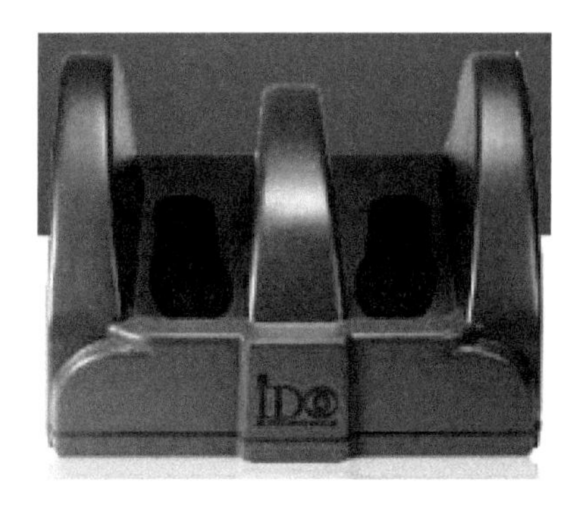

2001년 파리발 미국 마이애미행 노스웨스트 항공기내에서 신발 속에 은닉한 폭약을 터트리다 승객과 승무원에게 제압되어 미수에 그친 사건이 발생했다. 이 사건을 계기로 공항에는 모든 승객이 신발을 벗고 보안검색을 받는 규정이 만들어졌다. 신발 검색을 위한 보안장비는 아직 국내 공항에서 운용하지 않고 있다. 현재 필요시 신발은 기존의 X-ray 검색장비로 검색하고 있다. 이 장비는 신발을 신은 채로 검색할 수 있어 편리하다. 신발 검색과 관련된 불편함과 보안 검색 지연을 상당히 줄여주는 효과가 있다.

■ 액체폭발물 탐지 장비

▲ 액체폭발물 탐지 장비

1995년 1월 알카에다 조직이 동남아, 타이페이, 방콕 출발 미주행 미국 항공기 11대 기내에 구명복 및 좌석 밑에 액체폭탄을 설치하여 태평양 상공에서 폭파하려는 계획을 세웠다가 체포되는 사건이 발생했다. 이 사건을 계기로 액체폭발물 탐지 장비가 개발되어 공항에 설치하게 되었다. 이 장비는 액체가 담긴 용기의 마개를 개봉하지 않은 상태에서 위험성을 분석할 수 있다. 검색대상물이 위험물질인 경우 즉시 영상으로 표시하거나 경고음이 작동된다. 액체폭발물 탐색은 최대 20초 이내에 자동으로 위험물질을 분석하는 기능이 있다.

■ 전신 검색장비(원형 검색장비)

전신 검색장비는 2009년 12월 노스웨스트 235편 항공기에서 테러범이 속옷에 숨겨둔 폭탄 테러 시도 사건이 계기가 되어 미국을 시작으로 도입되었다. 당시 범인은 분말과 액체로 구성된 폭탄을 속옷에 은닉하고 문형 금속탐지기를 통과하여 기내 탑승에 성공했다. 범인이 자살폭탄 테러를 감행할 때 이를 감지한 승객과 승무원이 제압하여 테러는 미수로 끝났다. 이 사건은 전신을 검색하는 장비의 개발을 촉진시키는 계기가 되었다. 대부분의 미국인들이 개인의 사생활을 보호하는 것보다 테러와의 전쟁에 더 높은 우선순위를 두고 있어 전신 검색장비에 대한 설문에서 대략 3분의 2의 미국인들이 공항에서 새로운 전신 보안검색기를 지지하는 것으로 나타났다. 하지만 여전히 지나친 신체 부위가 드러나는 전신 검색에 대한 부정적 여론이 꾸준하게 제기되고 있다. 전신 검색장비는 사생활보호 차원에서 인체에 미치는 영향을 최소화하기 위해 아바타 이미지를 활용하여 장비를 개발하고 인체에 거의 해를 끼치지 않는 밀리미터파 방식의 진화된 장비로 개선되었다. 인천국제공항에도 20대가 넘는 장비를 도입하여 운용 중에 있다. 전신 검색장비는 용어상 거부감 문제가 제기되어 현재는 원형 검색장비로 순화하여 사용되고 있다. 국토교통부는 2017년 5월에 항공보안법 시행령(제10조 제1항)을 개정하여 항공보안을 강화하기 위해 공항운영자는 세라믹 등 비금속물질도 탐지 가능한 전신 검색장비를 '원형검색장비'라고 명칭을 변경하여 추가하였다.

▲ 원형 검색장비

원형 검색장비는 금속탐지기로 탐지되지 않는 무기 및 폭발물 등 위험성이 있는 물건을 신체에 대한 접촉 없이 신속하게 탐지할 수 있다. 위해물품을 자동분석한 후 시각 및 청각으로 위험위치를 자동 표출한다. 위해물품을 탐지하여 위험 위치를 자동으로 표출 시 마네킹 형상 등 인체 모형 이미지상에 앞면과 뒷면이 표출된다.

국토교통부는 항공보안장비 성능 인증 제도를 도입하여 성능 기준을 정립하고 항공보안의 신뢰성을 높이는 것을 목적으로 하고 있다. 금속물체를 스캔하는 기존 기계의 기술적 성능은 금속을 포함하지 않는 수많은 위험한 물체를 감지하기에 적절하지 않을 수 있다. 수많은 뛰어난 정보기술이 항공보안을 강화하기 위해 적용될 수 있어야 한다. 많은 보안 전문가들은 광범위한 금속 및 합금, 플라스틱 폭발물 및 기타 물질을 탐지할 수 있는 새로운 검색기술의 사용을 추진하고 있다. 이러한 문제점 해결을 위해 도입된 항공보안장비 인증 제도로 공신력 있는 장비 인증기관과 시험기관을 지정 운영하여 신뢰성 확보 및 체계적인 장비관리가 가능해졌다.

■ 보안검색 실패 사례

- 미국 디트로이트로 가는 노스웨스트항공 253편에 탑승하기 전, 압둘무탈라브의 '속옷 폭탄'은 최초 탑승지인 나이지리아 라고스 공항과 환승 공항인 암스테르담 공항 어디에서도 보안검색 과정에 감지되지 않았다. 폭탄꾸러미는 6인치 길이의 폭발물질인 펜타에리스리톨(pentaerythritol)이라고도 알려진 고폭발 화학물질인 PETN 용기로, 부피는 약 80g으로 반 컵도 채 되지 않는다. 이 폭발장치는 효과적인 폭발 시스템을 가진 개선된 모델이다. 금속 부품이 없고 아마도 대부분의 공항보안에서도 감지되지 않았을 것이다.
- 파리에서 마이애미로 가는 아메리칸항공 63편 비행기에서 객실승무원과 승객들은 비행기를 폭파하려는 명백한 시도로 성냥을 켠 지 불과 몇 초 만에 그의 운동화에 폭발물이 들어 있을 가능성이 있는 남자를 제압했다. 테러범이 탑승한 파리의 샤를 드골 공항은 일반적으로 보안이 삼엄하였지만 플라스틱 폭발물은 공항의 보안검색장비로 감지되지 않았다. 테러범의 신발 밑창에 있던 전선과 c-4 군사용 플라스틱 폭발물질은 공항에서 검색되지 못하였다.

보안검색에 실패한 폭발물들은 급조폭발물이라고 불린다. 급조폭발물(IED : Improvised Explosive Devices)은 거대한 공장이나 군사용으로 만들어내는 폭탄이 아니라 개인이 집에서도 즉흥적으로 만들어내는 폭발물 및 파괴 장치를 의미한다. 일명 '홈메이드 폭탄(Homemade Explosive: HME)'이라고도 한다. 한국 경찰은 IED를 개인이 무단 사용을 위해 의도적으로

휘발성 물질을 사용, 조립, 가공 및 위조하여 제조된 모든 종류의 폭발물로 정의하고 있다. IED는 군사용 폭탄보다 강력하고, 어떠한 전쟁 무기보다 더 많은 사상자를 냈다. IED는 범죄자, 테러리스트, 자살 폭탄 테러범, 그리고 반란군에 의해 사용되고 있다. 테러집단은 IED 제조방법을 훈련시키는 데 한 달도 채 안 걸린다. IED 제조는 5가지 기본 구성 품목이 있으면 된다. ① 작동 스위치(switch) ② 전원공급원(power source) ③ 격발기(initiator) ④ 폭발물질(explosive charge) ⑤ 폭발물을 담을 용기(container) 등을 사용해 작은 폭탄에서부터 거대한 폭발력을 일으킬 수 있는 정교한 장치에 이르기까지 다양한 형태로 만들어 낼 수 있다. 또한, 폭발될 때 터져 나오는 파편의 위력을 증가시키기 위해 못, 유리 또는 쇠붙이 등을 추가하여 만들기도 한다. IED 제조에 흔히 쓰이는 화학물질에는 암모늄, 화약 및 과산화수소 등이 있다. 폭발물은 연료와 반응을 유지하는 데 필요한 산소를 제공하는 산화제를 포함한다. 일반적인 예로는 산화제 역할을 하는 질산암모늄 등이 있다. IED는 차량으로 운반하거나 사람의 몸속에 은닉하고, 도로변에 숨겨지기도 한다. IED라는 용어는 2003년에 시작된 이라크 전쟁에서 일반적으로 사용되었다.

미래의 검색 장비는 마치 병원에서 사람의 장기를 상세하게 들여다보는 내시경과 같은 유사한 기술을 적용하여 테러리스트의 짐 속에 들어 있을 무기와 폭발물을 빠르고 철저하게 검사하는 최첨단 장비가 될 것이다. 공항보안 검색의 신기술 도입은 점차 빠르게 진행되고 있다. 보안 검색에 인간의 실수를 줄이고, 안전성을 높이고, 더 많은 비대면 방식의 검색을 할 수 있도록 설계된 보다 효율적이고 정교한 생체인식 기술을 채택하고 있다.

최근 많은 국가의 공항에서는 생체인식의 검색 활용을 추진하고 있다. 생체인식 기술은 거의 즉각적으로 개체를 식별하고 인증하기 위해 고유한 생물학적 데이터를 사용한다. 지문, 얼굴 형상, 손 형상, 망막 및 음성 패턴과 같은 다양한 생물학적 데이터가 필요한 정보를 제공할 수 있다. 예를 들어, 조종사의 경우, 신원 확인 후 암호화된 소프트웨어가 있는 컴퓨터 칩에 자신의 고유한 생체정보가 내장된 카드를 발급받을 수 있다. 조종실과 같은 보안구역에 진입하려면 생체정보인식 카드를 슬롯에 넣고 카드가 조종실 출입보안에 해당되는 사람과 일치하는지 확인하는 것이다. 승객에게도 유사한 절차를 사용할 수 있다. 생체보안심사는 게이트에 들어가기 전과 비행기 탑승 통로에 진입할 때 모두 실시될 수 있다. 그러면 실시간으로 정확한 승객 탑승자 명단을 확인할 수 있게 된다. 이를 통해 항공사

직원은 체크인은 했지만 탑승하지 않은 개인을 식별할 수 있다. 이 시스템을 통해 항공사는 승객과 수하물을 일치시킬 수 있다. 탑승하지 않은 승객의 짐은 적시에 식별하여 비행기에 신지 않고 제거할 수 있다.

생체인식기술의 활용은 앞으로 더 확산될 것이다. 예를 들어, 안면 생체 측정 시스템은 군중 속에 있거나 보안 검색대를 통과할 때 개인을 스캔할 수 있다. 몇 초 안에 스캔된 얼굴을 범죄자나 테러리스트로 의심되는 사람들의 데이터베이스와 비교할 수 있다.

▲ 신분증으로 신원을 확인하는 CAT

새로운 X-ray 검색 시스템은 수하물 속의 물품이 금지 품목인지 아닌지를 3D 이미지로 생성한다. 새로운 3D 기술은 보안요원에게 더 나은 기내 수하물 이미지로 제공하기 위해 사용 가능한 가장 진보된 이미징 시스템을 사용한다. 3D 수하물 검색은 고급 컴퓨터 단층촬영(CT) 보안스캐너로 가능해졌다. 이 CT 스캐너는 승객 가방의 고해상도 3D 스캔을 생성하여 보안요원이 모든 각도에서 가방을 검사할 수 있다. 공항보안요원은 승객의 수하물에 있을 수 있는 위협 물품을 분석하고 식별하기 위해 이미지를 세 개의 축으로 회전하며 상세하게 볼 수 있다. 업데이트된 CT 기술은 위협 항목의 탐지 기능을 향상시키고 있다. 이 장비는 가방의 내용물을 매우 명확한 이미지로 만들어 컴퓨터가 액체를 포함한 폭발물을 자동으로 감지할 수 있다. 앞으로는 노트북과 액체류 물건들은 지금처럼 짐에서 따로 꺼내지 않고 짐 안에 그대로 보관해도 된다. 이 기술은 위탁수하물을 검색하는 것과 유사하지만, 보안 검색대에 설치하기 쉬운 적당한 크기를 갖고 있으며, 최적화된 알고리즘으로 보안검색 선별 기능이 뛰어나다.

미국의 일부 공항에 도입된 첨단 보안검색 장비에 CAT(Credential Authentication Technology)로 알려진 기기가 있다. CAT는 공항 이용객의 신분증으로 신원을 확인하는 기기이다. CAT는 탑승권 대신 운전면허증, 여권 등 ID를 스캔하여 신원을 확인하고 위조 신분증인지를 검사하며 비행기 탑승 예약상태를 확인한다. 이 최첨단 기술은 TSA가 검색대에서 운전면허증, 여권 등 신분증을 실시간으로 탐지해 개선하고 승객 신분증을 자동으로 확인해 효율성을 높이고 있다. CAT 작동 방식은 다음과 같다. 승객이 CAT 기기에 자신의 ID를 삽입하면 기기는 ID를 스캔하고 ID가 유효한지 여부를 보안검색요원에게 알려준다. CAT 기기는 승객이 당일 비행기 티켓이 있는지를 확인해 주기 때문에 탑승권을 따로 TSA 요원에게 보여줄 필요가 없다.

사이버보안

Chapter 9 사이버보안

1 사이버보안의 개념

글로벌 디지털 인프라는 오늘날 거의 모든 일상에서 없어서는 안 될 환경이 되고 있다. 이것은 정보 교환의 패러다임 전환으로 이어지고 있다. 이러한 변화를 특별하게 만드는 것은 빠른 기술 발전뿐만 아니라 시스템과 네트워크의 전례 없는 수준의 글로벌 상호 연결이다. 세월이 갈수록 항공운송 수요가 지속적으로 증가하고 있으며, 이에 따라 민간 항공 부문은 기술의 힘을 활용하여 항공운송 효율성과 역량을 향상시키는 것을 목표로 여러 가지 디지털 전환을 거쳤다. 이를 통해 항공안전 상태를 유지하면서 빠른 성장률을 유지할 수 있었다. 그러나 이러한 디지털 발전은 사이버 공격이 성공하게 되는 발판이 되기도 한다. 사이버공격은 항공업계의 재정, 평판, 서비스 연속성, 심지어 사람과 시설의 안전과 보안에 부정적 영향을 미치는 사이버보안에 위협을 가하고 있다. 민간 항공에 대한 사이버 위협과 위험을 전체적으로 해결하려면 국가와 모든 관련 이해관계자 간의 협력과 교류에 기초한 글로벌 프레임워크를 구축해야 한다. 민간 항공 부문의 기술 의존도가 증가함에 따라 항공 사이버보안을 해결하기 위한 노력이 모든 항공 영역을 포함하여 국제 민간항공 우선순위에 부합하도록 국제 항공운송계가 국제협력에 나서고 있다.

세계는 모든 분야에 대한 사이버 공격이 꾸준히 증가하고 있다. 항공도 예외가 아니며, 광범위한 상호 연결성과 복잡성, 높은 수준의 미디어 노출, 국가의 사회경제적 발전에 중요한 역할을 하는 것이 특징이다. 공항은 물리적, 드론 또는 사이버 공격으로부터 보호되어야 하는 매우 중요한 기반 시설로 여기고 있다. 동시에 승객의 안락함에 영향을 미치지 않아야 하며 항공기 탑승 절차는 빠르고 복잡하지 않아야 한다. 공항보안은 공항 및 기타 중요한 교통 인프라를 보호하기 위해 드론 탐지뿐만 아니라 사이버보안을 위해 신속하고 눈에 띄지 않는 승객 보안 검사를 위한 신뢰할 수 있는 해결방안을 지속적으로 모색하고 있다.

세계경제포럼(world economic forum)이 내놓은 '글로벌 위험보고서 2022'에 따르면 사이버보안 위협은 증가하고 있다. 사회와 산업이 빠르게 디지털화되면서 멀웨어 및 랜섬웨어 공격이 늘어나고 있다. 각각 358%와 435% 증가했다. 디지털 시스템에 대한 의존도 증가로 사이버보안은 더더욱 취약할 수 있다. 사이버위협에 대한 진입 장벽이 낮아지고 사이버 공격이 다양해지고 사이버보안 전문가의 부족 등이 사이버환경 위험을 악화시키고 있다. 사이버 위협은 국가 간 협력을 방해할 것이다. 공격이 점점 심각해지고 광범위하게 영향을 미치면서 사이버 범죄의 영향을 받는 국가 간의 긴장이 고조되고 있다. 사이버 시스템에 대한 대규모 공격이 높은 비용을 수반함은 물론 허위 정보, 사기 및 무형의 위험, 디지털 안전 부족 등 대중의 신뢰에도 영향을 미칠 것이다.

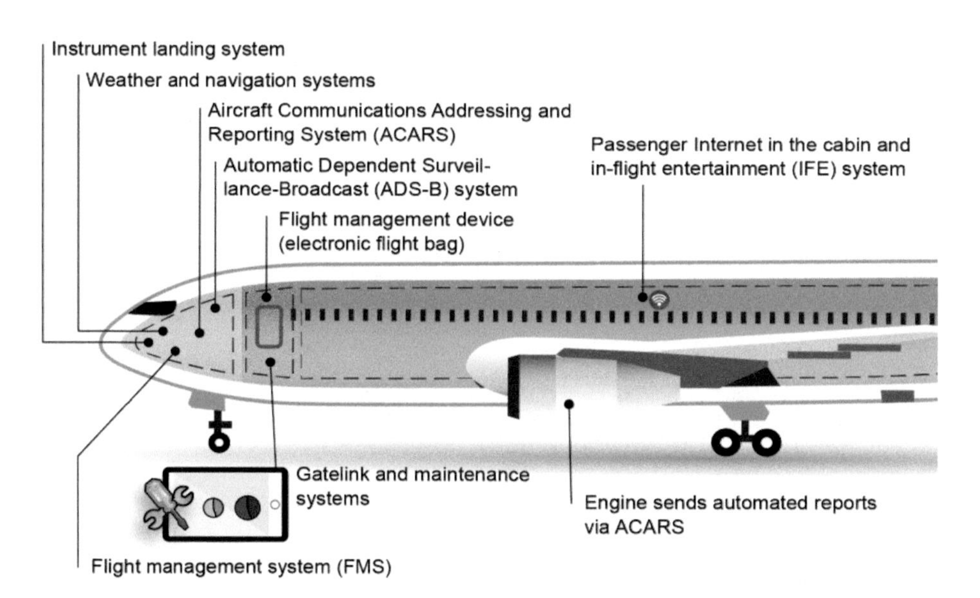

출처 : 미국 GAO 분석자료

〈그림 9-1〉 사이버공격 대상의 항공기 전자 주요 시스템 및 장치

현대식 비행기들은 예전에는 실현가능하지 않았던 최신의 네트워크와 시스템으로 조종사, 승객, 정비사, 관제사와 데이터를 공유하고 있다. 그 결과로 항공 전자기기 시스템이 제대로 보호되지 않으면 다양한 잠재적 사이버 공격의 위험에 처할 수 있게 되었다. 미 연방항공청(FAA)은 항공기 전자 장치에 대한 사이버보안을 현대 민간 항공기의 잠재적 안전문제로 인식하고 있다. 하지만 아쉽게도 위험 기반 사이버보안 감독 프로그램을 수행하는 데 필요한 핵심 실천 사례를 완전히 구현하지는 못했다.

2 사이버보안 영역

사이버보안을 논의하기에 앞서 비행기 구조가 매우 다양하게 발전되어 왔음을 이해해야 한다. 이러한 이해를 기반으로 사이버보안에 해당되는 비행기 영역에는 무엇이 있는지 정의한 내용은 다음과 같다.

- 항공기 제어 영역(Aircraft control domain) : 사이버보안 대상 중 가장 중요한 영역이다. 이 영역은 비행기의 안전한 작동을 지원하는 것이 주요 기능인 시스템과 네트워크로 구성되어 있다. 이 영역은 항공기의 안전 및 비행 제어, 모든 항공 교통 제어 기능, 비행 관리 및 항법 시스템 및 승객안전 시스템을 포함한다.
- 항공사 정보 서비스 영역(Airline information services domain) : 이 영역은 항공기 제어, 승객 정보 및 엔터테인먼트 서비스, 다른 비행기 간의 서비스와 연결을 제공한다. 예를 들어, 이 영역은 비행 관리 장치를 포함한 전자 비행 가방, 고장 모니터링 시스템, 유지 관리 시스템 및 공항 지상 통신으로 알려져 있는 승무원 시스템을 포함한다.
- 승객 정보 및 엔터테인먼트 서비스 영역(Passenger information and entertainment services domain) : 이 영역에는 기내 엔터테인먼트(IFE) 시스템, 객실 관리 시스템(예: 객실 조명 및 갤리 운영) 및 기타 승객 대면 시스템을 포함하여 승객에게 서비스를 제공하는 모든 장치 또는 기능이 포함된다. 예를 들어, 이 영역은 승객들이 노트북과 태블릿과 같은 개인 전자기기로 인터넷에 접속할 수 있게 해준다.

항공기 해킹은 현존하는 컴퓨터 세계에서 새롭게 주목받고 있다. 미국 국토안보부에 따르면 조종사가 아닌 다른 사람이 비행 중인 비행기를 조종할 수 있는 사이버 공격의 위험은 이전보다 훨씬 심각해졌다. 민간항공기는 사이버보안에 취약하다. 해킹으로부터 100% 안전한 것은 없다. 모든 것이 공격받기 쉽다. 반면에 비행기의 민감한 중요 운항 시스템은 해킹으로부터 제대로 보호되지 않고 있다. 항공기 해킹은 생각보다 쉬울 수 있다. 2016년 미국 국토안보부의 사이버보안조사관은 보잉757의 제어장치를 원격으로 해킹할 수 있음을 입증했다. 해커는 운항지식 없이도 비행기 조종장치에 접근할 수 있었다고 밝혔다.

항공기 탑재 컴퓨터는 운항경로 관리, 엔터테인먼트 시스템, 엔진 제어 등과 같은 모든 것을 관할한다. 현대 항공기에는 컴퓨터가 탑재되어 있다. 항공기 해킹에 취약한 기내 품목은 다음과 같다.

- 와이파이(Wi-Fi)
- 운항승무원 전자 책(Electronic flight bag)
- 운항승무원 아이패드
- 조종실 무선통신(ACARS : Aircraft Communication Addressing and Reporting System)
- 운항경로 조정 및 모니터용 기내 컴퓨터
- 내비게이션 데이터베이스
- 항로상의 지형 데이터베이스(Terrain Database)
- 승객 좌석의 USB 포트

3 사이버보안 전략

항공 사이버보안(Aviation Cyber Security)은 항공산업이 빠르게 진화하면서 항공사 안전에 영향을 미치는 새로운 도전과제로 떠올랐다. 항공기의 첨단기술과 디지털 시스템은 항공에 많은 이점을 가져다주지만, 동시에 이러한 복잡한 환경에서 사이버 취약점을 관리하는 데 어려움을 야기하고 있다. 항공산업은 사이버보안 침입자에게 매력적인 공격 대상이다. 사이버보안 침입자는 항공사의 데이터 및 경제적 피해를 주는 등 다양한 동기를 갖고 공격하고 있다. IATA는 항공보안 사이버 전략을 크게 4가지로 구분하여 항공사에 그 추진을 권고하고 있다.

- 사이버보안 문화 : 사이버보안 인식 제고를 위한 긍정적인 사이버보안 문화를 구축한다.
- 투명성과 신뢰 : 안전 및 보안과 같은 인식과 마인드로 사이버보안의 글로벌 접근 방식을 구축한다.
- 의사소통과 협력 : 사이버보안 위험을 관리하고 개선된 사이버보안 사례를 개발하기 위해 항공산업과 전문 보안기관과의 강력한 관계를 창출한다.
- 인력 교육 : 항공산업 인력을 대상으로 사이버보안의 위협을 인지하고 관리하는 교육을 받을 수 있도록 보장한다.

요즘 항공기는 각 항공사에서 운항상태를 100% 모니터링하고 있다. 최신 항공기에는 데이터 저장장치가 장착되어 있어 항공기가 데이터를 항공사 운영센터(Operations Control Center: OCC)로 다시 전송한다. 데이터가 OCC에서 조종사 또는 그 반대로 전송될 수 있을 때, 동일한 방식으로 조종사와 항공사 사이의 통신을 해커가 가로챌 수 있다. 비행기에 대한 해커 공격의 결과는 치명적일 수 있다. 현대 항공기는 완전히 자동화되고 있다. 그만큼 컴퓨터에 대한 의존도는 기하급수적으로 나날이 증가하고 있다. 실례로 미국 연방항공청(FAA)은 보잉 747-8과 747-8F의 일부 컴퓨터 시스템은 연결성 특성상 외부 공격에 취약할 수 있다고 경고한 바 있다.

'사이버보안'이 한미동맹의 핵심 어젠다로 부상했다. 2022년 한미 정상회담에서 양국은 대북 안보 이슈 · 경제 협력 이슈 · 글로벌 동맹 이슈를 큰 주제로 폭넓은 논의를 진행했는데, 사이버보안 협력은 3가지 주제에서 모두 다뤄졌다. 사이버보안이 국가 안보와 직결되는 이슈가 됐고, 글로벌 협력체계 구축 없이 사이버 적대세력 및 범죄 대응이 어려워진 상황을 반영한 것으로 풀이된다.

조 바이든 미국 대통령은 취임 직후 '국가 사이버보안 개선에 관한 행정 명령'을 발표하고 올해 초 또다시 '국가 사이버보안에 대한 대통령 성명'을 발표할 만큼 국정 운영에서 사이버보안을 우선순위에 두고 있다. 우리나라는 국가적 사이버보안 역량 강화에 대한 의지를 표명하며 '10만 인재를 양성하고 사이버 안보기술을 전략산업으로 육성'하기로 하였다. 미국 사이버보안 관련기관과 국내 침해대응기관 간 인력 교류 등 사이버 인력의 해외 진출도 지원한다. 디지털 혁신이 가속화됨에 따라 주요 기업의 해킹, 러시아-우크라이나 사이버전 확대 등 사이버 위협이 국민 일상, 기업 경제활동, 국가안보를 직접적으로 위협하고 있다.

국내 항공보안법에는 항공 사이버보안 대책 및 이행에 관한 사항을 명확하게 정하지 않고 있다. ICAO의 항공보안 평가에 대비하여 Annex17 등 국제기준에서 권고하는 항공 사이버보안에 관한 규정을 수립하여 항공보안법 등 관련 법규에의 반영이 필요하다.

4 사이버공격

사이버공격에 대한 정의를 보면 먼저 '국가사이버관리규정(대통령훈령)'에는 "해킹, 컴퓨터 바이러스, 메일폭탄, 논리폭탄, 서비스 방해 등 전자적 수단에 의하여 국가정보통신망을 불법침입, 교란, 마비, 파기하거나 정보를 갈취, 훼손하는 일체의 공격행위"라고 정의하였다. 국토교통부는 '국토교통 사이버안전센터 운영규칙'에서 사이버공격이란 해킹, 컴퓨터 바이러스, 서비스 방해, 전자기파 등 전자적 수단에 의하여 정보통신망을 침입, 교란, 마비, 파괴하거나, 정보통신망을 통해 보관 유통되는 전자문서, 전자기록물을 위조, 변조, 훼손하는 일체의 공격이라고 정의하였다. 국토교통부의 정의는 민간항공 운영에 사용되는 항행안전시설, 항공기 항법장치 등 주요 기반시설에 대한 전자기파 공격을 고려한 것으로 풀이되고 있다. 미국 국가안보위원회는 사이버공격을 '정보시스템 내 자료 또는 시스템 자체를 정지, 비활성화, 파괴 또는 악의적으로 제어하거나 데이터 파괴, 통제된 정보를 훔칠 목적으로 시도하는 모든 형태의 불법적인 행위라고 정의하고 있다.

항공기의 사이버보안 침해가 발생하는 것은 시간문제라고 예측한다. 2015년 6월, LOT 폴란드 항공은 바르샤바 쇼팽공항(WAW)에서 발생한 사이버 공격으로 수천 명의 승객이 발이 묶인 채 수십 편의 항공편을 취소해야 했다. 2015년, 사이버보안 컨설턴트 크리스 로

버츠는 미국 연방항공청(FBI)에 그가 엔터테인먼트 시스템을 통해 적어도 15번이나 항공사를 해킹했다고 말했다. 심지어 비행 중에 항공기 엔진을 자신이 제어하여 항로를 변경하게 만들기도 했다.

해커는 비행 중인 항공기뿐만 아니라 항공사 고객 정보 시스템도 사이버 공격을 한다. 브리티시 항공은 고객 38만 명의 결제 카드가 도난당하는 보안 사고가 발생했다고 밝혔다. 항공사 측은 해커가 공식 웹사이트나 모바일 앱을 통해 고객의 은행 정보를 빼돌린 것으로 의심된다고 말했다. 홍콩의 캐세이퍼시픽항공사는 9백만 명에 달하는 고객들의 이름, 생년월일, 전화번호, 이메일 주소, 여권번호 등 광범위한 데이터가 정보 시스템 해킹으로 노출되었다고 밝혔다. 일본항공(JAL)은 마일리지 상용 고객 75만 명의 개인정보가 해커들이 시스템에 접속한 컴퓨터에 악성코드를 설치한 뒤 항공사 고객정보관리시스템을 해킹하여 도난되었다고 했다.

아시아태평양항공협회(AAPA)는 항공기 내부의 디지털 연결성이 높아지면서 해커들의 더 큰 표적이 되고 있다고 우려하며, 항공업계가 사이버보안 강화에 협력할 것을 촉구했다.

AAPA는 최근 콴타스그룹, 호주 외무부, 싱가포르 교통부, 싱가포르 민간항공청과 손잡고 일련의 워크숍을 통해 이 지역의 사이버 복원력을 강화할 수 있는 방안을 모색했다.

앤드류 허드먼 AAPA 전 사무총장은 성명에서 "사이버 공격의 위험은 항상 존재한다"고 말했다. "비록 우리의 사이버보안 방어가 강력할지 모르지만, 결코 충분하지 않다. 장기적으로는 해커로부터 시스템 침해와 침입이 불가피하다"고 전했다. 따라서 "사이버보안에 대해서는 정보와 기술 혁신을 통해 회복력을 강화하기 위해 협력하는 것이 필수적이다"라고 강조했다.

국제항공운송협회(IATA)는 디지털 공격으로부터 항공사, 공항운영사, 승객 등을 보호하기 위한 개선 노력의 일환으로 항공기 사이버보안 태스크포스팀(ACSTF : Aircraft Cyber Security Task Force)을 구성하였다. T/F팀 구성으로 전 세계 항공사 간에 사이버보안에 대한 인식을 높이고 가시적인 정보를 공유하고 신뢰하는 환경을 만들었다. IATA는 항공사들과 토론 및 협의를 하여 '2030 항공사이버보안 비전'을 제시하였다. 항공사이버보안 미래 비전의 주요 내용은 ① 사이버보안 문화 구축 ② 사이버보안 관련 데이터 투명성과 신뢰 ③ 사이버보안의 공감대 형성 및 일관성 구축 ④ 사이버보안 국제협력 의사소통 및 협업 ⑤ 사이버보안 인력 양성 등으로 구성되어 있다.

부록

1. 용어해설
2. 항공보안 규정 신설 배경
3. 항공보안법 규정 위반별 벌칙 사항
4. 공항보안검색 장비 도입 배경
5. 기내난동 관련 서류

1 용어해설

□ ACSTF : Aircraft Cyber Security Task Force

국제항공운송협회(IATA)가 항공 사이버보안에 대처하기 위해 만든 조직이다.

□ ANNEX

국제민간항공협약 부속서를 말한다. 부속서는 국제 민간항공이 안전하고 질서 있게 발전할 수 있도록 가입 국가 간 규정을 명시한 사항이다. ANNEX17은 항공보안을 다루고 있어 특히 중요하다.

□ AOC : Airport Operation Committee

공항 운영자 협의회를 말한다. 전반적인 공항 운영에 대한 업무를 담당하고 있다.

□ API : Advance Passenger Information

목적지 국가에 입항하기 전에 항공기에 탑승한 승객들의 정보를 항공사가 상대국 항공당국에 미리 제공하는 제도이다. 사전 승객정보를 받은 국가는 입국부적격자를 선별한다. 사전 승객정보 제공은 위험인물에 대한 정밀심사로 불법입국을 사전에 차단하고, 선량한 승객에 대해서는 신속하고 간소한 입국심사로 편의를 제공하는 효과가 있다.

□ CAPPS : Computer Assisted Passenger Prescreening System

승객이 예약할 때 항공사에 제공한 개인정보를 저장한 컴퓨터를 기반으로 승객의 위험 여부를 사전에 판정하는 방식이다.

□ Carrier Box

기내에서 서비스에 사용되는 각종 물품들을 담아 보관하는 운반형 철제보관함이다.

□ CBP : Custom and Boader Protection

미국 국토안보부 소속의 세관국경보호국이다. 세관업무와 출입국, 검역 업무를 통합한 연방기관으로 공항, 항만, 철도, 국경 등에서 활동한다.

□ Clear Zone

청정구역이란 조종실 출입문과 조종실 출입문 바로 앞에 있는 갤리 및 화장실을 포함한 객실지역을 의미한다. 기장은 승객의 위협수준이 생명위협 또는 조종실 파괴시도, 실제 파괴행위가 예상될 때 청정구역을 선포한다.

□ Crew Rest Area

항공기에 탑승하여 근무 중인 승무원이 장시간 운항 중에 취침 등 휴식을 할 수 있는 공간을 말한다. Crew Rest Area는 승객 좌석에 영향을 주지 않기 위해 비행기 천장 또는 화물칸이 있는 기내바닥 아래에 위치한다.

□ CRM : Crew Resource Management

인적오류(human error)로 항공사고가 일어날 수 있는 조종실 환경을 개선하기 위해 기장, 부기장 나아가 객실승무원, 정비사 등과 팀을 이루어 의사소통 및 협동, 의사결정, 리더십 등을 효과적으로 증진하는 데 목적을 둔 훈련 프로그램이다.

□ DEPO : Deportee

합법적으로 입국하였다 해도 주재국 체류 규정과 법을 위반하였거나 불법으로 입국하여, 그 사실이 밝혀져 주재국의 관계당국으로부터 강제 추방명령을 받은 사람을 말한다.

□ Door Mode

항공기 Door가 지상에서 정상적으로 출입구로 쓰일 때와 비상시 비상탈출구로 쓰일 때를 구분하도록 Door의 기능을 변환시켜 주는 시스템을 말한다. 지상에서 정상적인 경우

Door Mode는 Disarmed로, 운항 중 또는 비상상황 시에는 Armed로 변경한다.

□ EASA : European Union Aviation Safety Agency

유럽연합의 항공안전을 담당하는 기관이다. 안전인증, 규정 및 표준화를 수행하고 조사 및 모니터링도 수행한다. 안전 데이터를 수집 및 분석하고, 안전 법률초안을 작성 및 조언하며, 세계 다른 국가와 항공안전에 대해 협력한다.

□ EOD : Explosive Ordnance Disposal

폭발물 처리반을 의미한다. 폭발물 발견 시 출동하여 폭발물을 제거한다.

□ ESTA : Electronic System for Travel Authorization

미국 사전 여행 허가 전자 시스템을 말한다. ESTA 신청은 최소한 여행 출발 72시간 전에 한다. 신청 조건은 90일 이내의 여행 및 상용 목적이어야 한다.

□ FAA : Federal Aviation Administration

미국 내의 민간항공안전을 위한 주요 임무를 맡고 있는 교통부 산하 정부기관이다.

□ FFDO : Federal Flight Deck Officer

FFDO는 연방 조종실보안요원을 의미한다. 항공기 범죄 행위 또는 공중 납치로부터 조종실을 보호하기 위해 자발적으로 지원한 운항승무원을 대상으로 특수 훈련을 시키고 비행기에 권총을 휴대할 수 있도록 허용한 조종실 보안요원 양성 프로그램이다.

□ GAO : Government Accountability Office

미국 의회 산하의 회계, 평가, 수사를 하는 기관으로 회계감사원이라 한다. 미국 의회조사국, 의회예산처, 기술평가원과 함께 미국 의회의 4대 입법 보조기관 중 하나이다.

□ GASeP : Global Aviation Security Program

글로벌 항공보안 계획은 ICAO, 회원국 및 항공산업 관계자가 항공보안에 관한 공동의 목표를 달성하기 위해 상호 협력할 수 있는 체계를 제공하기 위한 프로그램이다.

□ IATA : International Air Transport Association

국제항공운송협회. 항공사의 권익 대변과 정책 및 규제 개선, 승객 편의 증대, 항공사 안전운항 지원 등을 수행하는 국제협력기구이다. 120개국 약 300여 항공사가 IATA 회원으로 되어 있다.

□ ICAO : International Civil Aviation Organization

국제민간항공의 평화적이고 건전한 발전을 도모하기 위하여 1947년 4월에 발족된 국제연합(UN) 전문기구다. 비행의 안전 확보, 항공로나 공항 및 항공시설 발달의 촉진, 부당 경쟁에 의한 경제적 손실의 방지 등 세계 항공업계의 정책과 질서의 총괄을 목적으로 하는 기구이다.

□ IED : Improvised Explosive Devices

급조폭발물. 개인이 집에서도 즉흥적으로 만들어내는 폭발물 및 파괴 장치를 의미한다. 사제폭발물이라고 한다.

□ IFE : In-Flight Entertainment

기내에서 영화, 음악, TV 등 승객이 개별적으로 보고 듣는 것이 가능한 오락 설비 및 오락 프로그램을 통틀어 말한다. 대표적인 IFE 설비는 좌석마다 설치된 스크린이다.

□ IFSO : In-Flight Security Officers

항공기내의 질서 및 안전을 해치는 불법행위 등을 방지하는 직무를 담당하는 객실승무원을 말한다.

□ INAD : Inadmissible Passenger

비자 미소지, 비자 유효기간 경과, 비자 목적과 다르게 입국시도 등 입국자격에 결격 사유가 있어 입국이 거절된 승객을 말한다.

□ Joint Briefing

객실승무원이 운항승무원과 함께 비행 근무 전에 실시하는 합동브리핑을 말한다. 합동브리핑은 기장이 주관하여 실시한다.

□ Jump Seat

객실승무원 전용 좌석이다. 비행 중에 일반 승객이 Jump Seat에 착석하는 것은 금지되어 있다.

□ LRBL : Least Risk Bomb Location

기내 폭발물 피해최소구역을 의미한다. LRBL은 항공기 좌측의 최후방 DOOR를 지칭한다.

□ No-Fly

No-Fly는 항공기 탑승이 금지된 사람들 명단이다. 테러용의자와 기내난동 승객에게 적용된다.

□ OAL : Other Airline

다른(他) 항공사를 말한다.

□ OCC : Operations Control Center

항공사의 종합통제센터를 말한다. 항공기 운항경로 지정, 운항스케줄 작성, 승무원편성 및 비행스케줄 등 전반적인 항공기 운영을 기획, 실행, 감독하는 업무를 담당한다.

□ Overhead Bin

승객 좌석 위에 위치한 승객의 짐을 넣어두는 선반을 말한다.

□ PIC : Pilot in Command

비행임무를 가진 조종사들 중에 항공기의 운항 통제와 안전에 최종적인 책임과 권한을 갖는 기장으로 항공사가 지명한다.

□ P/M : Passenger Manifest

기내에 탑승한 승객들의 영어성명, 국적, 좌석번호가 기재되어 있는 승객 명단 서류이다. 클래스별 탑승객 인원수 및 전체 탑승객 수가 기재되어 있다.

□ PNR : Passenger Name Record

승객이 예약할 때 승객의 성명, 전화번호, 여정, 특별히 제공받을 서비스 내용 등 승객에 대한 최소한의 정보를 예약전산시스템에 기록해 놓은 승객예약기록을 말한다.

□ PreFlight Check

객실승무원이 승객 탑승 전에 기내에 있는 비상장비, 보안장비, 응급의료처치장비 등의 위치 확인 및 사용 가능성을 점검하는 것을 말한다.

□ RTO : Rejected Take-Off

항공기가 활주로에서 이륙을 시도하던 도중에 이륙을 중단하는 현상을 말한다.

□ SHR : Special Handling Passenger

기내에 탑승하는 승객 중 특별하게 대해야 하는 승객을 말한다. 예를 들면 VIP, CIP, UM, SPML 승객, 장애인 승객 등을 포함한다.

□ Sabotage

생산 설비 및 수송 기계의 전복, 장애, 혼란과 파괴 행위의 뜻으로 항공에서는 의도적인 비행기 납치 및 파괴 등을 의미한다.

□ SMS : Safety Management System

안전관리 시스템이다. 항공안전사고 예방을 위한 데이터 중심의 분석으로 사전에 예방조치가 가능한 의사결정을 내리게 하는 시스템이다.

□ SARPs : Standards and Recommended Practices

ICAO에서 제정한 부속서를 체약국들이 이행할 수 있도록 세부적으로 규정을 작성하였는데 이를 '표준 및 권고 실행'이라 한다.

□ SeMS : Security Management System

항공보안관리체계. 불법방해행위 예방을 위한 위험기반 분석으로 사전 예방조치를 하는 시스템이다.

□ TSA : Transportation Security Administration

미국 국토안보부 소속의 교통보안청이다. 항공뿐 아니라 철도, 도로, 해상선박 등 미국 내 모든 교통수단의 보안 및 테러예방업무를 전문으로 하는 안보기관이다.

□ UASP : Universal Security Audit Programme

ICAO가 체약국 대상으로 시행하는 '종합 보안평가 프로그램'이다. 2002년 11월부터 체약국 대상으로 '종합 보안평가 프로그램'을 시행하여 Annex17 조항들을 이행하고 있는지 점검하고 있다.

□ Unruly Passenger

항공기에 탑승하여 승무원의 지시에 따르지 않고 업무를 방해하는 등 항공기 안전과 승객, 승무원의 안전에 위협과 위해를 가하는 기내난동 승객을 말한다.

□ VWP(Visa Waver Program)

비자면제프로그램으로 관광, 상용 등 단기 목적으로 여행 시 비자 없이 입국이 가능한 제도이다. 미국의 경우 90일간 체류가 가능하며, 전자여권을 소지해야 한다.

2 항공보안 규정 신설 배경

보안 규정		배경 사고 사례(도입 계기)	시점
중간 기착지 승객 짐 모두 들고 하기		▶ 팬암103편 공중폭발 사고. 테러범이 시한폭탄 라디오를 쌤소나이트 가방에 넣고 기내에 두고 내림	2008년
항공기에 주인 없는 짐 탑재 금지			
기내 휴대수하물 액체류 1리터 이상 소지 금지		▶ 런던발 미국 및 캐나다행 다수의 항공기를 음료수로 위장한 액체폭발물로 폭파 음모 적발	2006년
항공기내보안요원	IFSO(한국)	▶ 미국 비자면제프로그램(VWP) 가입	2008년
	Air Marshal	▶ 9.11 미국 뉴욕 테러사건	2001년
조종실 2인 상주 규정		▶ 저먼윙스 항공기 부기장 고의 추락사고	2005년
신발 벗고 보안검색 규정		▶ 아메리칸항공 63편 테러범이 신발 폭탄을 터뜨리는 사건 발생	2001년

3 항공보안법 규정 위반별 벌칙 사항

위반 사항		벌칙	조항
항공기 파손죄	운항 중	사형, 무기징역 또는 5년 이상의 징역	제39조 1항
	계류 중	7년 이하의 징역	제39조 2항
항공기 납치죄	강탈	무기 또는 7년 이상의 징역	제40조 1항
	인명사상	사형 또는 무기징역	제40조 2항
항공기 항로변경죄		1년 이상 10년 이하	제42조
직무집행방해죄		10년 이하의 징역	제43조
항공기 위험물건 탑재죄		2년 이상 5년 이하의 징역 또는 2천만 원 이상 5천만 원 이하의 벌금	제44조
공항운영 방해죄		5년 이하의 징역 또는 5천만 원 이하의 벌금	제45조
항공기내폭행죄	항공기 출입문 조작	10년 이하의 징역	제46조 1항
	폭행	5년 이하의 징역	제46조 2항
항공기 점거 및 농성죄		3년 이하의 징역 또는 3천만 원 이하의 벌금	제47조
운항 방해정보 제공죄		3년 이하의 징역 또는 3천만 원 이하의 벌금	제48조
기장 등의 업무 위계 또는 위력으로써 방해		10년 이하의 징역 또는 1억 원 이하의 벌금	제49조 1항
조종실 출입기도		3년 이하의 징역 또는 3천만 원 이하의 벌금	제49조 2항
기장 등의 직무상 지시 거부			
위조 또는 변조된 신분증명서 제시		10년 이하의 징역 또는 3천만 원 이하의 벌금	제50조 1항
항공보안검색요원 방해 폭행		5년 이하의 징역 또는 5천만 원 이하의 벌금	제50조 2항
폭언, 고성방가 등 소란행위		3년 이하의 징역 또는 3천만 원 이하의 벌금	제50조 3항
술 또는 약물복용 위해행위			
계류 중 항공기 폭언소란행위		2천만 원 이하의 벌금	제51조 3항
기내 흡연		1천만 원 이하의 벌금	제51조 7항
성적(性的) 수치심 행위			
기내 전자기기 사용			

공항보안검색 장비 도입 배경

보안검색 장비	도입 배경 사고 사례	시점
금속탐지기	▶ 항공기 납치사건이 빈발하던 핀란드에서 최초 도입	1960년대
	▶ 대한항공 YS-11여객기 납북사건. 공항보안 검색을 받지 않은 북한공작원에 의해 비행기 납치됨	1970년(한국)
X-ray 검색 장비	▶ 팬암103편 공중폭발 사고에 사용된 시한폭탄 라디오가 들어 있는 쌤소나이트 가방을 공항에서 검색 못함	2008년
액체폭발물 탐지 장비	▶ 동남아국가 출발 미국 항공기 11대의 기내 좌석 밑에 액체폭탄을 설치, 태평양 상공에서 폭파하려는 계획을 세웠다가 체포된 사건	1995년
신발 폭발물 탐지기	▶ 아메리칸항공 63편 테러범이 신발 속에 은닉한 폭탄을 터뜨린 사건	2001년
폭발물 추적 탐지 장비	▶ TWA 여객기가 뉴욕 상공에서 공중 폭발하는 사건	1996년
원형검색장비	▶ 노스웨스트항공 253편 속옷에 숨겨둔 폭발물 테러 사건	2009년

5 기내난동 관련 서류

확 인 서

성　　명 :　　　　　　　(　　　　　)

생년월일 :　　　.　　.　　.　(　　　세)

주　　거 :

본인은 20　.　.　.　:　경　　　에서 체포 · 긴급체포 · 현행범인체포 · 구속되면서 피의사실의 요지, 체포 · 긴급체포 · 현행범인체포 · 구속의 이유와 변호인을 선임할 수 있으며, 체포 · 구속적부심을 청구할 수 있음을 고지 받고 변명의 기회가 주어졌음을 확인합니다.

20　.　.　.

위 확인인　　　　　　㊞

위 피의자를 체포 · 긴급체포 · 현행범인체포 · 구속하면서 위와 같이 고지하고 변명의 기회를 주었음(변명의 기회를 주었으나 정당한 이유없이 기명날인 또는 서명을 거부함)

20　.　.　.

항공운송사업자(　　　　항공)

항공기내보안요원　　　　㊞

현행범인체포서		
피의자	성　　명	(　　　　)
	생년월일	.　　.　　. (　　세)
	직　　업	
	주　　거	
변　호　인		

위의 피의자에 대한 　　　　　　 피의사건에 관하여 '형사소송법' 제212조에 따라 동인을 아래와 같이 현행범인으로 체포함

.　　.　　.

항공운송사업자(　　　　항공)

항공기내보안요원　　　　　　㊞

체포한일시	
체포한장소	
범죄사실 및 체포의 사유	
체포자의 관직 및 성명	
인치한 일시	
인치한 장소	
구금한 일시	
구금한 장소	

<table>
<tr><td colspan="5">진 술 서 (간이공통)</td></tr>
<tr><td>성 명</td><td colspan="2">( ) 이 명 :</td><td>성 별</td><td></td></tr>
<tr><td>연 령</td><td>만 세</td><td>생년월일</td><td colspan="2">. . .</td></tr>
<tr><td>등록기준지</td><td colspan="4"></td></tr>
<tr><td>주 거</td><td colspan="4"></td></tr>
<tr><td>자 택 전 화</td><td></td><td>직 장 전 화</td><td colspan="2"></td></tr>
<tr><td>직 업</td><td></td><td>직 장</td><td colspan="2"></td></tr>
<tr><td colspan="5">위의 사람은 항공보안법 위반( )사건의 (피해자, 목격자, 참고인)으로서 다음과 같이 임의로 자필진술서를 작성 제출함</td></tr>
<tr><td colspan="5">20 . . .
작성자 ㊞</td></tr>
</table>

<table>
<tr><td colspan="3">항공기내보안요원 지정서</td></tr>
<tr><td>항공운송사업자 명</td><td colspan="2"></td></tr>
<tr><td>항공운송사업자 주소지</td><td colspan="2"></td></tr>
<tr><td colspan="3">귀 항공운송사업자의 소속 항공기내보안요원의 지정신청에 대하여 제9조 제3항의 규정에 따라 동 항공기내 보안요원이 무기(□ 전자충격기 □ 분사기)를 항공기 안의 질서 및 규율을 해하는 행위 등 불법행위를 방지하기 위해 항공기 안에 가지고 들어갈 수 있도록 아래와 같이 지정합니다.

년 월 일

지방항공청장</td></tr>
<tr><td colspan="3">항공기내보안요원 지정자</td></tr>
<tr><td>성명(성별)</td><td>직급 및 승무원신분증 인식번호</td><td>지정 기간</td></tr>
<tr><td></td><td></td><td>□ 하계 □ 통계</td></tr>
</table>

참고 문헌

김영천·이준화·조규호(2019). GASeP으로 본 미래지향적 글로벌 항공보안 체계 구축. 한국 항공보안학회지. 제1권 제1호.

김재운(2013). 공항보안검색에 있어서의 위험관리와 대응과제. 한국경호경비학회. 제34호.

김종열(2021). 항공기 내(內) 난동행위에 대한 보안요원제도의 활성화 방안. 시큐리티연구. 제66호.

김지영(2015). 항공기 객실승무원의 특별사법경찰관 직무에 관한 연구. 한국항공대학교 대학원 석사학위논문.

노충남(2021). 공항보안검색시스템의 서비스 품질 개선 연구. 한국항공대학교 대학원 박사학위논문.

박희균·문준섭(2017). 항공기내보안요원제도의 발전 방안에 관한 연구 - 미국 연방 Air Marshal 제도를 중심으로-. 시큐리티 연구. 제53호.

박수진(2020). 항공기내 보안제도 개선에 관한 법적 연구-「항공운송사업자의 항공기내보안요원 등 운영지침」 개정을 중심으로. 한국항공대학교 대학원 박사학위논문.

박수진·윤영훈·황호원(2019). 항공기내 불법방해행위 대응 조치에 관한 법적 연구 – 객실승무원의 수사절차를 중심으로. 한국항공경영학회지. 제17권 제4호.

박준석(2014). 국가안보위기관리 대테러론. 백산출판사.

시선뉴스(2015). 엉뚱한 승객 태워 회항한 아시아나 항공… 승객 2명이 일부러 항공권 바꿔(2015. 3. 16).

신민경(2017). 우리안의 적, '내부자 위협'. Sky Safety 21. 제30권.

양승돈·양형모(2014). 항공테러 예방을 위한 미국 항공프로파일링 기법의 국내 활용방안. 한국경호경비학회지. 제38호.

이강석·김준혁·이창무·정태황·황호원(2015). 항공보안학. 박영사.

이만종(2011). 국내 자생테러의 위협과 우리의 대비전략. 대테러정책연구논총. 제8호.

이주형·황호원(2018). ICAO「글로벌 항공보안계획」실행에 관한 연구: 국내 실행 방안 검토 및 실행방안 제시. 한국항공경영학회지. 제16권 제3호.

이현우·이미애(2013). 광역자치단체 특별사법경찰관 운영개선 방안. GRI 정책연구.

전종덕·윤한영(2019). 공항보안검색요원의 신기술 수용성이 공항보안업무의 직무만족도와 업무

혁신성에 미치는 영향. 한국산학기술학회논문지. 제20권 제2호.

정상헌 · 김동제 · 조성구(2015). 항공보안요원의 법제적 지위와 교육훈련. 한국위기관리논집. 제11권 제4호.

중앙일보(2022). “비행기에 폭탄있다” … 10대 철없는 장난에 전투기 출동 소동(2022. 7. 5).

서울중앙지방법원(2018). 2018고정1341 판결(2018. 9. 6).

진성현(2011). 항공기내보안요원의 법적 지위에 관한 연구. 한국항공대학교 항공경영대학원 석사학위논문.

최재현(2012). 항공보안 프로파일링에 관한 연구: 미국의 제도적 발전과 법적 쟁점을 중심으로. 한국외국어대학교 정치행정언론대학원 석사학위논문.

한국항공협회(2021). 세계 민간항공산업 보고서(ICAO World Civil Aviation Report). Chapter 6 - 항공보안과 출입국간소화.

황호원(2006). 공항보안요원의 법적 지위에 관한 연구. 항공우주법학회지. 제21권 제2호.

황호원 · 이규황(2008). 국내외 항공테러와 최근 위협동향. 한국테러학회지. 제2권 제2호.

형혁규 · 김선화(2016). 국민보호와 공공안전을 위한 테러 방지법 시행령의 쟁점과 과제. 이슈와 논점. 국회입법조사처.

허백용(2020). 항공사이버보안 시스템 구축을 위한 항공보안법 개정에 관한 연구. 한국항공대학교 항공경영대학원 석사학위논문.

Alexia, L.(2019). Least-Risk Bomb Location: The physics, construction and proof of concept. Transport Security Issue.

Anthony, L.(2019). Passenger Profiling: Cases for and against. Transport Security Issue(https://www.tsi-mag.com).

Chakrabarti, S., & A. Strauss(2002). Carnival booth: An algorithm for defeating the computer-assisted passenger screening system. First Monday 7(10).

Coughlin, C. C., Cohen, J. P., & Khan, S. R.(2002). Aviation Security and Terrorism: A Review of the Economic Issues.

CNN(2022). FAA numbers confirm it, 2021 was terrible for bad behavior in the skies.

Deepti, Govind(2021). Lone Wolf Terrorism: The Greatest Domestic Terror Threat Today, Visual Casino(https://www.biometrica.com/lone-wolf-terrorism-the-greatest-domestic-terror-threat-today/).

Douglas, H. H.(2002). How to Really Improve Airport Security. Ergonomics Design.

FAA(2003). Airlines Meet FAA's Hardened Cockpit Door Dead line. Washington, DC: Federal Aviation Administration Office of Public Affairs Press.

Flynn, Stephen E.(2002). America the Vulnerable. Foreign Affairs. January/February(2002), 81(1).

Gladwell, M.(2001). Safety in the skies. New York, pp.50-53.

GAO(2022). Aviation Cybersecurity FAA should fully implement key practices to strengthen its oversight of avionics risks.

Jean-Paul, Y., H. Noura., O. Salman, & A. Chehab(2020). Security analysis of drones systems: Attacks, limitations, and recommendations, Internet of Things.

Atherton, K. D.(2016). The FAA says there will be 7 million drones flying over America by 2020, Popular Sci.

Kim, R. Holmes(2015). What Is National Security? The Heritage Foundation.

Mark, G. Stewart, & John Mueller(2013). Terrorism Risks and Cost-Benefit Analysis of Aviation Security. Risk Analysis. Vol. 33. No. 5.

Masumoto, D., Frank, M. G., & Hwang, H. S.(2013). Nonverbal Communication: Science and Application. SAGA: California.

Meckler, L., & Carey S.(2007). Sky patrol: U.S. air marshal service navigates turbulent times. Wall Street Journal(February 9, 2007).

Moak, L.(2011). Letter to House Subcommittee on Transportation Security. President of Airline Pilots Association International.

O'Harrow, R., Jr.(2002). Air security focusing on flier screening: Complex profiling system months behind schedule. The Washington Post(2002. 9. 4).

Schneier, B.(2006). Beyond Fear: Thinking Sensibly About Security in an Uncertain World. New York: Copernicus.

Seidenstat, P.(2009). Federal air marshals: The last line of defense pp. 149-159 in Seidenstat P. and Splane FX(eds). Protecting Airline Passengers in the Age of Terrorism. Santa Barbara: Greenwood Publishing Group.

Susan, E. M., & Arnold, B.(2016). How Effective Is Security Screening of Airline Passenger. Interface. Vol. 36. No. 6.

The New York Times(2002). Delta Flight Attendant's Uniform and ID Stolen(2002. 7. 16).

Tomas, A. R.(2008). Aviation Security Management, Praeger Security Industrial. London.

TSA(2012). Available at http://www.tsa.gov/what.we.do/layers/index.shtm, Accessed December 10, 2011.

World Economic Forum(2022). The Global Risks Report 2022. Retrieved from: https://www.weforum.org/reports/global-risks-report-2022

진성현

현) 가톨릭관동대학교 항공운항서비스학과 교수
한국항공보안학회 학술이사
항공보안포럼 전문위원

전) 가톨릭관동대학교 항공대학 초대학장
대한항공 객실안전팀장
대한항공 객실본부 총괄운영그룹장
대한항공 객실본부 국제그룹장
대통령특별기 전담승무원
대한항공 IOSA(IATA 안전평가점검) 객실부문 수검 팀장
대한항공 수석사무장

저자와의
합의하에
인지첩부
생략

항공객실보안

2023년 2월 20일 초판 1쇄 인쇄
2023년 2월 25일 초판 1쇄 발행

지은이 진성현
펴낸이 진욱상
펴낸곳 (주)백산출판사
교 정 성인숙
본문디자인 구효숙
표지디자인 오정은

등 록 2017년 5월 29일 제406-2017-000058호
주 소 경기도 파주시 회동길 370(백산빌딩 3층)
전 화 02-914-1621(代)
팩 스 031-955-9911
이메일 edit@ibaeksan.kr
홈페이지 www.ibaeksan.kr

ISBN 979-11-6567-618-6 93980
값 26,000원